Klaus Fischer

Die Fahrzeuge der
Feuerwehr

Freiwillige Feuerwehr Ottobrunn

Bis zum achten Stockwerk reicht der Leiterpark, wenn er bis auf 30 Meter ausgefahren ist. Seit 1996 verfügt die Ottobrunner Feuerwehr über diese von Magirus gebaute Drehleiter DLK 23-12 auf einem Iveco-Fahrgestell.

Klaus Fischer

Die Fahrzeuge der
Feuerwehr

Die Technik von früher bis heute

EDITION XXL

Inhaltsverzeichnis

Freiwillige Feuerwehr Ottobrunn
Im Einsatzgebiet wohnen 20 000 Mitbürger und liegen Autobahnen, Altenheime, Schulen und Gewerbegebiete. 1998 standen zur Verfügung (von links): Mehrzweckfahrzeug MZF, Kleinalarmfahrzeug KLAF, Zubringer-Löschfahrzeug ZB 6, Rüstwagen RW 2, Schlauchwagen SW 1400, Trocken-Tanklöschfahrzeug TroTLF 16, Löschgruppenfahrzeug LF 16 TS, Drehleiter DLK 23-12, Tanklöschfahrzeug TLF 16 und Kommandowagen Kdow.

Überschwemmungen, Explosionen, Erdbeben, Flugzeugabstürze, ausgedehnte Waldbrände – solche Katastrophenmeldungen stehen fast jeden Tag in der Zeitung und jeder hofft, dass er nicht davon betroffen sein wird. Nicht nur die weltweit beachteten Ereignisse rufen die Feuerwehr auf den Plan. Auch bei einem Zimmerbrand, einem Verkehrsunfall mit eingeklemmter Person oder einer Benzinspur kommt die Feuerwehr schnell, um kompetent zu helfen.

Bis die Feuerwehren den heute als normal empfundenen hohen technischen Standard erreicht hatten, war es ein langer und mühevoller Weg. Hilflos mussten – und müssen auch heute noch – die Einsatzkräfte manchmal erleben, dass Technik und hoch motivierter Einsatz vergebens sind: Ein Menschenleben kann nicht gerettet werden, ein Gebäude wird Opfer der Flammen. Unablässig haben findige Konstrukteure in der Feuerlöschgeräteindustrie und engagierte Praktiker der Feuerwehren neue Wege gefunden, die Herausforderungen zu lösen. Unverzichtbare Arbeitsmittel und Transporter für Mannschaft und Geräte sind die Feuerwehrfahrzeuge. Von ihnen handelt dieses Buch.

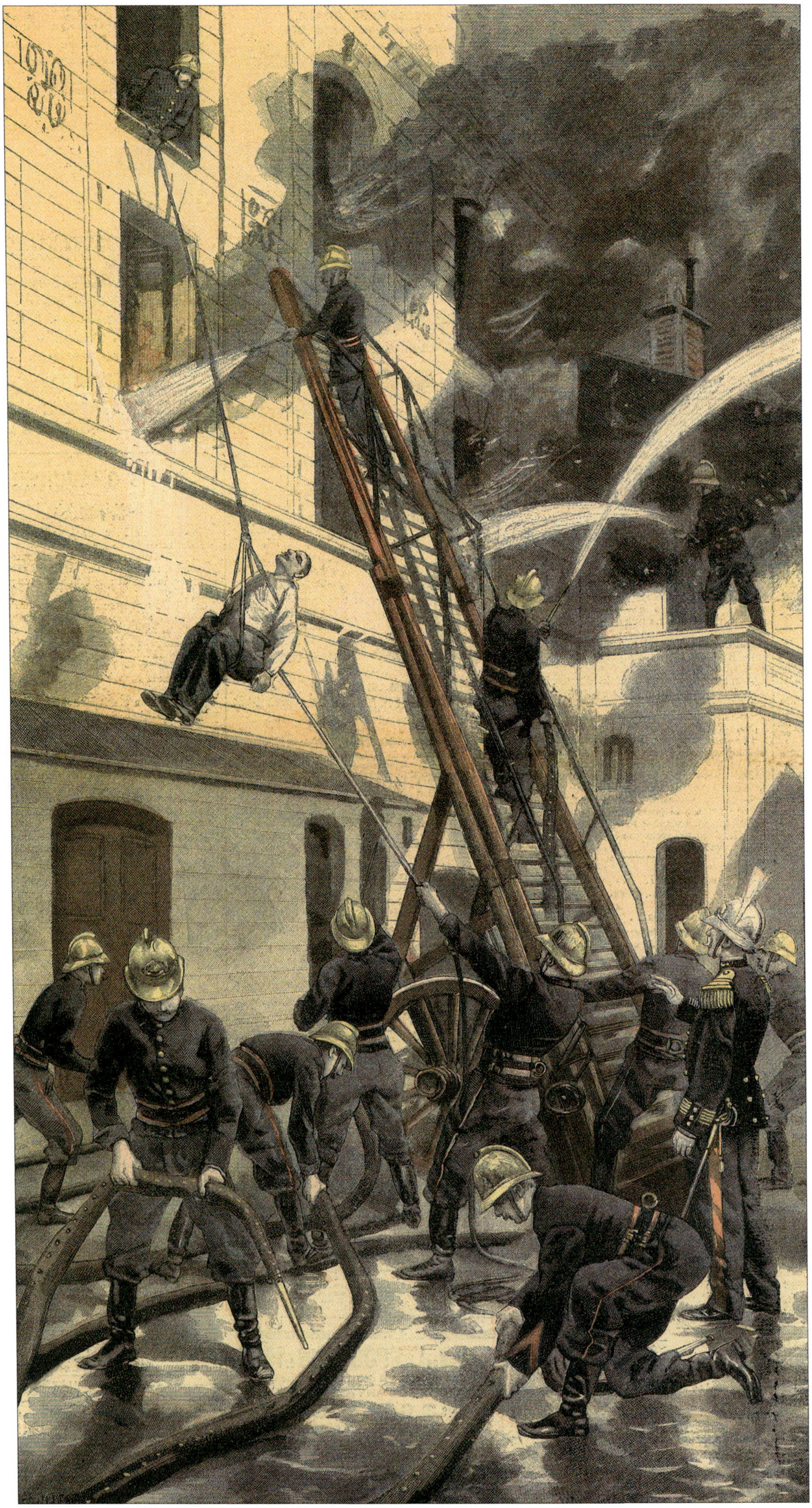

zu Fuß oder mit Pferd
Auto-
mobilisierung
Normung
Farbgebung
DDR-Feuer-
wehren

Eine Abbildung aus dem Jahr 1658 zeigt die Technik der Brandbekämpfung. Unablässig mussten Bürger Wasser heranschaffen und in den Wasserkasten schütten, während eine große Menschenmenge pumpte. Auf der vom Nürnberger Mechaniker Hans Hautsch gebauten Handdruckspritze richtete der Spritzenmeister das Strahlrohr direkt in die Flammen. Lederne Druckschläuche kamen erst Ende des 17. Jahrhunderts auf.

Es brennt! Hier bestand die Gefahr, das sich die Flammen auf angrenzende Gebäude ausbreiten würden. Ein Bewohner wurde aus einem Raum, der noch nicht vom Feuer erfasst ist, abgeseilt. Großen gesundheitlichen Gefahren setzten sich die Feuerwehrmänner aus, denn ihre Kleidung schützte nicht vor der Hitze. Und Atemschutzgeräte, die das Einatmen des giftigen Rauches verhindern, waren noch nicht erfunden.

In großer Anzahl standen in den Zeughäusern der Feuerwehren Wagenspritzen für den Pferdezug. An der Brandstelle mussten viele Bürger helfen. In Eimerketten schütteten sie Wasser in die Spritze, während andere kräftig pumpten.

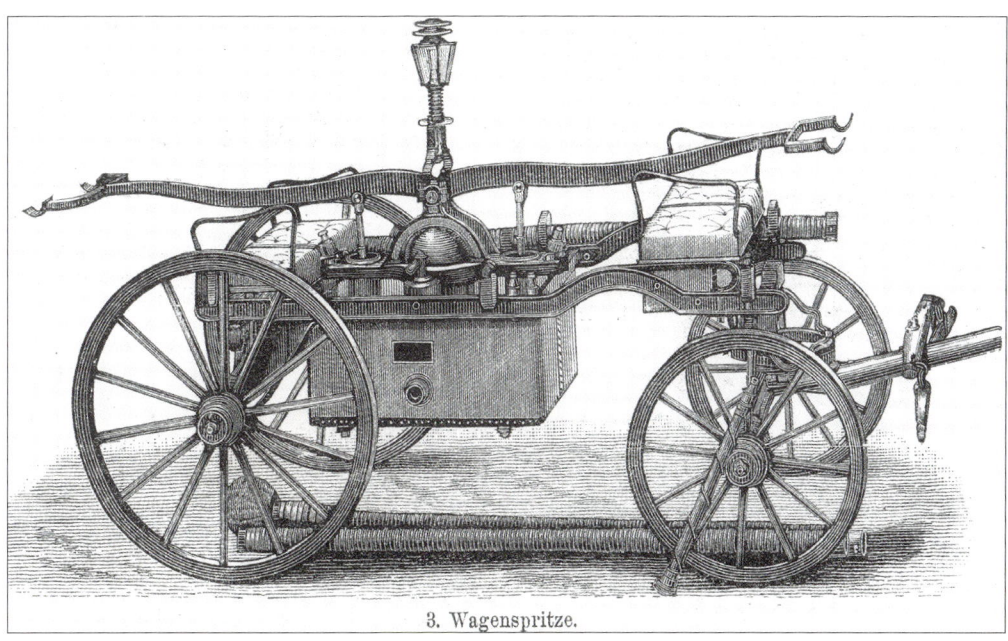

3. Wagenspritze.

Zur Hilfe – zu Fuß oder mit dem Pferdezug

Mechanische Leiter und Uebungsturm.

Berliner Feuerwehr

◀ Hersteller der von 1896 bis 1912 in Berlin verwendeten, so genannten „Thurmleiter", war die Kölner Firma Hönig. Der Leiterpark wurde von Hand zur Seite gedreht und zum Aufrichten und Ausziehen der Leiter musste die fünfköpfige Besatzung kräftig kurbeln. Der Fahrer kümmerte sich währenddessen um seine zwei Pferde.

▶ In höchster Eile traf der Handdruckspritzenzug auf dem Brandplatz ein. Während die erschöpften Pferde abgespannt und auf die Seite geführt wurden, machten die Feuerwehrmänner die Pumpe einsatzbereit. Unmittelbar auf die Feuerspritze folgte der Wasserwagen. Um die Pumpenschwengel der mechanischen Spritze zu bewegen, fehlte nur noch die Besatzung des Mannschaftswagens.

▶ In den kleinen Orten war die Ausrüstung der Feuerwehren oft einfach. Eine Spritze, die von Hand oder von Pferden zum Brandort gezogen wurde, stellte jedoch eine wertvolle Errungenschaft dar. In Frauenneuharting verfügte die Wehr über eine 1876 gebaute Handdruckspritze aus der königlichen Hof-Löschmaschinenfabrik Kirchmaier München. Nach einigen Jahrzehnten kam die Spritze in den Ortsteil Haging.

Berliner Feuerwehr

▲ 1832 kam die erste Dampfspritze aus England nach Berlin. Etwa 30 Jahre später nahmen deutsche Hersteller die Dampfspritzenfertigung auf. Sie ersetzte die ermüdende Pumparbeit vieler Wehrmänner und lieferte mehr Wasser. Allerdings setzte die Löschtätigkeit erst verzögert ein, denn die Dampfspritze brauchte eine Vorheizzeit, um auf Betriebstemperatur zu kommen. Die Abbildung zeigt eine Dampfspritze um 1880 und davor den erforderlichen Tender, der die Schläuche und die Kohlen transportierte.

Alarm auf dem Hofe.

◄ „Alarm auf dem Hofe" illustriert diese Zeichnung. Wasserwagen, Mannschaftswagen und Spritzenwagen hatten die ersten eingetroffenen freiwilligen Löschmannschaften schon aus ihren Remisen geschoben, während die zum Spanndienst verpflichteten Fuhrleute und Bauern mit ihren Pferden eintrafen.

Vom Prinzip gleicht diese Abbildung von der Jahrhundertwende einem Löscheinsatz von heute: Die Spritze bezog ihr Wasser aus dem Hydrantennetz und die Feuerwehrmänner richteten das an den Schläuchen angekuppelte Strahlrohr auf den brennenden Holzstoß. Um die von einer Dampfmaschine angetriebene Spritze unter Druck zu halten, befeuerte sie der Maschinist mit Kohlen.

Dampfspritze
einen brennenden Holzstoß löschend.

Die Feuerwehr wird mobil

Berliner Feuerwehr

Der erste elektroautomobile Löschzug auf Alarmfahrt durch Berlin im Jahr 1908. Elektrische Radnabenmotoren von zusammen 15 PS Leistung trieben die Daimler-Fahrgestelle an. Die Energie reichte 50 km weit bei einer Höchstgeschwindigkeit von 36 km/h. Den Vier-Fahrzeug-Zug führte die Gasspritze an.

Ihr folgte der Tender als Mannschafts- und Gerätewagen. Die Drehleiter hatte Magirus gebaut. Am Schluss fuhr die Dampfspritze. Bis auf die Leiter lieferte die Aufbauten die Bautzener Waggon- und Maschinenfabrik.

Berufsfeuerwehr Braunschweig

Über der Hinterachse des 1908 gelieferten, 25 PS starken Büssing ist ein 500 Liter fassender Wassertank zu erkennen. Die Kohlensäure aus der dahinter stehenden Flasche trieb das Wasser in die Schläuche. So überbrückte die Gasspritze die ersten Minuten, bis die Dampfspritze ihre Betriebsbereitschaft herstellte.

Berufsfeuerwehr München

▲ Nach intensiver Diskussion, ob man den Benzinantrieb, die Dampfmaschine oder den Elektroantrieb nehmen sollte, stellte die Münchner Feuerwehr bis 1913 komplett auf Motorfahrzeuge um. Die 16 Fahrzeuge lieferte die Schweizer Firma Saurer aus ihrem Werk in Lindau. Die Aufbauten der 35 bis 50 PS starken Motorspritzen fertigte die Münchner Hofwagenfabrik Mößbauer, die fünf Leitern mit 25 Meter Steighöhe die Firma Kaiser.

◄ In kleinen Dörfern steht oft noch ein Tragkraftspritzenanhänger TSA im Gerätehaus, obwohl die Motorisierung laufend fortschreitet. Früher waren die TSA sehr weit verbreitet und die Wehr war immer auf Spanndienste durch einen Landwirt oder Fuhrunternehmer im Ort angewiesen.

zu Fuß oder
mit Pferd
**Auto-
mobilisierung**
Normung
Farbgebung
DDR-Feuer-
wehren

Freiwillige Feuerwehr Ottobeuren

▼ Häufiger Gast bei Feuerwehroldtimertreffen in Süddeutschland ist die Magirus-Automobilspritze „Typ Bayern" aus Ottobeuren. Die Pumpe im Heck leistet 1 000 l/min. Noch heute rollt die 1922 gebaute Motorspritze auf Vollgummibereifung, denn ein platzender Luftreifen hätte die Alarmfahrt schlagartig beendet.

zu Fuß oder
mit Pferd
**Auto-
mobilisierung**
Normung
Farbgebung
DDR-Feuer-
wehren

**Freiwillige Feuerwehr
Konstanz**

▲ Auf 30 Meter, so viel
wie auch heute Standard
ist, fährt der 1927 von
Magirus gebaute Holzleitersatz aus. Ein 70 PS starker
Motor treibt das Magirus-
Fahrgestell vom Typ 3 CL
an. Im Einsatz stand diese
Kraftfahrleiter KL 30 bis
1959.

Berufsfeuerwehr München

▶ 9.000 Mark kostete die
Stadt München jede der
sieben Automobilspritzen,
die Saurer 1912 und 1913
an die Berufsfeuerwehr lieferte. Daran schloss sich
umgehend ein Auftrag über
sechs baugleiche Spritzen
zur Motorisierung der Freiwilligen Feuerwehr an. Die
im Heck eingebaute Zentri-
fugalpumpe förderte 1500
Liter/Minute bei 11 bar. Auf
dem Fahrzeug fanden inklu-
sive Fahrer 12 Mann Platz.

Freiwillige Feuerwehr Hirschberg/Saale

▶ Zusätzlich zu der vom Motor angetriebenen Pumpe transportierte das Löschfahrzeug LF 12 eine Tragkraftspritze. Mit zwei Pumpen konnte die Feuerwehr mit ihrem 1930 in Dienst gestellten Magirus wirksam Hilfe leisten. Das LF 12 steht als Oldtimer voll funktionsfähig im Gerätehaus.

zu Fuß oder
mit Pferd
**Auto-
mobilisierung**
Normung
Farbgebung
DDR-Feuer-
wehren

**Freiwillige Feuerwehr
Dinkelsbühl**

◄ Jetzt läuft der 50-PS-
Motor nur noch zu fest-
lichen Anlässen. Früher leistete die 1000 Liter/Minute
fördernde Pumpe wertvolle
Dienste zum Schutz der
historischen Altstadt. Die
Firma Metz baute 1928 das
Löschfahrzeug LF 10 auf
einem Mercedes LS 1-Fahr-
gestell auf.

Freiwillige Feuerwehr Graupa

◀ Ein bewegtes Leben hat dieses Löschfahrzeug hinter sich. 1938 stellte die Feuerlöschpolizei Königstein/Sachsen den Mercedes-Benz L 2000 mit Aufbau von Flader in Dienst. 1963 kam es zur Feuerwehr Papstdorf und blieb dort bis 1974 im Einsatzdienst. Jetzt pflegt die Feuerwehr in Pirna-Graupa den Veteranen. Im Heck ist eine Tragkraftspritze eingeschoben.

Freiwillige Feuerwehr Gaggenau

▲ In den dreißiger Jahren setzte sich die Erkenntnis durch, dass geschlossene Kabinen für die Gesundheit der Besatzung besser sind. Bislang mussten die Wehrmänner schutzlos Wind, Regen und Schneefall erdulden und erkälteten sich im Fahrtwind. 1938 erhielt dieser in Gaggenau gefertigte Mercedes LoS 2000 mit Metz-Aufbau wenigstens ein Segeltuchverdeck. Seit 1955 fehlt der Kraftspritze KS 15 die Vorbaupumpe.

Freiwillige Feuerwehr Amberg

▲ 1931 stellte Magirus bei der Leiterferti-
gung von Holz auf Stahl um. 1934 kaufte
die Stadt Amberg eine Kraftfahrleiter mit 30
Meter langem Leiterpark auf dem 110 PS starken Magirus M 45 L. Als Sonderausstattung ist
eine 1500 l/min leistende Vorbaupumpe montiert. Die KL 30 gehört heute zum Museumsbestand der Berufsfeuerwehr München.

zu Fuß oder
mit Pferd
**Auto-
mobilisierung**
Normung
Farbgebung
DDR-Feuer-
wehren

▼ Die leistungsfähigsten
Löschfahrzeuge waren
Mitte der dreißiger Jahre die
Kraftspritzen KS 25. Ihre
Pumpe leistete 2 500 l/min.
Hauptsächlich verwendete
man dafür Magirus- und
Mercedes-Fahrgestelle. In
geringer Anzahl wurden
KS 25 auch auf dem 90 PS
starken MAN Typ D1 aufge-
baut, wie das vermutlich
1936 aufgenommene Foto
zeigt.

zu Fuß oder
mit Pferd
**Auto-
mobilisierung**
Normung
Farbgebung
DDR-Feuer-
wehren

Nachdem die Feuerwehren in den dreißiger Jahren der
Feuerschutzpolizei zugeordnet wurden, vereinheitlichten
das Reichsinnenministerium und das Reichsluftministerium die
Feuerwehrfahrzeuge. Mit dieser Typisierung legten sie den
Grundstein für die noch heute verwendeten Fahrzeugarten
und Bezeichnungen. Die Kriegswirtschaft zwang zur Rationali-
sierung, indem die Typen und die dafür infrage kommenden
Fahrgestell- und Aufbauhersteller festgelegt wurden. Drei
standardisierte Löschfahrzeuge zeigt diese Doppelseite.

▶ Für die Freiwilligen Feuerwehren kleiner Orte
oder in Städten zur Unterstützung der hauptberufli-
chen Feuerschutzpolizei war
das Leichte Löschgruppen-
fahrzeug LLG gedacht. Der
Name änderte sich 1943 in
Löschgruppenfahrzeug LF 8.
Die erste Ausführung ent-
stand auf dem Mercedes-
Benz L 1500-Chassis. Dieses
LLG mit Magirus-Aufbau von
1940 soll in Norddeutsch-
land gelaufen sein.

▼ Die einfachste Ausführung war die Kraftzugspritze KzS 8.
Die Mannschaft saß im Mercedes-Benz L 1500 offen auf
Längssitzbänken. Die Motorspritze wurde als Anhänger mitgeführt. Später entstanden KzS mit geschlossenem Fahrerhaus
und Segeltuchverdeck über dem Mannschaftsraum.

Freiwillige Feuerwehr Mertingen

▼ Der nächstgrößere Typ war das Schwere Löschgruppenfahrzeug SLG, später LF 15 genannt. Es verfügte über einen 400 Liter großen Wassertank und eine 1 500 l/min leistende Pumpe im Heck. Die Fahrgestelle lieferten Magirus und Mercedes-Benz. Bis 1969 stand in Mertingen dieses SLG auf Mercedes-Benz L 3000 F aus dem Jahr 1942 im Einsatzdienst.

zu Fuß oder
mit Pferd
**Auto-
mobilisierung**
Normung
Farbgebung
DDR-Feuer-
wehren

Nach dem Krieg in der Wiederaufbauphase der deutschen Feuerwehren und während der Wirtschaftswunderzeit nutzten die Feuerwehren in West- wie in Ostdeutschland ihr Improvisationstalent. Aus ausgemusterten Militärfahrzeugen oder kostengünstig erworbenen Lastwagen bauten sie sich viele Fahrzeuge selbst.

Freiwillige Feuerwehr Schottenstein

◀ Aus amerikanischen Militärbeständen kauften viele Feuerwehren einen Dodge WC. Diesen 1943 gebauten Dodge ergänzte 1953 die Firma Ludwig in Bayreuth mit einer mächtigen Vorbaupumpe. Die Pumpe von Amag-Hilpert leistete 1500 l/min.

Freiwillige Feuerwehr Akams

◀ Als das Foto 1991 entstand, war der Ersatz schon geplant. Zu einem Tragkraftspritzenfahrzeug TSF rüstete sich die Allgäuer Wehr einen Borgward B 2000 A/O mit Halterungen für die Tragkraftspritze und Sitzbänken auf der Ladefläche aus. Den 1956 gebauten Lastwagen hatte man 1971 von der Bundeswehr erworben.

Betriebsfeuerwehr Papierfabrik Niederschlema

▲ Einen IFA H3A-Lastwagen, der Mitte der fünfziger Jahre gebaut worden war, nahm die Feuerwehr des VEB und baute ihn etwa 1970 zu einem Löschfahrzeug um. Rund 20 Personen nahmen Platz auf der Ladefläche. Hinter der Klappe vorne links war die Tragkraftspritze eingeschoben. 500 Meter Schlauch und vier Druckluftatmer gehörten zur Beladung des bis 1990 eingesetzten Fahrzeuges.

Freiwillige Feuerwehr Sudweyhe

▲ Die Motorisierung vieler ländlicher Feuerwehren setzte in den sechziger Jahren ein. 1963 entstanden die Fotos bei der Indienststellung des Tragkraftspritzenfahrzeuges TSF auf Ford Transit 1250 (vorne). Von dem Löschgruppenfahrzeug LF 8 (links oben und unten) auf Borgward B 611-O in Frontlenkerbauweise wurden nur wenige Exemplare gebaut. Arve platzierte 1960 die Vorbaupumpe hinter der Frontverkleidung.

Berufsfeuerwehr Hamburg

▼ Die deutsche Nutzfahrzeugindustrie bot Ende der fünfziger Jahre neben den üblichen Haubenfahrzeugen auch Frontlenker an. Bei den Feuerwehren war die Nachfrage jedoch sehr gering. Hamburg war eine der Wehren, die frühzeitig die Vorteile erkannte: Das kürzere Fahrzeug war wendiger und die Kabine bot mehr Platz. Der Löschzug auf Mercedes-Benz LPF 311-Fahrgestellen bestand aus (von links) Tanklöschfahrzeug TLF 16, Drehleiter DL 30 und Löschgruppenfahrzeug LF 16. Den Auftrag für die Drehleiter erhielt Metz und für die Löschfahrzeuge Bachert. Bachert fertigte die Aufbauten komplett aus Stahl, während andere Hersteller noch Holzgerippe mit Blech überzogen.

zu Fuß oder
mit Pferd
Automobilisierung
Normung
Farbgebung
DDR-Feuerwehren

Die Feuerwehr wird mobil

zu Fuß oder
mit Pferd
**Auto-
mobilisierung**
Normung
Farbgebung
DDR-Feuer-
wehren

Freiwillige Feuerwehr Kraußnitz

▲ Um den Tragkraftspritzenanhänger zur Einsatzstelle zu ziehen, musste man sich auf einen zuverlässigen Spann- dienst verlassen. Mit der Umstrukturierung der landwirtschaft- lichen Betriebe stieg die Unsicherheit, ob bei Alarm innerhalb kürzester Zeit ein Zugfahrzeug erscheint. Daher sicherte sich die Oberlausitzer Wehr den Transport durch einen eigenen Traktor. Der Belarus MTS 50 stammt aus russischer Produktion.

Kommando der Feuerwehr Berlin (Ost)

▼ In der DDR ruhte in den fünfziger Jahren die Drehleiter- produktion. Beim Wiederaufbau des zerstörten Ostberlin entstanden viele Hochhäuser. 1956 kaufte die DDR bei der Firma Metz die höchste Leiter Europas, eine DL 52 auf einem Krupp Tiger-Fahrgestell. Auf dem Foto einer Übung aus den sechziger Jahren ist diese Leiter mit abgebildet. Links steht ein Löschgruppenfahrzeug LF 15 auf H3A-Chassis und rechts eine DL 26 auf Mercedes-Benz, wie sie Metz um 1940 oft gebaut hat.

Freiwillige Feuerwehr Meißen

 Nach der Wiedervereinigung mischten sich in den Fuhr-
parks der ostdeutschen Wehren schnell die Ost- und West-
produkte. Großer Nachholbedarf bestand bei Rüstwagen und
Gerätewagen für Gefahrguteinsätze. Mit dem Meißner Dom
im Hintergrund standen an der Elbe im Sommer 1998 von
links: Tanklöschfahrzeug TLF 16 auf IFA W 50 von 1984, ein
vom Katastrophenschutz nach der Wende stationierter Rüstwagen RW 1 auf Magirus 1983 gebaut, ein Gerätewagen-
Gefahrgut GW-G von 1995 und eine Drehleiter DLK 23-12
niedriger Bauart von Iveco-Magirus von 1994.

Normung

zu Fuß oder mit Pferd
Auto-mobilisierung
Normung
Farbgebung
DDR-Feuer-wehren

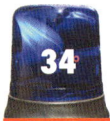

Vor hundert Jahren – im Jahr 1904 – brannte das Dorf Ilsfeld bei Heilbronn ab: 130 Wohngebäude, 77 Scheunen und 71 Ställe wurden vernichtet. Eine Person kam ums Leben. Spielende Kinder hatten den Brand ausgelöst. Eine Ursache für den enormen Schaden lag in der Unfähigkeit der Wehren, zusammenzuarbeiten: Die Schläuche ließen sich nicht miteinander kuppeln. Dieser verheerende Brand war Anlass, Normungen für Feuerwehrgeräte aufzustellen.

Die Normung legt für die wichtigsten Feuerwehrgeräte und -fahrzeuge die grundsätzlichen Anforderungen fest. Deren Einhaltung ermöglicht die Zusammenarbeit der einzelnen Einheiten, erleichtert die Beschaffung, ist Grundlage für eine einheitliche Ausbildung und unterstützt eine kostengünstige Produktion. Dieses sind einige der Argumente pro Normung, die bei der Diskussion um deren Zweck angeführt werden müssen. Kontra Normung stehen immer wieder Wünsche nach einem Fahrzeugkonzept, das für die örtlichen Verhältnisse maßgeschneidert ist.

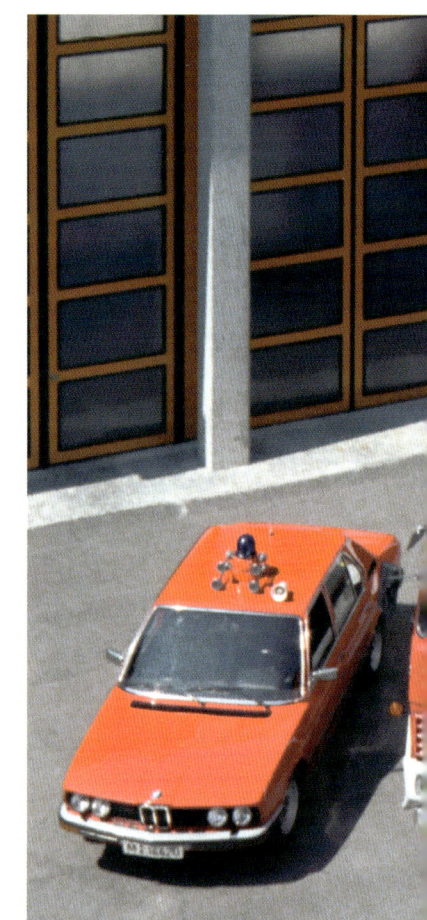

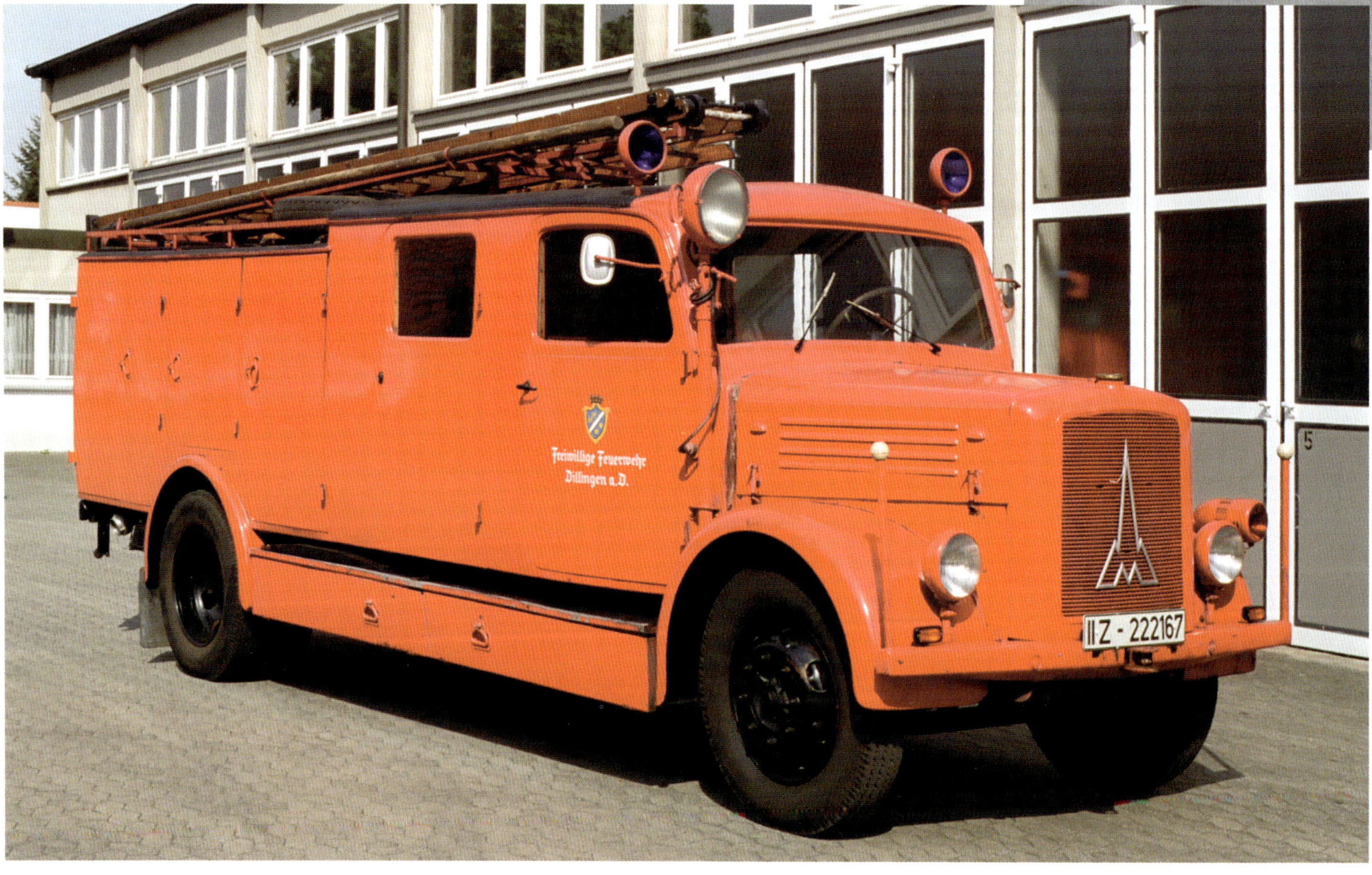

Freiwillige Feuerwehr Dillingen/Donau

◀ Um eine Vereinheitlichung der Feuerwehrfahrzeuge zu erreichen und die Produktion auf wirtschaftliche Großserien umzustellen, wurde im Dritten Reich das Fahrzeugwesen reichseinheitlich typisiert. Einer der Typen war das Schwere Löschgruppenfahrzeug SLG auf KHD S3000, das 1942 ausgeliefert wurde.

Werkfeuerwehr Technische Universität München

▲ Der klassische Löschzug besteht (von links) aus einem Kommandowagen Kdow für den Einsatzleiter, einem Tanklöschfahrzeug TLF 16 mit Staffelbesatzung für 6 Mann, einer Drehleiter DLK 23-12 mit Truppbesatzung für drei Mann, einem Löschgruppenfahrzeug LF 16 für eine Gruppe von 9 Mann und einem Rettungswagen RTW.

Gut erkennbar ist die normgerecht unterschiedliche Leiterbeladung. Auf dem TLF 16 liegen vier Steckleiterteile. Das LF 16 ist zusätzlich mit einer Schiebleiter und Hakenleiter beladen. Die Magirus-Fahrzeuge wurden 1979 zur Inbetriebnahme der Werkfeuerwehr am Forschungsstandort Garching angeschafft.

zu Fuß oder
mit Pferd
Auto-
mobilisierung
Normung
Farbgebung
DDR-Feuer-
wehren

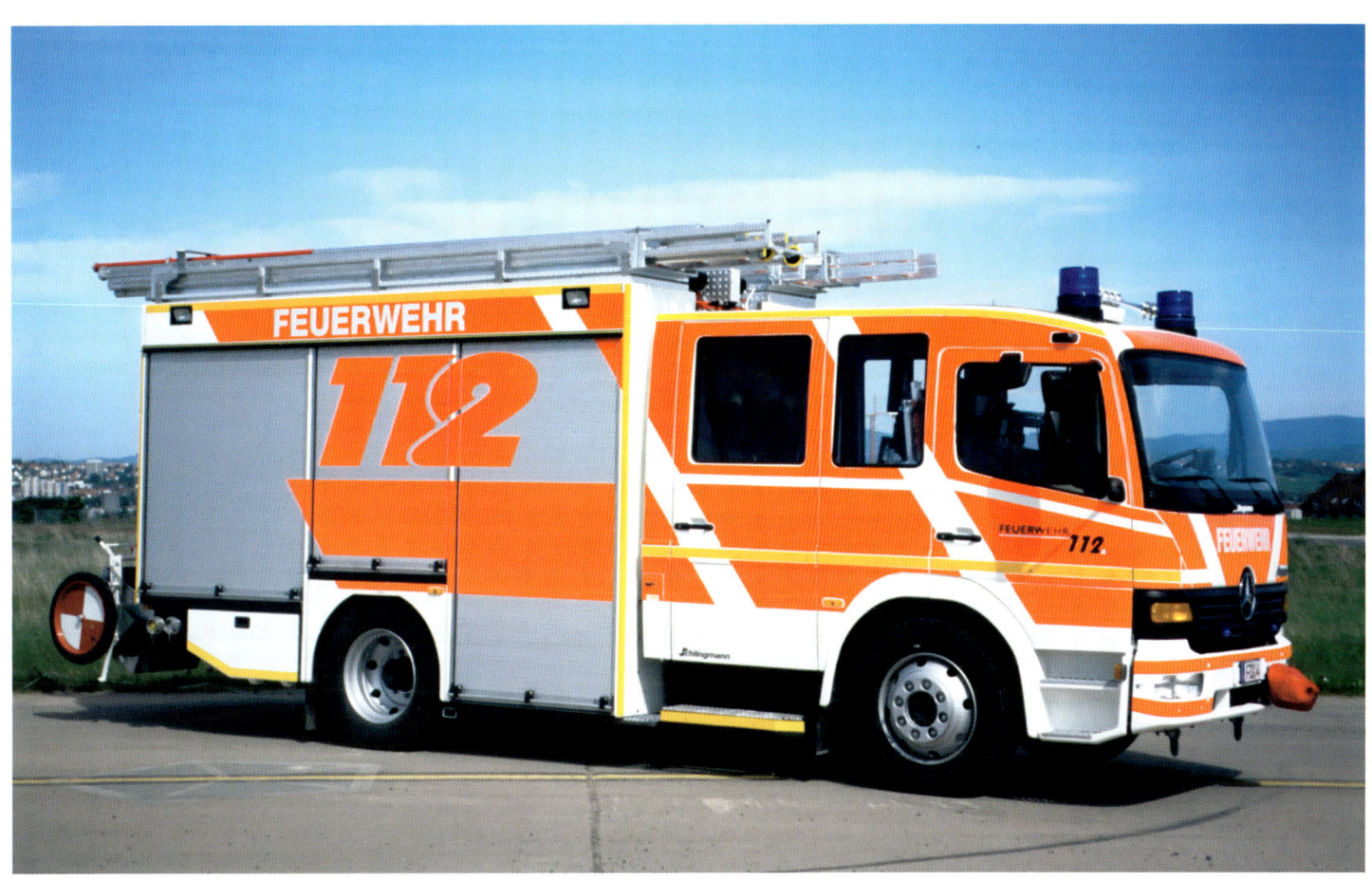

Freiwillige Feuerwehr Zeitz

◀ Die Zusammenarbeit mehrerer Feuerwehren bei den Löscharbeiten eines leer stehenden Theaters sind nur möglich, wenn die Geräte normgerecht zusammenpassen. Das 1998 von Rosenbauer auf einem MAN 14.264 LA-LF aufgebaute Löschfahrzeug entspricht vom Prinzip her einem Löschgruppenfahrzeug LF 16/12. Jedoch wurde abweichend eine 2400 l/min leistende Pumpe mit Hochdruckteil gewählt und es werden 2000 Liter Wasser und 200 Liter Schaummittel mitgeführt.

Freiwillige Feuerwehr Fulda

▲ Das Hilfeleistungstank-löschfahrzeug HTLF 16 steht in keinem Normblatt, aber in Hessen gibt es für diesen Typ eine Baurichtlinie. Die verladenen Geräte und Pumpe entsprechen den jeweils zutreffenden Normen. Schlingmann baute 2003 das HTLF 16 auf einem Mercedes-Benz Atego 1328 F. Es führt 2000 Liter Wasser und 200 Liter Schaummittel mit.

Bezeichnungen

zu Fuß oder
mit Pferd
Auto-
mobilisierung
Normung
Farbgebung
Fahrzeuge der
DDR-Feuer-
wehren

Welches Fahrzeug eignet sich für welche Einsatzaufgabe? Darüber gibt die Bezeichnung Auskunft. Aus der Abkürzung des Typs sind Beladung, Menge der Löschmittel und Anzahl der Einsatzkräfte weitgehend erkennbar. Über die Jahre haben sich einige Bezeichnungen geändert. Im Buch entsprechen die Angaben in der Regel dem Beschaffungszeitpunkt.

A

AB	Abrollbehälter

B

BF	Berufsfeuerwehr

D

DL	Drehleiter (Zahl gibt die Leiterlänge an)
DLK	Drehleiter mit Rettungskorb (Zahlen beschreiben den Einsatzbereich)
DLK ... GL	Drehleiter mit Rettungskorb und Gelenkarm
DLK ... SE	Drehleiter mit Rettungskorb für Sofort-Einstieg
DLK ... nB	Drehleiter mit Rettungskorb in niedriger Bauart
DMF	Dekontaminationsmehrzweckfahrzeug

E

ELW	Einsatzleitwagen (in den verschiedenen Größen 1, 2 und 3)

F

FF	Freiwillige Feuerwehr
FLF	Flughafenlöschfahrzeug[1]
FLKFZ	Feuerlösch-Kraftfahrzeug der Bundeswehr (Zahl gibt die Wassermenge an)

G

GLG	Großes Löschgruppenfahrzeug[1]
GMB	Gelenkmastbühne (Zahl gibt die Rettungshöhe an)
GRTW	Großraum-Rettungswagen
GW	Gerätewagen
GW-A	Gerätewagen Atemschutz
GW-AS	Gerätewagen Atemschutz und Strahlenschutz
GW-Dekon	Gerätewagen Dekontamination
GW-G	Gerätewagen Gefahrgut
GW-Licht	Lichtmastfahrzeug

GW-Mess	Gerätewagen Gefahrstoffmessung
GW-N	Gerätewagen Nachschub
GW-Öl	Gerätewagen Ölwehr
GW-Str	Gerätewagen Strahlenschutz
GW-W	Gerätewagen Wasserrettung

H

HLF	Hilfeleistungslöschfahrzeug[1]

K

Kdow	Kommandowagen
KL	Kraftfahrleiter (Zahl gibt die Leiterlänge an)
KLAF	Kleinalarmfahrzeug
KLF	Kleinlöschfahrzeug
KS	Kraftfahrspritze[1]
KTW	Krankentransportfahrzeug
KW	Kranwagen (Zahl nennt die maximale Hubkraft)

Freiwillige Feuerwehr Schwenningen

▶ Die markante Haube prägte die Magirus Fahrzeuge in den sechziger Jahren. Bei der Feuerwehr am Rande des Schwarzwaldes lief ein kompletter Löschzug auf Magirus Eckhauber. Von links:
- Löschgruppenfahrzeug mit Tragkraftspritze LF 16 TS von 1966
- Drehleiter 30 Meter DL 30 von 1964
- Tanklöschfahrzeug TLF 16 von 1968

L

LB	Leiterbühne
LF	Löschgruppenfahrzeug[1]
LF ... TS	Löschgruppenfahrzeug[1] mit eingeschobener Tragkraftspritze[2]
LKW	Lastkraftwagen
LLG	Leichtes Löschgruppenfahrzeug

M

MTW	Mannschaftstransportwagen
MZF	Mehrzweckfahrzeug

N

NAW	Notarztwagen
NEF	Notarzt-Einsatzfahrzeug

R

RW	Rüstwagen (in den verschiedenen Größen 1, 2 und 3)
RKW	Rüstkranwagen
RTW	Rettungswagen

S

SLG	Schweres Löschgruppenfahrzeug
SW	Schlauchwagen (Zahl beschreibt die Länge der Schlauchleitung)

T

TLF	Tanklöschfahrzeug[1]
TLF ... T	Tanklöschfahrzeug mit Truppbesatzung[1]
TroLF	Trocken-Löschfahrzeug (Zahl gibt die Pulvermenge in kg an)
TroTLF	Trocken-Tanklöschfahrzeug[1]
TS	Tragkraftspritze[2]
TSA	Tragkraftspritzenanhänger
TSF	Tragkraftspritzenfahrzeug
TSF-W	Tragkraftspritzenfahrzeug mit Wassertank

V

VGW	Vorausgerätewagen
VRW	Vorausrüstwagen

W

WF	Werkfeuerwehr
WLF	Wechselladerfahrzeug

Z

ZLF	Zumischerlöschfahrzeug[1]

1) 1. Zahl = Pumpenleistung × 100 in l/min

    2. Zahl = Inhalt Wassertank × 100 in Liter

    3. Zahl = Inhalt Schaummittelbehälter × 100 in Liter

2) 1. Zahl = Pumpenleistung × 100 in l/min

    2. Zahl = Ausgangsdruck in bar

Feuerwehrfahrzeuge sind rot

Feuerwehrfahrzeuge sind rot – das weiß jedes Kind. Aber die Palette der Lackierungen war und ist vielfältiger. Als die Feuerwehr in den dreißiger Jahren in die Polizei eingegliedert wurde, musste die Farbgebung angeglichen werden. Einige Old-timer tragen epochegerecht das dunkelgrüne Kleid. Die Fahr-zeuge, die die Luftwaffe beschaffte, waren dagegen in Dunkel-grau gehalten. Vereinzelt zeigen historische Fotos dunkelgelbe Fahrzeuge, die zu Kriegsende gebaut wurden. Diese Farbe sei gewählt worden, weil die Fahrzeuge für den Afrikafeldzug vor-gesehen gewesen wären. So hört man oft fälschlicherweise. Vielmehr ist die gelbe Farbe Ausdruck der Materialknappheit in den letzten Kriegsjahren.

**Freiwillige Feuerwehr
Furth im Wald**

▼ In zeitgerechter grüner
Lackierung der Feuer-
schutzpolizei präsentiert sich
das 1942 gebaute Leichte
Löschgruppenfahrzeug
LLG auf Mercedes-Benz
L 1500 S.

Ein Oldtimerbesitzer restaurierte sein Schweres Löschgruppenfahrzeug SLG auf Mercedes-Benz L 3000 S von 1942 in Grau.

Originalgetreu präsentiert sich dieses Leichte Löschgruppenfahrzeug LLG von 1943 in vereinfachter Kriegsbauweise in gelbem Farbton.

Nach Kriegsende führten die Wehren schnell wieder den traditionellen Rotton RAL 3000 ein. Um besser wahrgenommen zu werden, setzten einige Wehren auf eine Kombination roter und weißer Flächen. Mit der Einführung der Aluminiumrollläden im Aufbau veränderte sich ab den siebziger Jahren das Erscheinungsbild zu Rot und Silber. Eine bessere Auffälligkeit im Straßenverkehr sowie bei trübem oder regnerischem Wetter lässt sich mit der gegen Aufpreis erhältlichen leuchtroten Lackierung RAL 3024 erzielen. Auffälliger und individueller designed – das sind die Ziele der Folienbeklebung mit gelben Streifen und Mustern.

zu Fuß oder
mit Pferd
Auto-
mobilisierung
Normung
Farbgebung
DDR-Feuer-
wehren

Freiwillige Feuerwehr Haar

▼ An der roten Farbgebung hält die Haarer Feuerwehr fest, denn die Rollläden aller Fahrzeuge sind rot eingefärbt. Hier am Löschgruppenfahrzeug LF 16/12 von 1996.

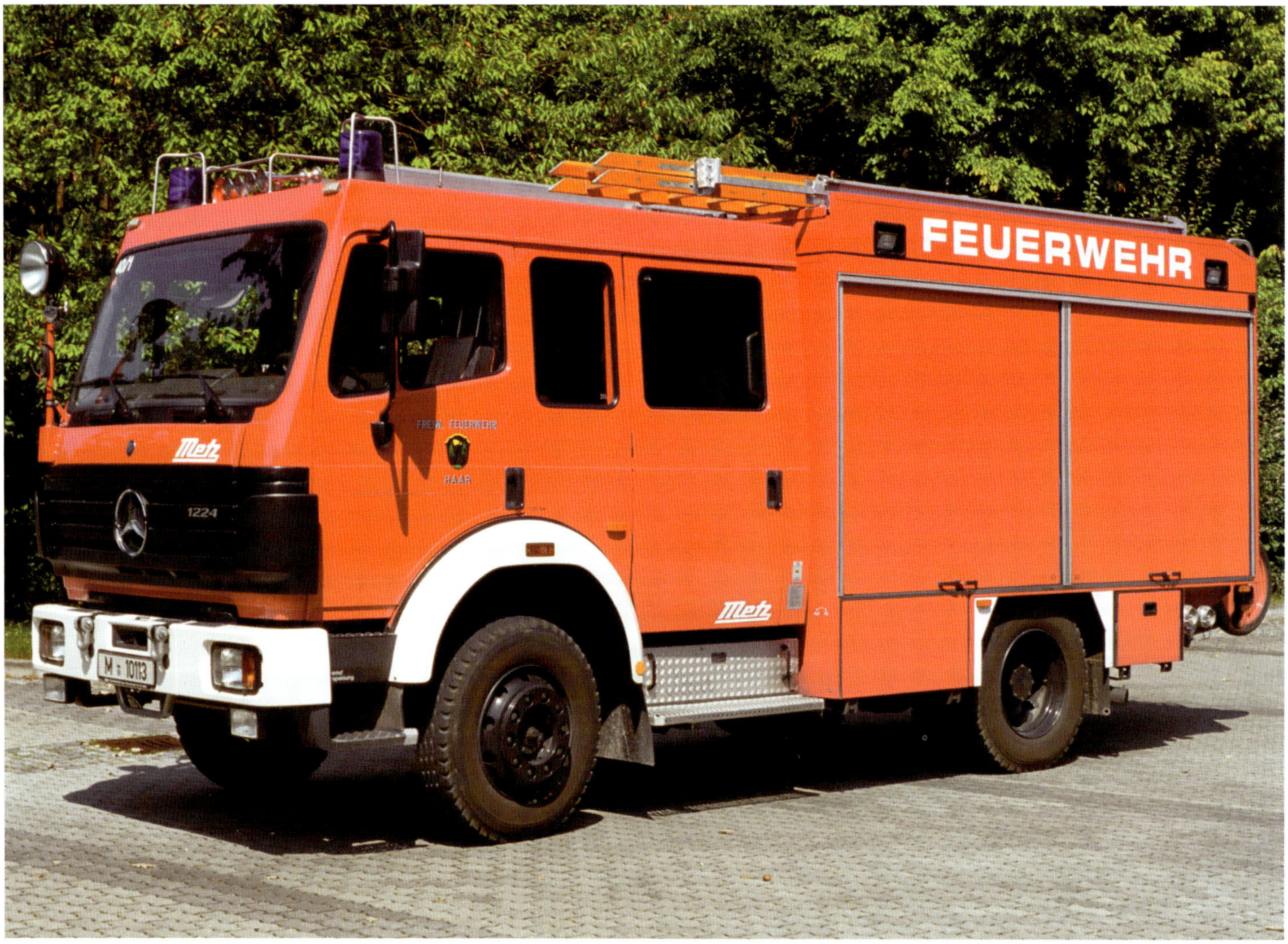

**Freiwillige Feuerwehr
Neufahrn**

▲ Die letzten Sonnenstrahlen lassen das leuchtrote Löschgruppenfahrzeug LF 16/12 erstrahlen, bevor die aufziehenden Gewitterwolken den Himmel verdunkeln.

**Freiwillige Feuerwehr
Gersthofen**

▶ Das 2003 in Dienst gestellte Mehrzweckfahrzeug MZF erhielt mit einer leuchtrot-gelben Folienbeklebung ein auffälliges Design.

zu Fuß oder
mit Pferd
Auto-
mobilisierung
Normung
Farbgebung
**DDR-Feuer-
wehren**

Als West- und Ostdeutschland nach über 40-jähriger Trennung wieder zusammenkamen, stellte sich heraus, dass die Entwicklung der Feuerwehrfahrzeuge auf ähnlichen Wegen verlaufen war. Beide Länder hatten das Storz-Kupplungssystem für die Schläuche und die Schlauchgrößen A, B, C und D beibehalten. Die Leistungsdaten der Pumpen 800 und 1600 l/min waren einheitlich. Die Grundtypen der Löschfahrzeuge – TSF im Westen, KLF-TS 8 im Osten, LF 16 und TLF 16 in beiden Ländern – waren vergleichbar. Was den Feuerwehren der DDR fehlte, waren Geräte- und Rüstwagen. Ebenso gab es keine Fahrzeugvielfalt, denn die Fahrzeuge entstanden nicht auf individuellen Kundenwunsch, sondern wurden zentral zugeteilt. Für jeden Typ war ein Hersteller festgelegt worden und der baute ihn weitgehend unverändert über einen längeren Zeitraum.

Freiwillige Feuerwehr Lauterbach

Der Mangel an Einsatz-
fahrzeugen ließ die
DDR-Feuerwehren in der
Nachkriegszeit improvisie-
ren. In Eigenarbeit der
Wehr im Erzgebirge ent-
stand 1962 aus einem
gebrauchten Steyr 1500 A
von 1944 ein Löschfahrzeug
mit eingeschobener Trag-
kraftspritze.

Brand- und Katastrophenschutzschule Heyrothsberge

Für die Ausbildung nutz-
te die sachsen-anhaltini-
sche Feuerwehrschule noch
1994 zwei Löschgruppen-
fahrzeuge LF 16 auf IFA
W 50 L/LF. Daneben parkt
ein russischer Lada Niva als
Kommandowagen.

zu Fuß oder
mit Pferd
Auto-
mobilisierung
Normung
Farbgebung
**DDR-Feuer-
wehren**

Freiwillige Feuerwehr Leipzig

◀ Von 1963 bis 1990 baute der VEB Barkas in Karl-Marx-Stadt fast unverändert den B 1000. Der VEB Feuerlöschgerätewerk Görlitz nahm den Innenausbau zum Kleinlöschfahrzeug KLF-TS 8 vor. Mit fünf Mann Besatzung und der Tragkraftspritze TS 8 entsprach es dem Tragkraftspritzenfahrzeug TSF der westlichen Länder. Dieses bei der Abteilung Lausen stationierte KLF-TS 8 stammt aus der letzten Bauserie, Baujahr 1989.

Freiwillige Feuerwehr Lauter

◀ Ein weiterer Eigenbau, ein Löschgruppenfahrzeug LF 15 TS aus einem Horch H3 Lastwagen, entstand 1962 bei der Betriebsfeuerwehr des VEB Emaillewerk Lauter. Ein 100 PS starker Benzinmotor von Maybach treibt den 1947 gebauten Lastwagen an. Nach der Werksschließung 1990 nahm die örtliche Wehr den Oldtimer in Pflege.

Freiwillige Feuerwehr Lauter

▼ In Ermangelung einer neuen Pumpe baute die Betriebsfeuerwehr im Heck ihre Lafettenspritze von 1924 ein. Ein eigener Motor treibt die von Fischer in Görlitz gebaute Pumpe an.

Freiwillige Feuerwehr Markranstädt

▲ Von 1959 bis 1967 fertigte der VEB Feuerlöschgerätewerk
Luckenwalde über 400 Löschgruppenfahrzeuge LF 16-TS 8
auf IFA S 4000-1-Chassis. Eingebaut ist ein 90 PS starker Dieselmotor. 400 Liter Wasser reichten gerade zur Bekämpfung
von Entstehungsbränden. Links vorne ist eine Tragkraftspritze
TS 8 eingeschoben. Das im Museumsbestand der Feuerwehr
Markranstädt befindliche LF 16-TS 8 ist vom Baujahr 1967 und
wurde 1992 von einer aufgelösten Betriebsfeuerwehr übernommen.

▶ Um den großen Bedarf
an Löschgruppenfahr-
zeugen LF 8 zu decken,
nahm man einen Pritschen-
lastwagen und belud ihn mit
den erforderlichen Geräten.
Die Mannschaft sitzt auf der
Ladefläche. Aus der ersten
Bauserie des Robur
LO 1800 A mit hinten ange-
schlagenen Türen stammt
das bei der Feuerwehrhistorik in Riesa erhalten geblie-
bene LF-LKW-TS 8.

Fahrzeugtyp	LF 8-LKW-TS 8
Hersteller	VEB Robur Werke Zittau
Fahrgestell	LO 1800 A
Motorleistung	70 PS
zulässiges Gesamtgewicht	5 250 kg
Aufbauhersteller	VEB Feuerlöschgerätewerk Görlitz
Tragkraftspritze	800 l/min bei 8 bar
Besatzung	9 Personen
Baujahr	1965

zu Fuß oder
mit Pferd
Auto-
mobilisierung
Normung
Farbgebung
DDR-Feuer-
wehren

Nationale Volksarmee der DDR

▲ In großer Anzahl baute der VEB Feuerlöschgerä-tewerk Luckenwalde ab 1969 das Tanklöschfahrzeug TLF 16 auf IFA W 50 LA/TLF-Fahrgestell. Die Pumpenleistung beträgt 2 200 l/min. Die Tanks fassen 2 000 Liter Wasser und 500 Liter Schaummittel. Für die NVA entstand eine Variante mit Niederdruckbe-reifung.

Freiwillige Feuerwehr Zeitz

▶ Ab 1985 erhielt das TLF 16 auf IFA W 50 LA einen neuen Aufbau in Stahl-bauweise. Dafür lautete die Typbezeichnung TLF 16 GMK (= Ganzmetallkoffer). Das 1986 gebaute TLF 16 lief zuerst beim Kommando der Feuerwehr – wie die Berufsfeuerwehren zu DDR-Zeiten hießen – in Zeitz und kam 1994 zum Löschzug Aue-Aylsdorf.

Freiwillige Feuerwehr Wittstock/Dosse

▶ In der CSSR kaufte die DDR zwischen 1985 und 1988 72 Tanklöschfahrzeuge TLF 32 auf Tatra 815. Der Aufbau mit einem 8 000-Liter-Wassertank und einem 800-Liter-Schaummitteltank stammt von der Firma Karosa. 1992 übernahm die Wehr inmitten weitläufiger Wald- und Heidegebiete das 1987 gebaute TLF 32 von einer aufgelösten betriebli-chen Feuerwehr in Rostock.

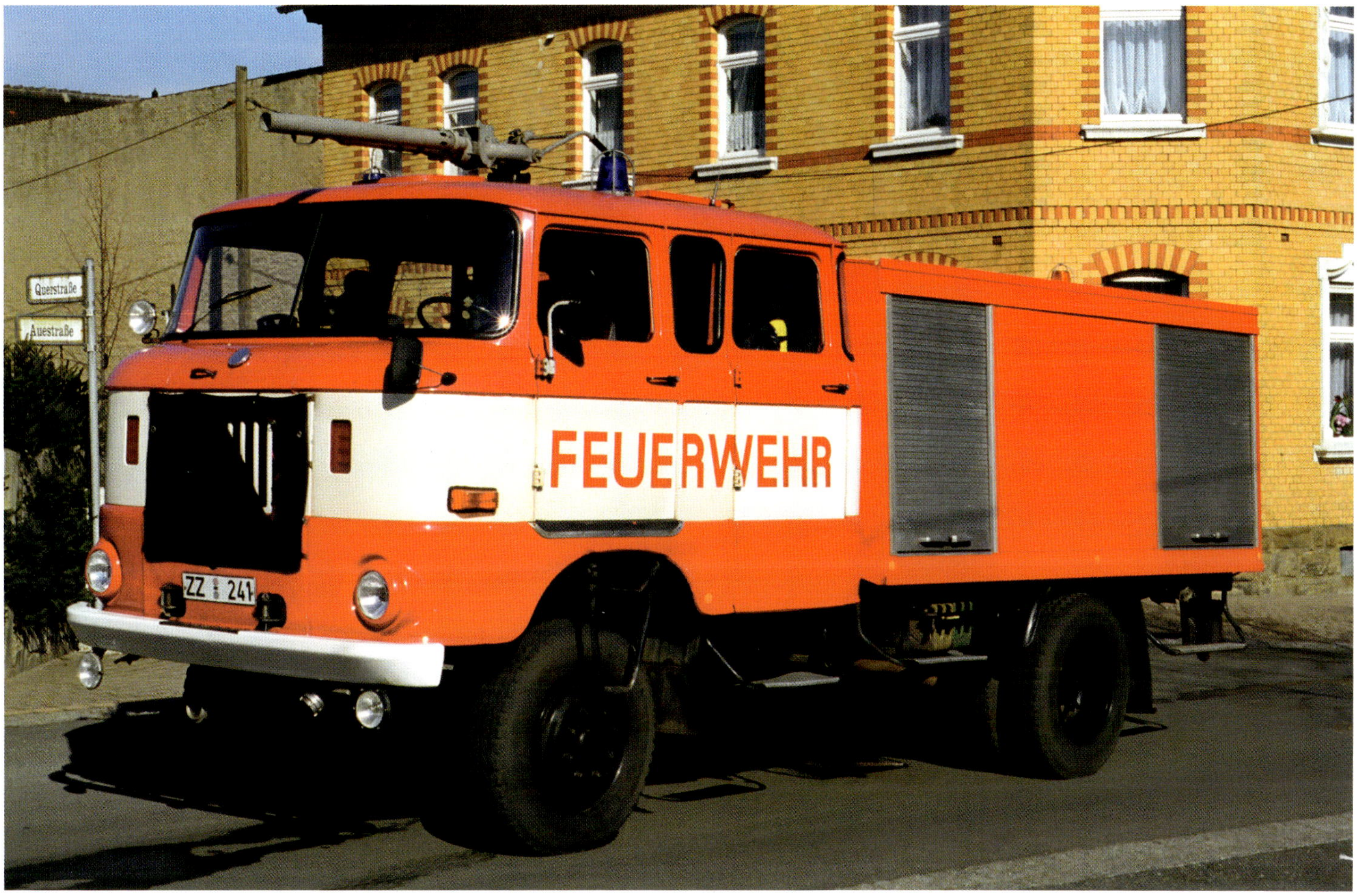
Querstraße
Auestraße
FEUERWEHR
ZZ 241

2/25
112
FEUERWEHR
Freiwillige Feuerwehr
Wittstock-Dosse
FEUERWEHR
WK 2003

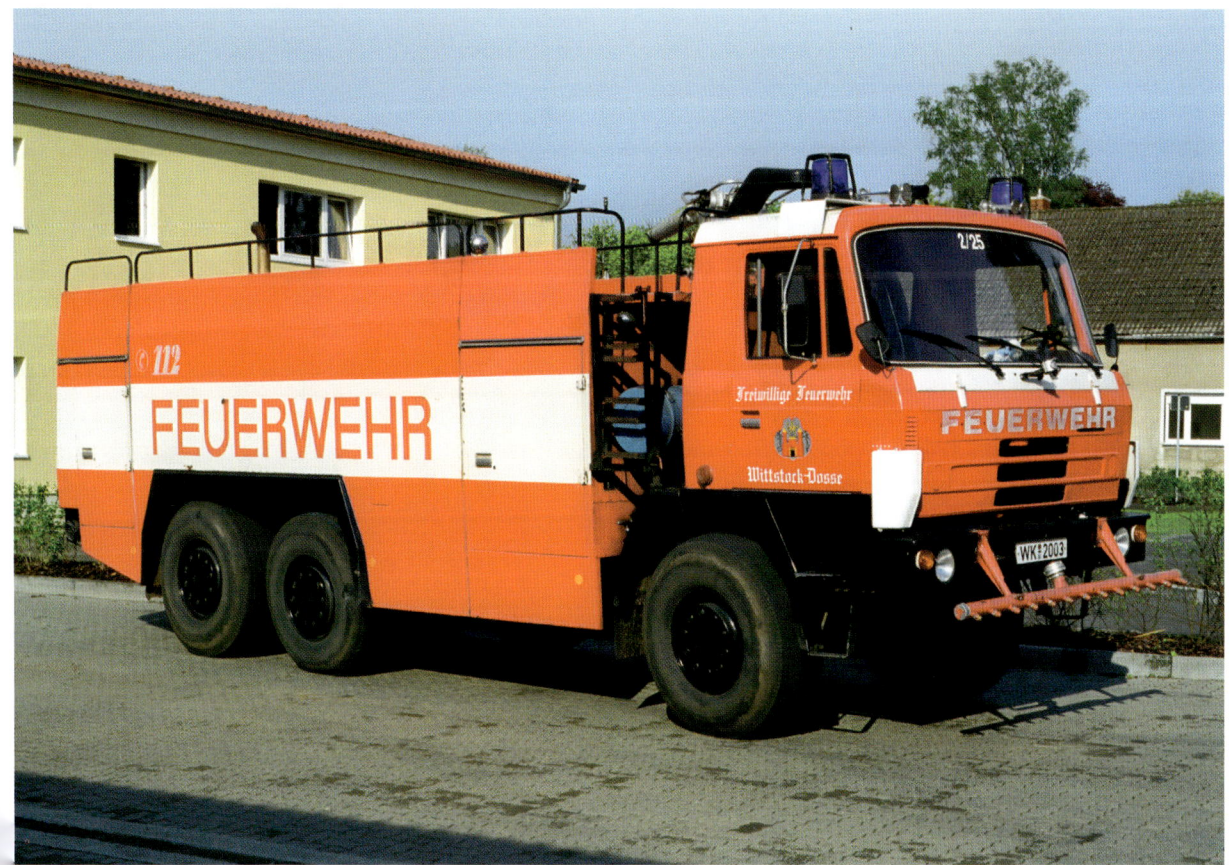

Freiwillige Feuerwehr Halle

▲ Ab 1975 baute der VEB Feuerlöschgeräte Luckenwalde Drehleitern mit 30 Metern Leiterlänge DL 30 auf dem IFA W 50-Fahrgestell. Eine Neukonstruktion mit hydraulischer Abstützung und fallhakenlosem Leitersatz wurde ab 1987 den Wehren zugeteilt. Die bei dem Kommando Feuerwehr Halle eingesetzte DL 30 kam 1992 von der Berufsfeuerwehr zur Freiwilligen Feuerwehr Abteilung Ammendorf.

zu Fuß oder
mit Pferd
Auto-
mobilisierung
Normung
Farbgebung
**DDR-Feuer-
wehren**

Freiwillige Feuerwehr Aue

▼ Das Wechsellader-
system führten die
DDR-Feuerwehren mit dem
Schlauchwagen SW ein.
Allerdings nutzten sie das
System nicht konsequent,
denn es wurden keine weiteren Container an die Weh-
ren verteilt. Der Behälter
wird mittels Seilzug auf den
Kipprahmen aufgezogen.
3 000 Meter B-Schlauch sind
aneinander gekuppelt ver-
staut, so dass sie bei langsamer Fahrt ausgelegt werden
konnten. Einer der etwa 65
gebauten SW läuft bei der
Feuerwehr im Erzgebirge.
Der IFA W 50 L/KC wurde
1980 gebaut.

Tragkraftspritzenfahrzeuge

S chnell wie die Feuerwehr! Dieses Motto gilt in der Stadt wie auch auf dem Land bei der kleinsten Feuerwehr. Wenn die Tragkraftspritze in einem Anhänger verstaut ist, dann muss erst zeitaufwändig ein Traktor von einem Bauernhof geholt werden. Daher appellierten die Feuerwehren in der Nachkriegszeit vehement dafür, die Motorisierung anzustreben. In großer Anzahl kauften die Gemeinden Tragkraftspritzenfahrzeuge TSF mit sechs Sitzplätzen für die Staffelbesatzung. Es handelte sich um serienmäßige Kleintransporter mit Straßenantrieb. Viele Wehren suchten sich ein geeignetes, gebrauchtes Fahrzeug und bauten es für ihre Zwecke um. Die Beladung besteht aus einer Tragkraftspritze TS 8/8, den Schläuchen und Armaturen für eine Löschgruppe sowie mindestens zwei Steckleiterteilen. Waren über Jahrzehnte handelsübliche Kastenwagen zu TSF ausgebaut worden, bietet die Feuerwehrgeräteindustrie seit Anfang der neunziger Jahre TSF mit Kofferaufbau an. Die Trennung von Mannschaft und Gerät schützt die Besatzung bei einem Unfall vor herumfliegender Beladung.

Freiwillige Feuerwehr Stiefenhofen

◀ Ein abwechslungsreiches Leben hat dieser Mercedes-Benz Unimog 416 hinter sich. Ab 1981 lief er im Braunkohlentagebau bei der Werkfeuerwehr Rheinbraun. Nach etwa 10 Jahren kam er ins Allgäu zur Feuerwehr Weiler und erhielt dort einen Kofferaufbau zum Transport der Tragkraftspritze TS 8/8. Seit 1997 steht der Unimog in Stiefenhofen.

Freiwillige Feuerwehr Kreuth, Zug Scharling

▼ 1996 ersetzte ein Tragkraftspritzenfahrzeug mit Wassertank TSF-W den 1958 gebauten Borgward. Wegen der Lage in den Tegernseer Bergen wählte man das Mercedes-Benz-Allradfahrgestell 814 DA. Den Aufbau lieferte die Firma Empl aus dem benachbarten Tirol.

▲ Zwei Tragkraftspritzen fördern bei einem Großbrand Wasser aus einem nahe gelegenen Bach. Bei der hinteren Pumpe ist nach Entfernung der Motorabdeckung der legendäre VW-Industriemotor in Boxerbauweise zu erkennen.

▲ Magirus konstruierte Anfang der dreißiger Jahre einen Leicht-Lastwagen mit einer Tonne Nutzlast, den Typ M10. Den Antrieb übernahm ein von ILO gefertigter luftgekühlter Zweitakt-Zweizylinder-Benzinmotor mit 18 PS. Für die Feuerwehr bot Magirus den M10 als Mannschaftswagen mit Tragkraftspritze oder als Kleinlöschfahrzeug mit eingebauter Pumpe an. Die beiden abgebildeten Fahrzeuge wurden nach Hannover geliefert.

◀ Einer der längst in Vergessenheit geratenen Nutzfahrzeughersteller ist Ostner. In Sulzbach-Rosenberg in der Oberpfalz produzierte die Firma von 1950 bis 1956 das Modell „Rex". Als Motor kam ein 38 PS starker Vierzylindermotor von Ford zum Einbau.

▲ Magirus baute einige Kleinlöschfahrzeuge auf Basis des Ostner Rex. Heckseitig ist die Tragkraftspritze eingeschoben. Im Mannschaftsraum sitzen die Einsatzkräfte quer zur Fahrtrichtung Rücken an Rücken. Auf der Geräteraumklappe ist die C-Schlauch-Haspel befestigt. Wenn sie mit Schläuchen bestückt war, artete das Öffnen und Schließen der Klappe zu einem Kraftakt aus.

TSF
TSF-W
TSF-GW

Freiwillige Feuerwehr Thierbach

▲ In der Nachkriegszeit besorgten sich viele Wehren ausgemusterte Militärfahrzeuge. Dieser 1944 gebaute Dodge WC kam 1952 zur Freiwilligen Feuerwehr Bad Steben und von dort 1972 zur Ortsteilwehr Thierbach. Die Ladefläche teilt sich die Mannschaft mit 450 Metern B-Schlauch. Der Tragkraftspritzenanhänger stammt von 1940. Zum Fotozeitpunkt 1995 stand der Dodge noch zuverlässig im Einsatzdienst.

Freiwillige Feuerwehr Pastetten

▶ Ein weiteres Beispiel für das Improvisationstalent der Wehren ist dieser Opel Blitz von 1947. 1956 kaufte man ihn für 925,00 DM und montierte die Tragkraftspritze auf der Ladefläche. Entlang der Bordwände sitzt die Mannschaft ungeschützt dem Wetter ausgesetzt. Heute präsentiert der Feuerwehrverein das Behelfsfahrzeug bei Festzügen und auf Oldtimertreffen.

Freiwillige Feuerwehr Saulheim

▲ Als Zugfahrzeug für den Tragkraftspritzenanhänger kaufte die Wehr 1976 einen 1962 gebauten DKW F 91/4. Dieser war unter dem Namen „Munga" bei der Bundeswehr in großer Stückzahl eingeführt worden. Der Dreizylinder-Zweitakt-Motor leistete 44 PS.

TSF-W
TSF-GW

Freiwillige Feuerwehr Dienhausen

▲ Besonders beliebt waren die von der Bundeswehr ausgemusterten Mercedes-Benz Unimog S 404 mit Kofferaufbau. Den Innenausbau zum Tragkraftspritzenfahrzeug TSF nahmen die Wehren in Eigenregie vor oder er erfolgte von Firmen, die sich darauf spezialisiert hatten. Dieser 1959 gebaute Unimog wechselte 1978 sein Farbkleid von natooliv zu feuerwehrrot.

Freiwillige Feuerwehr Roggden-Hettlingen

▶ Die Nachfolge des Unimog S 404 trat bei der Bundeswehr der U 1300 L an. Sein Sechszylinder-Dieselmotor mit 5 675 ccm Hubraum leistet 130 PS. Auf das 1986 an die Bundeswehr gelieferte Chassis setzte der Feuerwehrfahrzeughändler Thoma in Kenzingen im Jahr 2000 einen Kofferaufbau. An der Front ist eine 6-Tonnen-Winde angebaut.

Freiwillige Feuerwehr Roggden-Hettlingen

▶ Der Innenausbau erfolgte als Tragkraftspritzenfahrzeug TSF. Zur Entnahme der Tragkraftspritze TS 8/8 konstruierte Thoma ein klappbares Gestell, damit diese trotz der hohen Bodenfreiheit des Unimog griffgünstig entnommen werden kann.

TSF-W
TSF-GW

Freiwillige Feuerwehr Benediktbeuern

▼ Ein bekannter Lastwagenhersteller war Borgward in Bremen. Bevor die Fabrik 1962 geschlossen wurde, hatten Bundeswehr, Bundesgrenzschutz und Katastrophenschutzeinheiten in großer Stückzahl den 82 PS starken Borgward B 2000 A/O erhalten. Einen 1956 an den BGS gelieferten Borgward mit Funkkofferaufbau baute sich die Wehr 1966 zu einem Zugfahrzeug für den Tragkraftspritzenanhänger um.

Freiwillige Feuerwehr Marktsteft

▶ Eine ebenfalls erloschene Lastwagenmarke ist Hanomag. 1955 kam die Allradausführung AL 28 ins Produktprogramm. Ein 1963 an den Bundesgrenzschutz gelieferter Hanomag läuft seit 1977 bei der Wehr im Maintal als Tragkraftspritzenfahrzeug TSF. Dort erfolgte auch der Umbau zur Unterbringung der feuerwehrtechnischen Beladung.

![Orangefarbenes Tragkraftspritzenfahrzeug der Freiwilligen Feuerwehr Benediktbeuern mit Kennzeichen TÖL-213 vor Berglandschaft]

Freiwillige Feuerwehr Burg/Kauper

▼ Ein ehemaliger Krankenwagen auf Phänomen Granit 27 von 1951 läuft seit 1959 im Spreewald als Zugfahrzeug für den Tragkraftspritzenanhänger TSA. Die Mannschaft sitzt im Aufbau.

TSF
TSF-W
TSF-GW

Freiwillige Feuerwehr Veitsbronn

▲ Seit 1957 steht dieser VW-Transporter als Tragkraftspritzenfahrzeug mit Truppbesatzung TSF-T im Einsatzdienst.
Der Ausbau erfolgte bei Ludwig in Bayreuth. Wegen der Heck-
motoranordnung des VW ist die Tragkraftspritze seitlich eingeschoben.
Einsatztaktisch bewährte sich das TSF-T nicht, denn zum Entla-
den der 190 Kilogramm schweren Tragkraftspritze sind vier
Mann erforderlich. Das Fahrzeug hat aber nur drei Sitzplätze.

Freiwillige Feuerwehr Gaissach

▶ An die großen Erfolge
des Opel Blitz wollte
Opel mit dem aus England
importierten Bedford-Liefer-
wagen anknüpfen. Bei den
Feuerwehren blieb es bei
Einzelstücken. Kurz vor seiner Ausmusterung 1992
konnte dieses 1978 von der
Wehr selbst ausgebaute
Tragkraftspritzenfahrzeug
mit Truppbesatzung TSF-T
fotografiert werden.

Freiwillige Feuerwehr Sinzheim

▶ Fiat beabsichtigte, an dem Transportermarkt in Deutschland teilzunehmen und importierte in den siebziger Jahren das Modell 238. Bei den Feuerwehren fand das Fahrzeug keinerlei Resonanz. Einen baute sich die Ortsgruppe Halberstung 1981 zum Tragkraftspritzenfahrzeug TSF-T mit Truppbesatzung um.

TSF
TSF-W
TSF-GW

Freiwillige Feuerwehr Odelzhausen

🔺 Die Konkurrenz zum VW-Transporter als Tragkraftspritzenfahrzeug TSF hieß in den fünfziger Jahren Ford
FK 1250. 1961 änderte sich der Name in Taunus Transit, wie
über dem Kühlergrill dieses 1962 von Ziegler ausgebauten TSF
zu lesen ist. In den Zulassungszahlen platzierte sich der Ford
mit seinem 55 PS starken Vierzylinder-Motor erfolgreich hinter
dem VW. Bei den Feuerwehren aber hatte er die Front vorn:
Dank Frontmotor wurde die Tragkraftspritze heckseitig eingeschoben und er bot Platz für eine Staffel.

Freiwillige Feuerwehr Geiselbullach

▼ In den sechziger und siebziger Jahren beherrschte Ford mit dem zwillingsbereiften Transit FT 130 den Markt für Tragkraftspritzenfahrzeuge alleine. Mercedes brachte seinen Transporter aus Bremer

Produktion erst 1977 auf den Markt. Der VW-Transporter war eine Nummer kleiner geblieben und der LT wurde 1975 präsentiert. Beidseitige Schwenktüren erleichtern der Mannschaft den Einstieg und die Geräteentnahme. Die Tragkraftspritze lagerte hinter der Heckklappe.

Freiwillige Feuerwehr Geiselbullach	
Fahrzeugtyp	TSF
Hersteller	Ford
Fahrgestell	Transit 130
Motorleistung	78 PS
zulässiges Gesamtgewicht	3 200 kg
Ausbauhersteller	Ludwig
Tragkraftspritze	800 l/min bei 8 bar
Besatzung	6 Personen
Baujahr	1980

TSF
TSF-W
TSF-GW

Freiwillige Feuerwehr Langenhettenbach

▼ Der Einstieg in die stark umworbene leichte Nutzklasse gelang Mercedes-Benz 1977 mit dem so genannten T1 (Transporter unterste Gewichtsklasse) – im Volksmund einfacher vom Produktionsort her „Bremer Transporter" genannt. Zur Entnahme der Tragkraftspritze setzten die Feuerwehrfahrzeughersteller heckseitig einen Rollladen ein.

Freiwillige Feuerwehr Langenhettenbach	
Fahrzeugtyp	TSF
Hersteller	Mercedes-Benz
Fahrgestell	310
Motorleistung	95 PS
zulässiges Gesamtgewicht	3 500 kg
Ausbauhersteller	Furtner + Ammer
Tragkraftspritze	800 l/min bei 8 bar
Besatzung	6 Personen
Baujahr	1992

Freiwillige Feuerwehr Fernabrünst

▶ 1995 löste die Transporterbaureihe „Sprinter" den Mercedes-Benz T1 ab. Bei den Tragkraftspritzenfahrzeugen TSF wurde das Ausbauprinzip unverändert beibehalten: Kastenwagen mit langem Radstand, beidseitig Schiebetüre mit Fenster, heckseitig auf Wunsch Rollladen. Diesen Mercedes-Benz Sprinter 314 baute GFT 1997 aus.

Freiwillige Feuerwehr Lössnitz, Löschzug Grüna

▶ Einzelstücke blieben es, wenn Karosseriebaufirmen seitlich in den Kastenwagen Rollläden einsetzten, um die Geräteentnahme zu optimieren. Die ortsansässige Firma Löscher baute 1998 einen Mercedes-Benz Sprinter 312 D zum Tragkraftspritzenfahrzeug TSF aus.

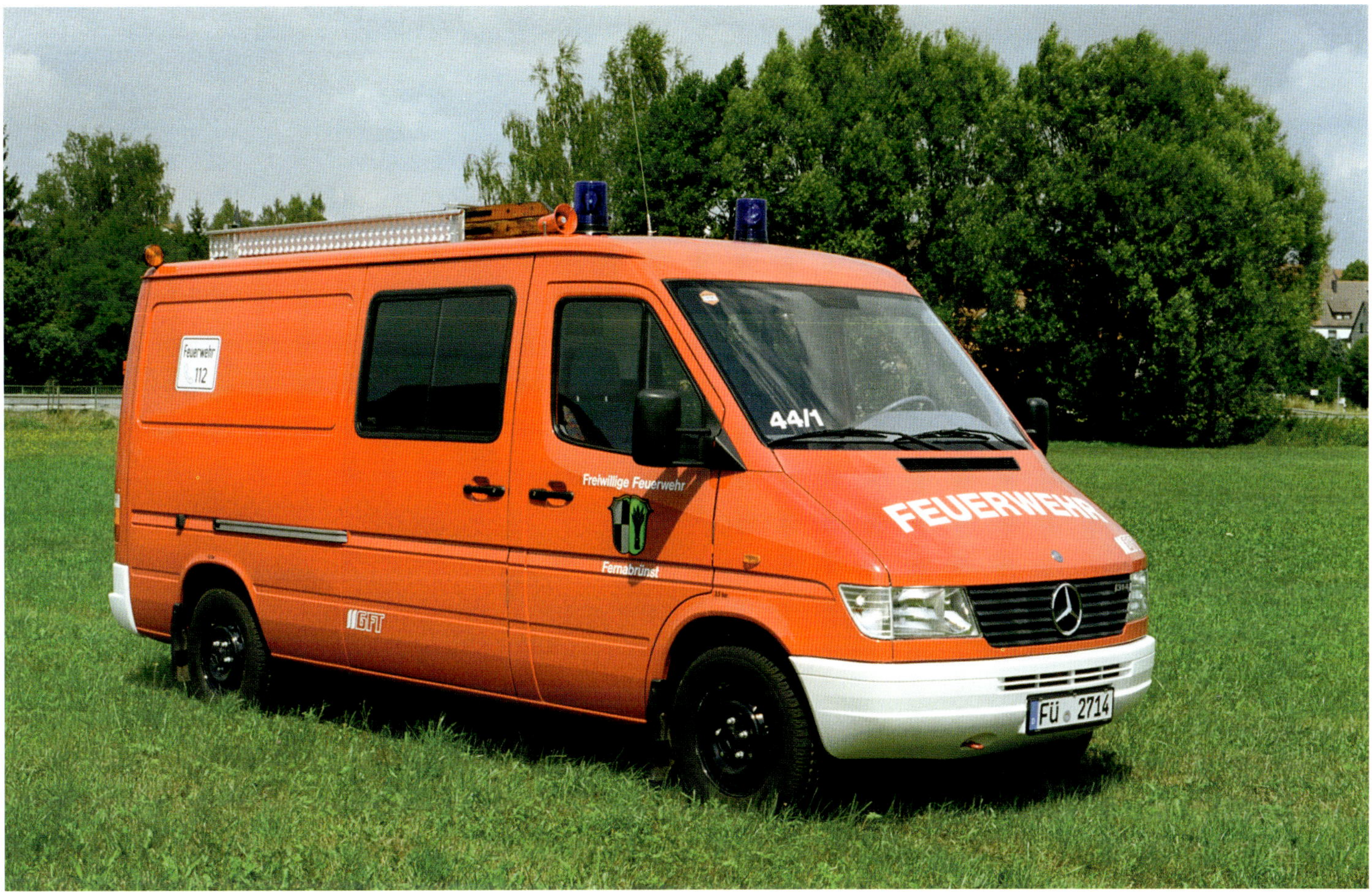
Feuerwehr
112
44/1
Freiwillige Feuerwehr
Fernabrünst
GFT
FÜ 2714

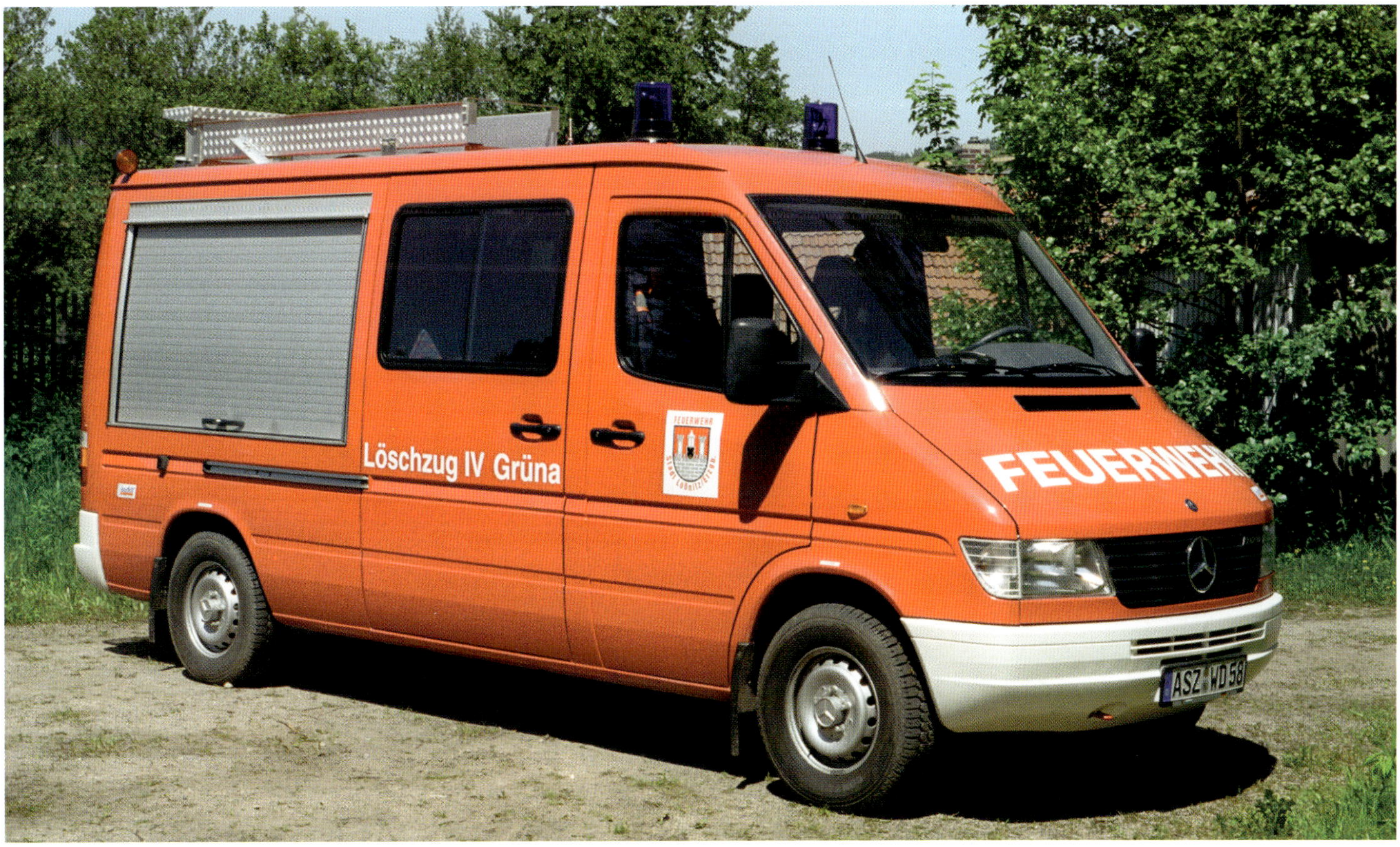
Löschzug IV Grüna
FEUERWEHR
ASZ WD 58

TSF
TSF-W
TSF-GW

**Freiwillige Feuerwehr
Pöcking Löschgruppe
Aschering**

▲ 1975 ergänzte VW seine
Transporterflotte nach
oben mit der LT-Baureihe. In
Frontlenker-Bauweise mit
vorne zwischen den Sitzen
stehendem Reihenmotor
verdrängte er zunehmend

den Ford Transit aus dem
Markt für Tragkraftspritzenfahrzeuge. Eine nicht erfass-
bare Anzahl an Feuerwehr-
ausrüstern baute aus dem
VW LT Tragkraftspritzen-
fahrzeuge TSF. Eine der
großen Firmen, Bachert aus
Bad Friedrichshall, lieferte
diesen VW LT 28 um 1978
aus.

Freiwillige Feuerwehr Haitzen

▼ Eckige Scheinwerfer markieren optisch die erste Modellpflege des VW LT. Dieses Tragkraftspritzen-fahrzeug TSF erhielt seinen Ausbau bei Ziegler.

Freiwillige Feuerwehr Haitzen	
Fahrzeugtyp	TSF
Hersteller	VW
Fahrgestell	LT 31
Motorleistung	90 PS
zulässiges Gesamtgewicht	3430 kg
Ausbauhersteller	Ziegler
Tragkraftspritze	800 l/min bei 8 bar
Besatzung	6 Personen
Baujahr	1988

TSF
TSF-W
TSF-GW

**Freiwillige Feuerwehr
Schliersee/Spitzingsee**

▼ Aus Österreich kam von
1971 bis 1999 ein einzig-
artiges Geländefahrzeug:
Der Steyr-Puch Pinzgauer.
Mit seinem verwindungsfrei-
en Zentralrohrchassis und
den Pendelachsen war er im
Gelände unschlagbar. In den
österreichischen und Schweizer Alpen verlassen sich viele
Feuerwehren auf diesen Klet-
terkünstler. Auch am bayerischen Alpenrand kauften
einige Wehren einen Pinz-
gauer mit 106 PS starkem
VW-Turbodieselmotor. In
dreiachsiger Ausführung bietet er Platz für die Tragkraftspritze und eine Staffelbesatzung. Am Spitzingsee ist auf
1085 Metern Höhe seit

1991 ein Pinzgauer 6x6 stationiert, den die Firma Lentner ausbaute.

**Freiwillige Feuerwehr
Rottach-Egern,
Zug Oberach**

▶ Am Wallberg oberhalb
von Rottach-Egern ist der
1990 gebaute Steyr-Puch

Pinzgauer 6x6 unterwegs.
1995 kaufte ihn die Feuerwehr und ließ ihn in Österreich bei der Firma Empl
zum Tragkraftspritzenfahrzeug TSF ausrüsten.

▼ Eine nach oben faltbare
Klappe legt den Zugang
zur Tragkraftspritze TS 8/8
von Metz frei.

TSF
TSF-W
TSF-GW

Freiwillige Feuerwehr Lentersheim

▼ Zur Internationalen Feuerwehrfachmesse „Interschutz" in Hannover 1994 präsentierten die Hersteller das neue Tragkraftspritzenfahrzeug TSF mit Kofferaufbau. Hierfür findet ein serienmäßiges Fahrgestell mit Doppelkabine Verwendung. Neben Mercedes-Benz und VW bieten auch Fiat den Ducato, Peugeot den mit dem Ducato baugleichen Boxer und Ford den Transit an.
Auf diesen Mercedes-Benz Sprinter 314 setzte GFT 1997 den Kofferaufbau.

Freiwillige Feuerwehr Schönlind

▶ Eine Rarität stellt das Tragkraftspritzenfahrzeug TSF in Kofferbauweise auf Ford Transit E 190 dar. Bestellt worden war das Fahrzeug bei GFT in München. Wegen Insolvenz übernahm H&E in Karlsruhe den Auftrag und lieferte 1999.

Freiwillige Feuerwehr Schönlind

▶ Im Heck ist eine Tragkraftspritze TS 8/8 von PF Jöhstadt eingeschoben. Die Saugschläuche lagern über der Pumpe. Vier Steckleiterteile sind auf dem Dach untergebracht. Griffbereit zu entnehmen sind unter den Rollschläuchen die B- und C-Strahlrohre befestigt.

FREIWILLIGE FEUERWEHR
SCHÖNLIND
AS 2617

FREIWILLIGE FEUERWEHR
SCHÖNLIND
AS 2617

TSF
TSF-W
TSF-GW

Freiwillige Feuerwehr Bebra-Iba

🔺 Eine seltene Kombination stellt dieses 1993 gelieferte Tragkraftspritzenfahrzeug TSF dar. Basis ist ein Fiat Ducato 14 mit der langen Kabine, in der die Staffel aus sechs Einsatzkräften mehr Platz als in einem Doppelkabiner findet. Den Aufbau fertigte BTG in Görlitz, die Ausstattung nahm die Firma Möller aus Petersberg vor.

Freiwillige Feuerwehr Fröttstädt

▶ Für den Ersatz der in großer Anzahl vorhandenen Tragkraftspritzenanhänger aus DDR-Zeiten und des KLF-TS 8 auf Barkas B 1000 erließ der Freistaat Thüringen eine technische Richtlinie für ein kostengünstiges Kleinlöschfahrzeug KLF-Th. Es entspricht bis auf kleine

Unterschiede dem TSF. Alle Fahrzeuge stammen von der in Thüringen ansässigen Firma Brandschutztechnik Müller. Teile des Aluminiumkoffers liefert die seit 1996 zu Magirus gehörende Firma BTG in Görlitz.
Das erste Serienfahrzeug erhielt 1994 die Freiwillige Feuerwehr Fröttstädt auf Mercedes-Benz 310.

Unterschiede TSF und KLF-Th (Auswahl)		
	TSF	**KLF-Th**
Besatzung	6	5
Pressluftatmer	Zusatzbeladung auf Wunsch	4 Geräte
B-Schläuche	8	12
C-Schläuche	10	9
Saugschläuche	4	6
Steckleiter	2 Teile, auf Wunsch 4 Teile	Zusatzbeladung auf Wunsch

Freiwillige Feuerwehr Aspach

 1997 stellte diese Wehr im Kreis Gotha ihr Kleinlöschfahrzeug KLF-Th auf Mercedes-Benz-Sprinter 314 in Dienst.

TSF
TSF-W
TSF-GW

Schnell wie die Feuerwehr" bedeutet nicht nur, unverzüglich mit einem Fahrzeug auszurücken. Am Einsatzort angekommen, darf keine Zeit verloren gehen, bis die Brandbekämpfung einsetzt. Das 1990 neu eingeführte Tragkraftspritzenfahrzeug-Wasser TSF-W stellt einen Zwitter zwischen dem kleineren Tragkraftspritzenfahrzeug TSF und dem größeren Löschgruppenfahrzeug dar. Eingebaut ist ein Tank für 500 Liter Wasser. Die vom TSF bekannte Tragkraftspritze TS 8/8 wird im Heck so eingeschoben, dass sie mit wenigen Handgriffen vom Tank und vom Schnellangriffsschlauch abgekuppelt werden kann. Verwendung finden Transporterfahrgestelle mit Doppelkabine, in der sechs Einsatzkräfte Platz finden.

Freiwillige Feuerwehr Baierbrunn

◀ Das erste Tragkraftspritzenfahrzeug-Wasser TSF-W im Landkreis München stationierte die Wehr 1992 im Ortsteil Buchenhain. Hinten ist die Haspel mit dem Schnellangriffsschlauch unter den Fächern für die Rollschläuche montiert. Im Geräteraum davor sind Atemschutzgeräte und eine Schaumausrüstung zu erkennen.

Freiwillige Feuerwehr Baierbrunn

▲ In dem von Ziegler auf einem VW LT 50 aufgesetzten Aufbau ist heckseitig die Tragkraftspritze TS 8/8 eingeschoben. Links vorne sind oben die sechs Saugschläuche, darunter Strahlrohre und ein 5-kVA-Stromerzeuger befestigt. Im hinteren Geräteraum ragt zwischen den Armaturen der Füllanschluss für den 500-Liter-Wassertank hervor.

T S F
TSF-W
T S F - G W

Freiwillige Feuerwehr Geußnitz

▲ Durch die Privatisierung des VEB Feuerlöschgerätewerkes Luckenwalde entstand 1991 die Firma FGL. Sie lieferte 1993 ein Tragkraftspritzenfahrzeug-Wasser TSF-W auf Mercedes-Benz 510 an die Freiwillige Feuerwehr Geußnitz. Zusätzlich ist ein hydraulischer Rettungssatz zur Rettung bei Verkehrsunfällen verladen.

Freiwillige Feuerwehr Gudendorf

▶ Magirus bietet das Tragkraftspritzenfahrzeug-Wasser TSF-W auf dem Iveco Turbo Daily an. 1993 wurde dieser Iveco Turbo Daily 49-10 aufgebaut.

Freiwillige Feuerwehr Stelle-Wittenwurth

▶ Die ab Werk von MAN angebotene Doppelkabine bietet dank hohem Dach der Staffelbesatzung viel Raum. Der Aufbau des 2002 gelieferten MAN mit 140 PS starkem Vierzylinder-Dieselmotor ist von Schlingmann.

FREIWILLIGE FEUERWEHR
GUDENDORF
TurboDaily 49-10

112 FEUERWEHR
FEUERWEHR
MAN
QUADRALINE
HEI 2552

TSF
TSF-W
TSF-GW

Werkfeuerwehr RWE Energie AG, Kraftwerk Niederaußem

▼ Zur Erleichterung der Geräteentnahme vergrößerte Ziegler den Aufbau des Tragkraftspritzenfahrzeuges-Wasser TSF-W zwischen den Achsen nach unten. Das Fahrgestell ist ein Mercedes-Benz 612 D von 1998.

**Freiwillige Feuerwehr
Dresden, Abteilung Pillnitz**

Einige Besonderheiten weist dieses Tragkraftspritzenfahrzeug-Wasser TSF-W auf: Allradfahrgestell und großer Wassertank mit 750 Litern. Es wurde 1997 von Magirus auf einem Mercedes-Benz 814 DA aufgebaut. Bewährt hat sich der Allradantrieb bei den Einsätzen in der Elbeaue und an den steilen Hängen des Elbetales.

Der starke Anstieg der Einsatzzahlen in der technischen Hilfeleistung ließ die Feuerwehren in Schleswig-Holstein und Niedersachsen nach Lösungen suchen, die flächendeckend, aber kostengünstig umzusetzen waren. Ergebnis war ein Kastenwagen mit sechs Plätzen, um die umfangreiche Beladung unterzubringen. Die Bezeichnung in Schleswig-Holstein lautete Tragkraft-spritzenfahrzeug-Gerätewagen TSF-GW, in Niedersachsen wegen der oftmals angebauten Vorbau-pumpe Hilfeleistungslöschfahrzeug HiLF 8.

Freiwillige Feuerwehr Minkwitz

▼ Schmitz lieferte 1996 ein Tragkraftspritzenfahr-zeug-Wasser TSF-W mit 750-Liter-Wassertank auf VW LT 50 an die Feuerwehr im Süden Sachsen-Anhalts.

Freiwillige Feuerwehr Dägeling

▶ Dieser Meredes-Benz 409 erhielt 1976 seinen Aus-bau bei der Firma Meisner zum TSF-GW.

Freiwillige Feuerwehr Lindhorst

▶ Die Kombination aus Tragkraftspritze TS 8/8, 5-kVA-Stromerzeuger (links daneben) und Schlauchtrage-körben unterscheidet die Heckbeladung des TSF-GW deutlich vom TSF und vom LF 8.

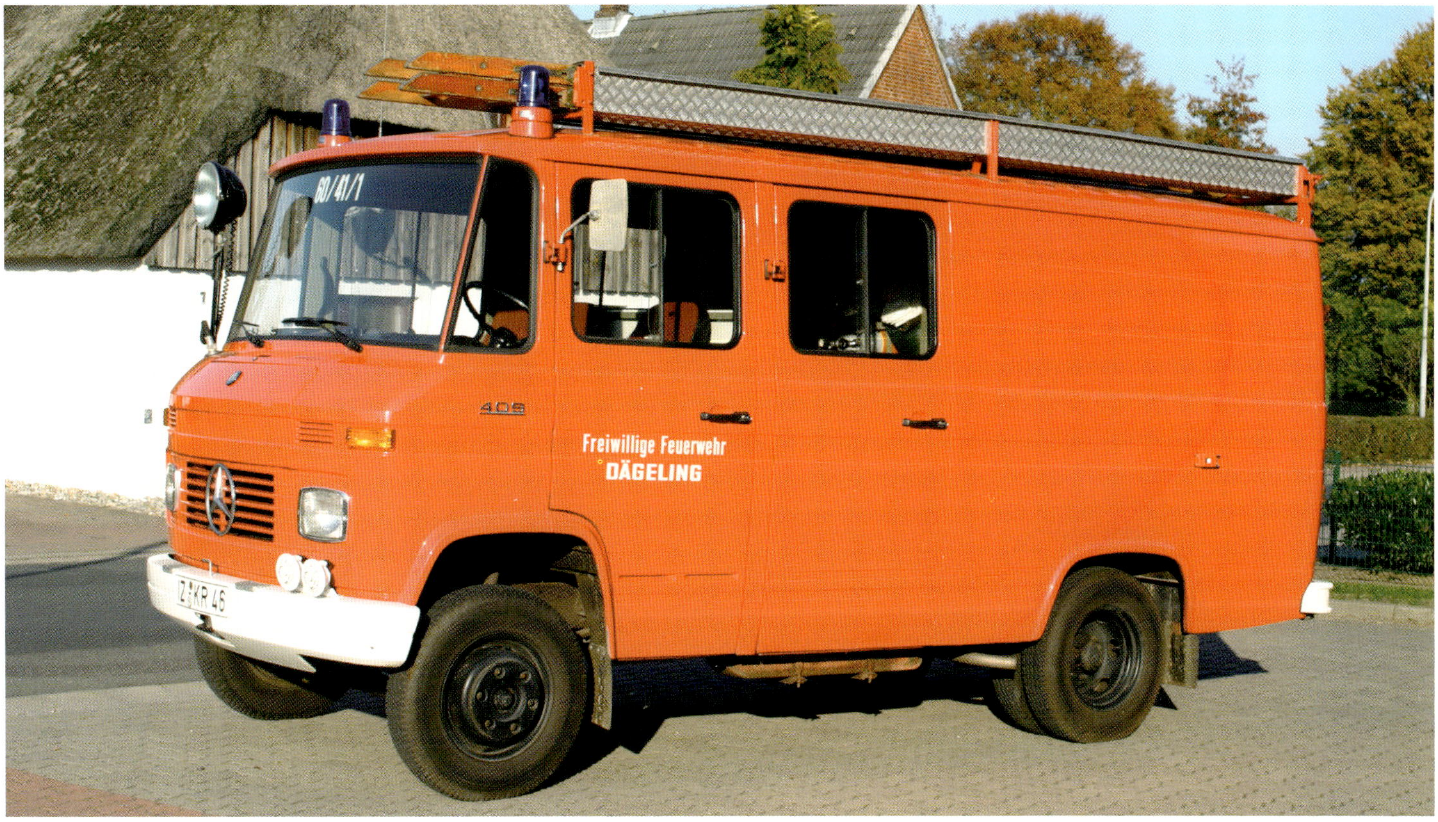
60/41/1
408
Freiwillige Feuerwehr
DÄGELING
IZ KR 46

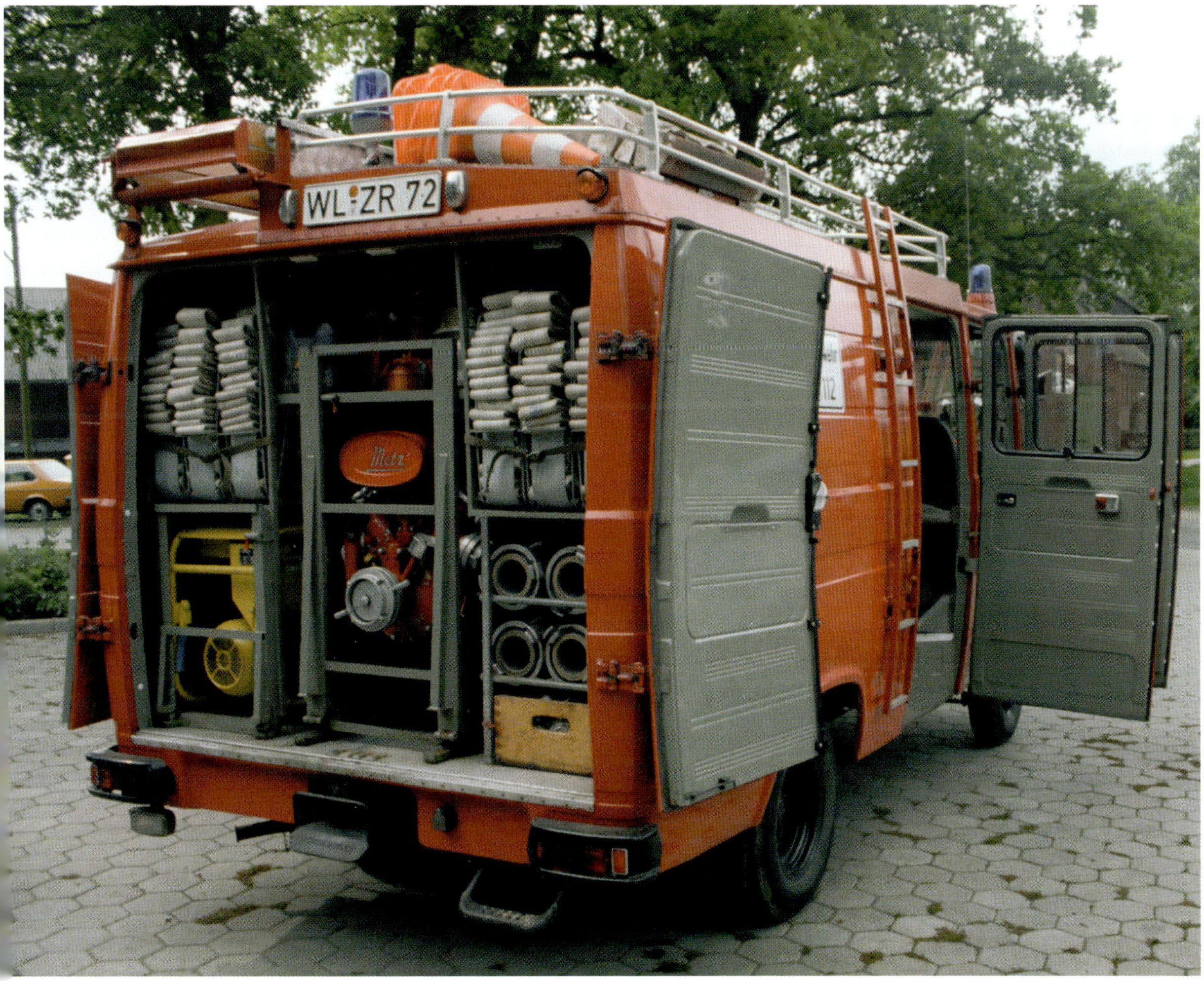
WL ZR 72

Löschgruppenfahrzeuge

Die klassische Aufgabe der Feuerwehren: Löschen von Bränden. Dafür setzt sie Löschgruppenfahrzeuge ein. So verschieden sie aussehen mögen, in ihren Grundzügen sind sich alle Fahrzeuge sehr ähnlich:

• Sie transportieren eine Löschgruppe von neun Personen zur Einsatzstelle.
• Zur Wasserförderung ist eine Pumpe eingebaut.
• Im Aufbau befinden sich die Geräte für die Brandbekämpfung wie Schläuche und Strahlrohre.
• Bei manchen Typen ist ein Wassertank vorhanden, um sofort mit dem Löschen beginnen zu können.
• Auf dem Dach lagern tragbare Leitern in unterschiedlicher Art und Länge.

Im Laufe der Jahrzehnte veränderte sich das Aufgabengebiet der Feuerwehren. Die Anzahl der Einsätze zur technischen Hilfeleistung nahm zu. Geräte wie Stromerzeuger, Motorkettensäge, Flutlichtscheinwerfer oder hydraulischer Rettungsspreizer gehören heute zu Beladung vieler Löschgruppenfahrzeuge. Einige Feuerwehren entwickelten in eigener Regie Hilfeleistungslöschfahrzeuge HLF, um allen Einsatzanforderungen gerecht zu werden.

Freiwillige Feuerwehr
Garching

◀ Ein typischer Vertreter
eines Löschgruppenfahr-
zeuges LF 8 aus den fünfziger Jahren ist dieser Opel
Blitz. 1957 beschafft, war es
das erste Fahrzeug der
Wehr. Vor dem Kühlergrill
ist die Pumpe angebaut. Sie
leistet 800 l/min.

Berufsfeuerwehr
Karlsruhe

▲ Um gleichermaßen für
Brandbekämpfung und
technische Hilfeleistung
gerüstet zu sein, konzipierte
die Karlsruher Feuerwehr
mit der ortsansässigen Firma
Metz ein großes Löschfahrzeug LF 24: Der 1984
gebaute Mercedes-Benz
2628 6x6 ist mit 5000
Litern Wasser, 500 Litern
Schaummittel, einem 20-
kVA-Generator und einer
2400 l/min leistenden
Pumpe beladen.

Das LF 8 ist ein Löschfahrzeug (LF) für Gruppenbesatzung mit einer vom Fahrmotor angetriebenen Feuerlösch-Kreiselpumpe DIN 14420 - FP 8/8, einer im Heck des Aufbaus eingeschobenen Tragkraftspritze DIN 14410 - TS 8/8 und einer feuerwehrtechnischen Beladung; das zulässige Gesamtgewicht beträgt je nach Antriebsart und Beladung maximal 6000 oder 7500 oder 9000 kg. Typbezeichnung nach DIN 14530, Teil 7: LF 8.

Mit diesen nüchternen Sätzen beschrieb die Norm das LF 8. Seine Verbreitung fand es im ländlichen Raum und bei den freiwilligen Abteilungen von Großstadtwehren. So wurde 1964 in Schleswig-Holstein gefordert, jede Gemeinde mit 1000 Einwohnern mit einem LF 8 auszustatten. Etwa 12000 LF 8 zählte die Statistik 1992. Abgesehen von 10 Litern Wasser in der Kübelspritze führt das LF 8 kein Wasser mit sich. Im Einsatz stellte sich das als großer Nachteil heraus und 1992 erfolgte die Ablösung durch das Löschgruppenfahrzeug LF 8/6. Dieser Typ hat einen Wassertank von 600 Litern.

Freiwillige Feuerwehr Braunschweig

◀ Vorbaupumpe, lange Kabine für eine Gruppe von neun Einsatzkräften und eine Beladung zur Brandbekämpfung charakterisieren das Löschgruppenfahrzeug LF 8.

Freiwillige Feuerwehr Schlipps

▲ Im Heck ist die Tragkraftspritze TS 8/8 eingeschoben. Darunter liegt auf dem Schlitten das Hydranten-Standrohr. Im hinteren Geräteraum sind Schläuche, Strahlrohre und

Stützkrümmer erkennbar. Im vorderen Geräteraum befinden sich Stromerzeuger, Kabeltrommel, Halogenstrahler, Motorkettensäge und die Schaumausrüstung, auf dem Dach vier Steckleiterteile.

LF
LF 8
LF 8/6
LF 16
LF 16/12
LF 16 TS
KS 25
LF 24
HLF
sonstige LF

Freiwillige Feuerwehr Schafflund

▲ 10.452,15 Reichsmark kostete 1943 ein Leichtes Löschgruppenfahrzeug LLG. Preis, Bauform und Ausrüstung dieses Vorgängers des Löschgruppenfahrzeuges LF 8 standen einheitlich fest. Viele der in Kriegszeiten gebauten LLG liefen noch jahrzehntelang im Einsatzdienst. Der 1942 gebaute Mercedes-Benz L 1500 S mit Aufbau von Daimler-Benz wechselte erst nach 44 Dienstjahren in den Ruhestand.

Kreislöschverband Sigmaringen

▼ Vor dem Ulmer Münster
   entstand 1950 das
Magirus-Werkfoto mit zwei
Löschgruppenfahrzeugen
LF 8 auf Opel Blitz 1,5-Ton-
ner für die Löschbezirke
III Ostrach und IV Wald.

Freiwillige Feuerwehr Sötern

▼ In der Zeit, in der das Saarland unter französischer Verwaltung stand, beschafften die Feuerwehren französische Fahrgestelle. Ein Einzelstück ist vermutlich der 1957 gebaute Hotchkiss P.L. 25 Long mit Aufbau der saarländischen Firma Mader. Im Heck ist eine Tragkraftspritze eingeschoben. Seit 1984 pflegt ihn die Wehr als Oldtimer.

Freiwillige Feuerwehr Schönau

▶ Anstelle der üblichen Vorbaupumpe baute Bachert einige Löschgruppenfahrzeuge LF 8 mit Mittelpumpe. Seit Sommer 2002 steht das 1958 gelieferte LF 8 auf Borgward B 2500 A-O im Deutschen Feuerwehrmuseum in Fulda.

Werkfeuerwehr Bareuther Waldsassen

▶ Wer in den fünfziger Jahren ein Löschgruppenfahrzeug LF 8 mit Allradantrieb suchte, landete beim Lastwagenhersteller Borgward. Zwei Jahre vor der Pleite des Herstellers kaufte die Feuerwehr Waldsassen 1959 ein LF 8 auf Borgward B 2500 A-O mit Aufbau von Ziegler. Es lief später bei der Werkfeuerwehr der ortsansässigen Firma Bareuther.

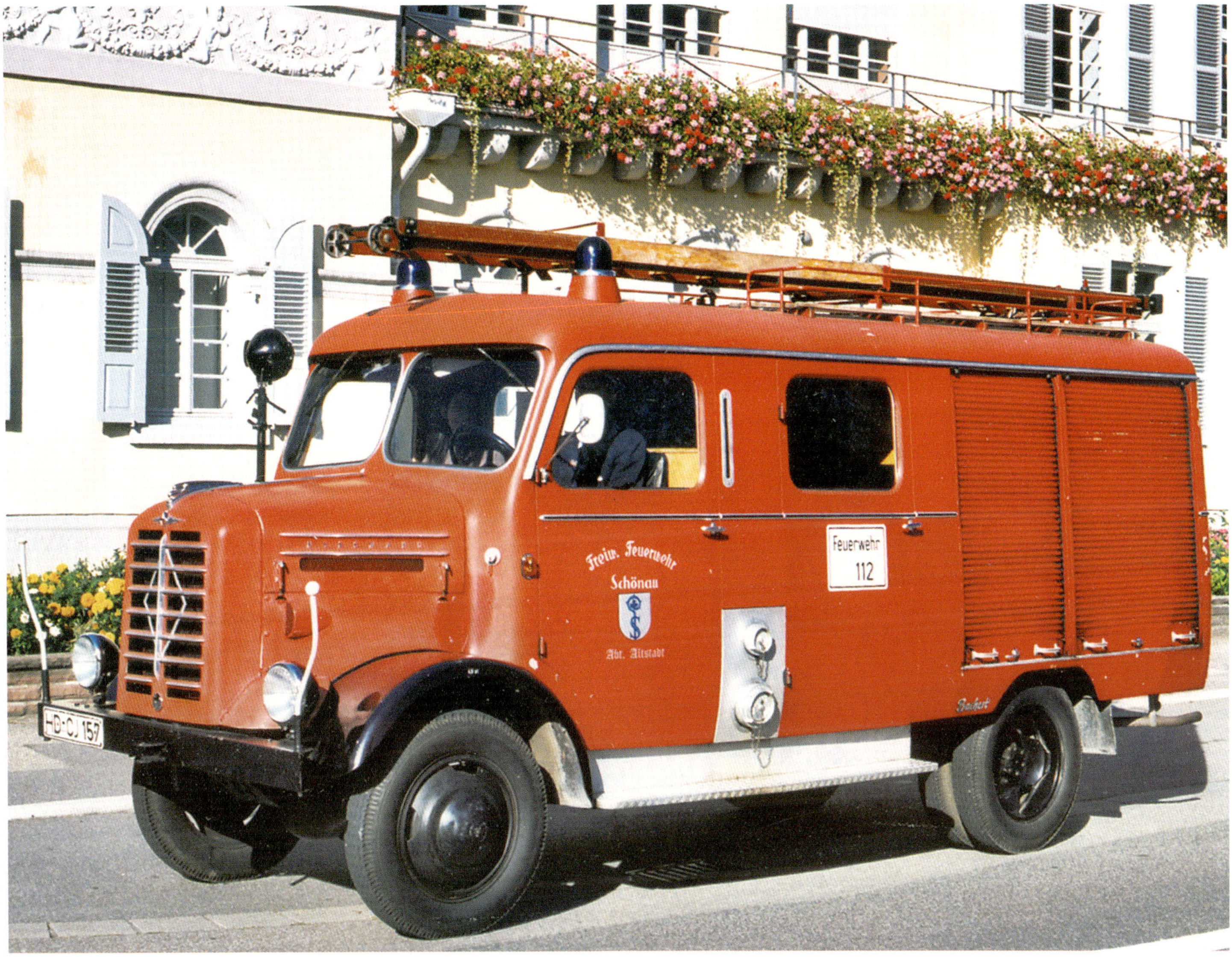
Freiw. Feuerwehr
Schönau
Abt. Altstadt
Feuerwehr
112
HD·CJ 157

Feuerwehr
112
Freiw. Werkfeuerwehr
Bareuther-A.G.
Waldsassen

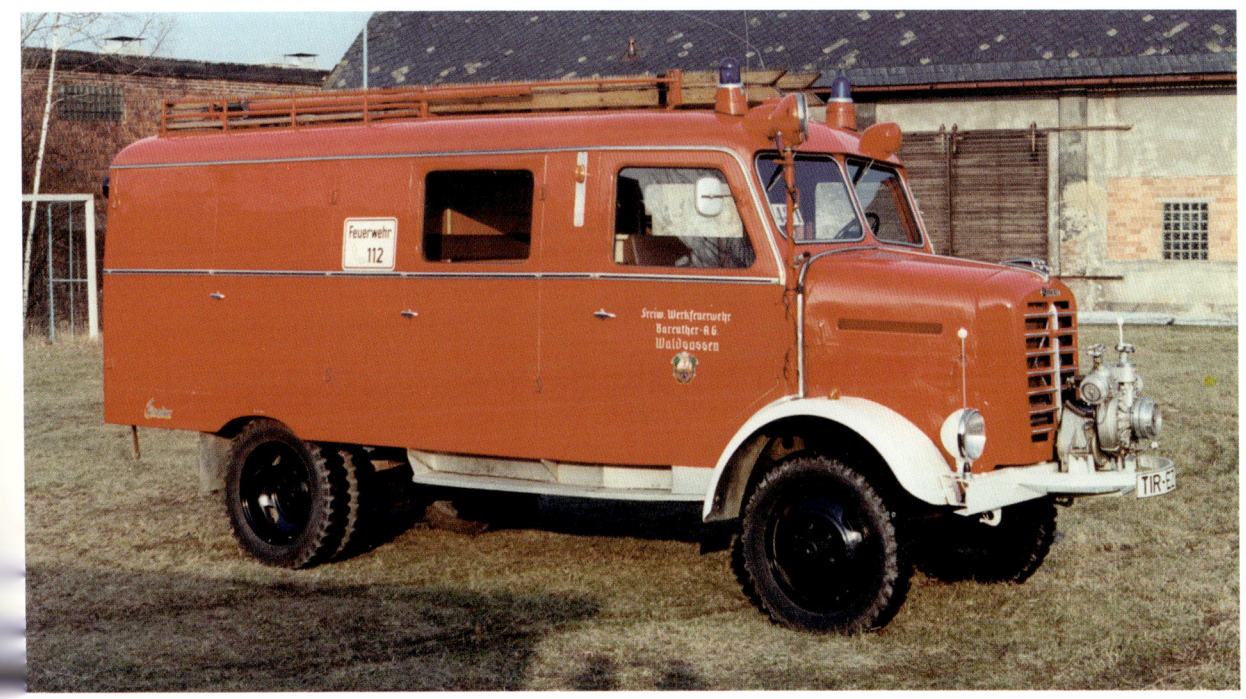

**Freiwillige Feuerwehr
Fürnheim**

🔺 Opel Blitz und Löschgruppenfahrzeug LF 8 – zwei Begriffe, die untrennbar zusammengehören. 1957 hätten sich über 80 Prozent der Käufer eines LF 8 für einen Opel Blitz entschieden, meldete Opel in seinen Anzeigen 1958 mit Stolz. 1969 kaufte die Stadt Wassertrüdingen bei Bachert ein LF 8 und übergab es 1989 an die Stadtteilwehr Fürnheim.

Freiwillige Feuerwehr Ammerndorf

▼ Ein weiterer deutscher Nutzfahrzeughersteller, der 1973 vom Markt verschwand, war Hanomag. 1968 stellte Hanomag die Schnelllastwagenbaureihe F vor. Besonders Bachert baute eine große Anzahl Löschgruppenfahrzeuge LF 8 auf dem Hanomag-Henschel F 46. Die Vorbaupumpe verbirgt sich hinter der Motorhaube. Baujahr des Ammerndorfer LF 8 ist 1973.

LF
LF 8
LF 8/6
LF 16
LF 16/12
LF 16 TS
KS 25
LF 24
HLF
sonstige LF

Freiwillige Feuerwehr Bilsen

In großer Stückzahl kauften die Feuerwehren das Löschgruppenfahrzeug LF 8 auf dem Mercedes-Benz-Fahrgestell LF 408 mit dem 85 PS starken Benzinmotor. Der Radstand beträgt 2 950 Millimeter. Das Fahrzeug der Feuerwehr Bilsen baute Bachert 1975 mit den typischen rot eingefärbten Rollläden.

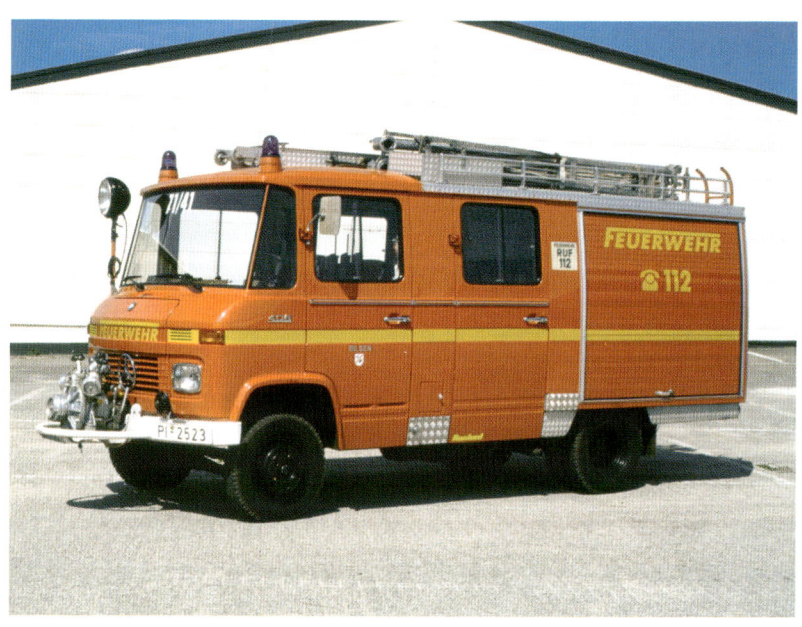

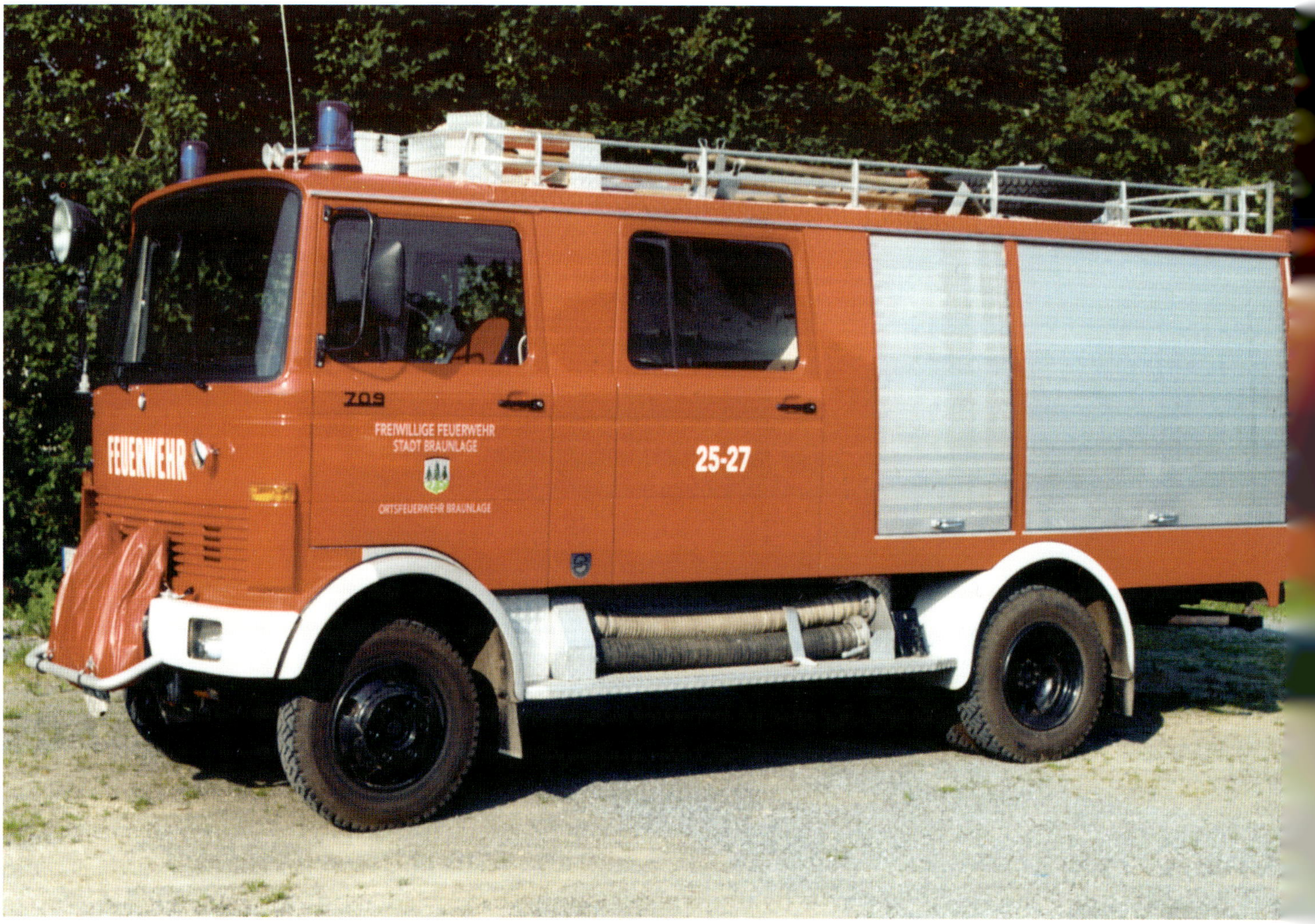

Freiwillige Feuerwehr Braunlage

◀ Eine Nummer größer ist die Mercedes-Benz-Baureihe LP (Leichter Transporter). Die Vorbaupumpe des Löschgruppenfahrzeuges LF 8 konnte weitgehend verdeckt an der Fahrzeugfront eingebaut werden.

Freiwillige Feuerwehr Bielefeld, Abteilung Senne

▲ Eine große, nach oben faltende Türe öffnet den gesamten Geräteraum des von der Firma Schlingmann 1972 aufgebauten Löschgruppenfahrzeuges LF 8. Der 130 PS starke Mercedes-Benz-Kurzhauber LAF 911 B verfügt über Allradantrieb.

Freiwillige Feuerwehr Braunlage	
Fahrzeugtyp	LF 8
Hersteller	Mercedes-Benz
Fahrgestell	LP 709
Motorleistung	85 PS
zulässiges Gesamtgewicht	6 500 kg
Aufbauhersteller	Schlingmann
Pumpenleistung	800 l/min bei 8 bar
Tragkraftspritze	800 l/min bei 8 bar
Besatzung	9 Personen
Baujahr	1978
bis 2001 Freiwillige Feuerwehr Hameln	

Freiwillige Feuerwehr Penzberg	
Fahrzeugtyp	LF 8
Hersteller	Magirus-Deutz
Fahrgestell	95 D 7 FA
Motorleistung	95 PS
zulässiges Gesamtgewicht	7490 kg
Aufbauhersteller	Magirus
Pumpenleistung	800 l/min bei 8 bar
Tragkraftspritze	800 l/min bei 8 bar
Besatzung	9 Personen
Baujahr	1966

Freiwillige Feuerwehr Penzberg

▲ Erst ab Mitte der sechziger Jahre konnte Magirus ein Löschgruppenfahrzeug LF 8 komplett aus eigener Fertigung anbieten. Das Frontlenkerchassis mit anfangs 95 PS bot Allradantrieb, einen großen Gerätekoffer und in der Kabine neun Plätze. Es lässt sich mit dem PKW-Führerschein Klasse 3 fahren.

Freiwillige Feuerwehr Obernsees

◄ 1979 erhielt die Feuerwehr der 600 Einwohner zählenden Ortschaft Obernsees in der Fränkischen Schweiz ihr erstes Einsatzfahrzeug. Das Löschgruppenfahrzeug LF 8 ist auf einem Magirus-Deutz 90 M ,7 F aufgebaut.

Freiwillige Feuerwehr Notzingen

▼ 1991 ersetzte die Notzinger Feuerwehr ihr altes Löschgruppenfahrzeug LF 8 von 1966 durch einen Iveco 75-14 AW. Der Sechs-Zylinder-Reihen-Dieselmotor leistet 134 PS. Den Aufbau fertigte Magirus aus Aluminium.

LF
LF 8
LF 8/6
LF 16
LF 16/12
LF 16 TS
KS 25
LF 24
HLF
sonstige LF

Freiwillige Feuerwehr Schlipps

◀ 1979 stieg MAN in die leichte Nutzfahrzeugklasse ein. Die Markenzeichen von MAN und VW weisen auf die gemeinschaftliche Entwicklung und Produktion hin. Von MAN stammen Motoren, Rahmen und Vorderachsen. VW steuerte das vom VW LT bekannte Fahrerhaus, das Fünfgang-Getriebe und die Hinterachsen bei. Einen MAN-VW 8.136 FAE mit Allradantrieb baute die Firma GFT 1989 auf. ▼

Freiwillige Feuerwehr Parsau/Ahnebeck

▲ Niedersächsische Spezialität: Eigentlich wurde die Norm für das Löschgruppenfahrzeug LF 8 1991 zu den Akten gelegt. Aber in Niedersachsen wird das LF 8 ohne Wassertank immer noch für Stützpunktwehren beschafft. Dort rückt es mit einem Tanklöschfahrzeug aus. So auch dieser 2001 gebaute MAN LE 140 C mit Ziegler-Aufbau, der neben dem TLF 8 von Seite 170 im Gerätehaus steht.

LF
LF 8
LF 8/6
LF 16
LF 16/12
LF 16 TS
KS 25
LF 24
HLF
sonstige LF

Freiwillige Feuerwehr Graupa

▲ In der DDR kam als einziger Hersteller für Löschgruppenfahrzeuge LF 8 die Zittauer Firma Phänomen – später in Robur umbenannt – infrage. Der Aufbau des VEB Feuerlöschgerätewerkes Görlitz ähnelt sehr dem Leichten Löschgruppenfahrzeug LLG aus Kriegsproduktion. Der Robur Garant 30k bei der Feuerwehr Graupa wurde 1958 gebaut.

Freiwillige Feuerwehr Blankenberg

▼ Um die große Nachfrage der Wehren nach Löschgruppenfahrzeugen LF 8 zu befriedigen, entstand in der DDR das
kostengünstig und einfach zu bauende LF - LKW - TS 8. Die
Mannschaft sitzt auf der Pritsche, die Geräte lagern hinter den
abklappbaren Bordwänden. Um die Vorbaupumpe FP 8/8 des
IFA Robur LO 1800 A von 1968 zu bedienen, muss die Frontverkleidung geöffnet werden.

Freiwillige Feuerwehr Blankenberg	
Fahrzeugtyp	LF 8 - TS 8
Hersteller	VEB Robur Werke
Fahrgestell	LO 1800 A
Motorleistung	70 PS
zulässiges Gesamtgewicht	5 250 kg
Aufbauhersteller	VEB Feuerlöschgerätewerk Görlitz
Pumpenleistung	800 l/min bei 8 bar
Tragkraftspritze	800 l/min bei 8 bar
Besatzung	9 Personen
Baujahr	1968

Blöde Situation, haben viele Einsatzleiter geflucht, wenn sie mit ihrem Löschgruppenfahrzeug LF 8 bei einem brennenden PKW abseits der Ortschaft gestanden sind: Kein Wasser an Bord. Fast untätig mussten sie auf das Eintreffen des Tanklöschfahrzeuges von der nächsten Stützpunktfeuerwehr warten.

Mit der Einführung des neuen Fahrzeugtyps Löschgruppenfahrzeug LF 8/6 zu Beginn der neunziger Jahre gewannen kleinere Feuerwehren endlich an Tatkraft: Mit 600 Litern Wasser an Bord lässt sich ein brennender Personenwagen in der Regel ablöschen und viele Entstehungsbrände sind schnell im Keim erstickt. Hinfahren, Pumpe einschalten, Schnellangriffsschlauch abziehen und in kürzester Zeit beginnt eine wirkungsvolle Brandbekämpfung.

Das LF 8/6 dient mit seiner Besatzung von neun Einsatzkräften der Brandbekämpfung, der Förderung von Wasser und der Durchführung technischer Hilfeleistung in kleinem Umfang. Im Heck ist eine vom Fahrzeugmotor angetriebene Pumpe eingebaut. Sie leistet 800 l/min.

Freiwillige Feuerwehr Bergham

◄ Dieses 1996 gelieferte Löschgruppenfahrzeug LF 8/6 auf Allradfahrgestell Mercedes-Benz 917 AF zeigt die Beladung: oben auf dem Dach die vierteilige Steckleiter. Auf der Beifahrerseite ist im hinteren Geräteraum oben der Schnellangriff von der Schlauchhaspel abzuziehen. Darunter befinden sich Stromerzeuger und die Schaummittelkanister. Im Geräteraum davor sind Kabeltrommeln, der hydraulische Rettungssatz und ein Lüfter erkennbar.

Freiwillige Feuerwehr Bergham

▲ Im Heck ist die Pumpe eingebaut. Darüber lagern die Saugschläuche. Auf der Fahrerseite entnimmt die Besatzung das Schlauchmaterial und die Tragkraftspritze TS 8/8.

LF
LF 8
LF 8/6
LF 16
LF 16/12
LF 16 TS
KS 25
LF 24
HLF
sonstige LF

Freiwillige Feuerwehr Hemdingen

▲ Auf Mercedes-Benz Atego 815 F ließ sich die Feuerwehr aus dem Landkreis Pinneberg ein Löschgruppenfahrzeug LF 8/6 bei der Firma Schlingmann aufbauen.

Freiwillige Feuerwehr Asselfingen

▶ Die Türen dieses Löschgruppenfahrzeuges LF 8/6 ziert der Heilige Florian. Erstmals baute die in Gerstetten ansässige Karosserie- und Fahrzeugbaufirma Schwäble ein LF 8/6. Der 2003 in Dienst gestellte Mercedes-Benz Atego 815 F unterscheidet sich in Details von anderen LF 8/6: 800 Liter Wasser im Tank und eine 1600 l/min leistende Pumpe.

Freiwillige Feuerwehr Hemdingen	
Fahrzeugtyp	LF 8/6
Hersteller	Mercedes-Benz
Fahrgestell	Atego 815 F
Motorleistung	152 PS
zulässiges Gesamtgewicht	7490 kg
Aufbauhersteller	Schlingmann
Pumpenleistung	800 l/min bei 8 bar
Löschmittel	600 l Wasser
Besatzung	9 Personen
Baujahr	2003

Freiwillige Feuerwehr Köln, Abteilung Rodenkirchen

 Hochwassergefahr in Köln – diese Meldung hört man alle Jahre wieder im Radio. Für Einsätze am Rheinufer stationierte die Feuerwehr Köln in drei Stadtteilen Löschgruppenfahrzeuge LF 8/6 auf dem watfähigen Mercedes-Benz Unimog U 1550 L. Ziegler lieferte sie 1996.

FEUERWEHR 112
FEUERWEHR
GRÜNBERG
IVECO
Schmitz
KM DR 798

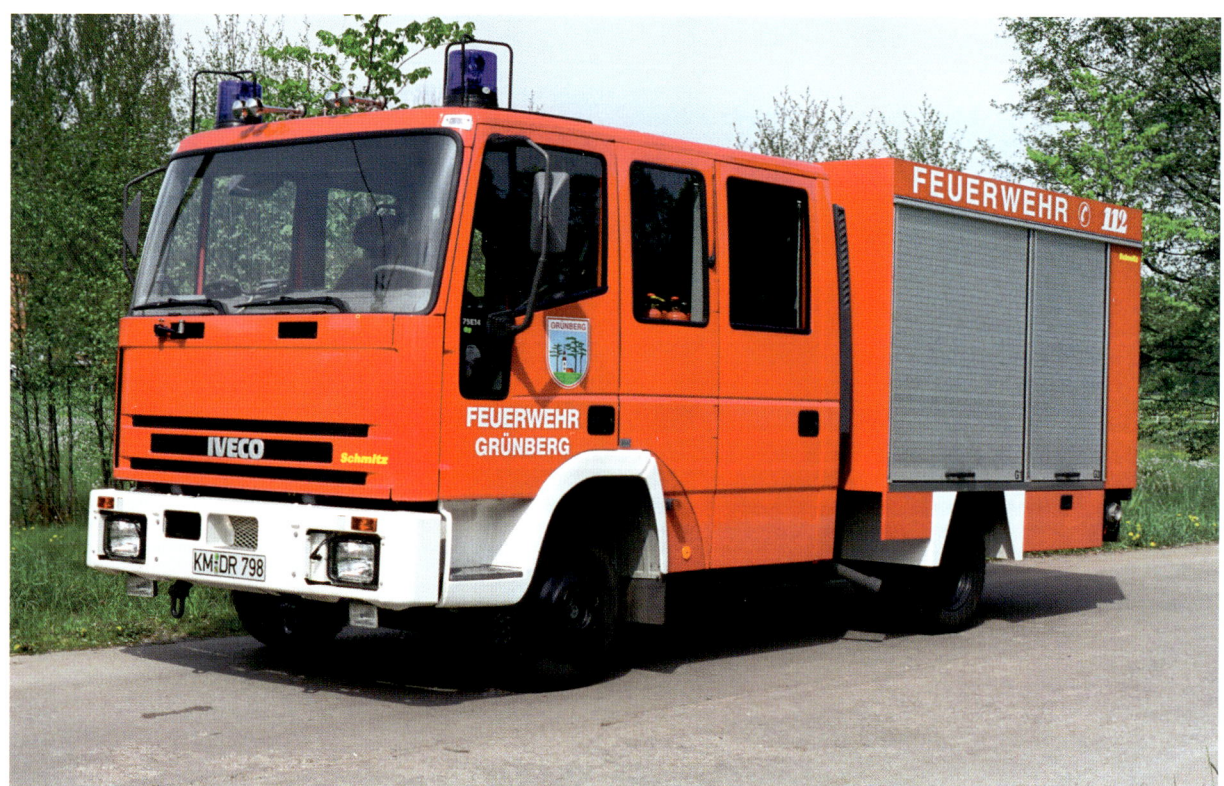

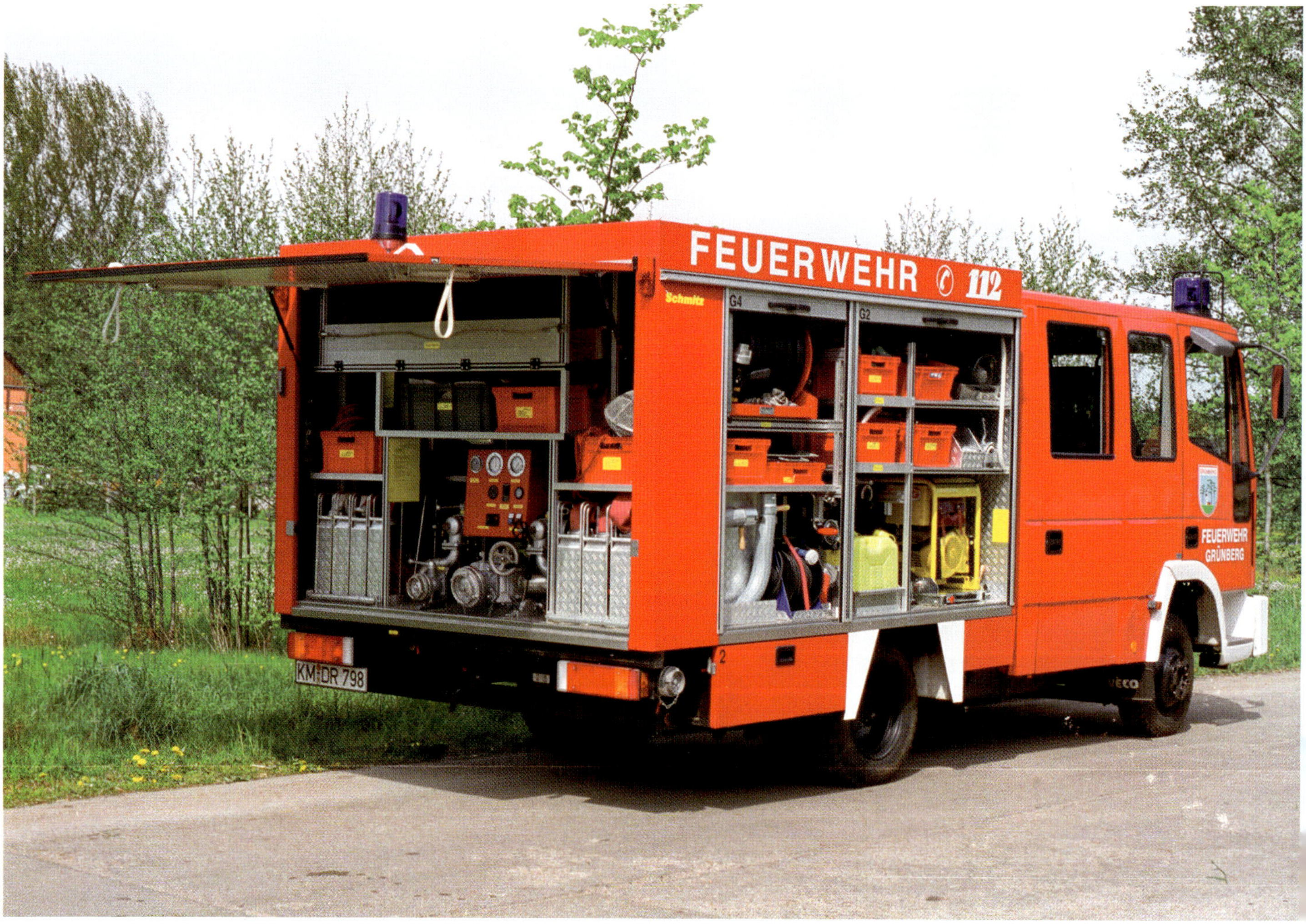
FEUERWEHR 112
Schmitz
FEUERWEHR
GRÜNBERG
KM DR 798

Freiwillige Feuerwehr Grünberg

◄ Die sonst bei Löschgruppenfahrzeugen LF 8/6 erkennbaren vier Steckleiterteile lagern hier nicht auf dem Dach. Bei dem Aufbauhersteller Schmitz werden sie oberhalb der Pumpe im Aufbau eingeschoben. Der Freistaat Sachsen beschaffte 1998 neun dieser LF 8/6 auf Iveco 75 E 14.

Freiwillige Feuerwehr Grünberg

◄ Die große Heckklappe erleichtert nicht nur die Entnahme der Geräte, sie bietet dem Maschinisten bei der Bedienung der Pumpe auch einen Wetterschutz. Schmitz baute eine FP 8/8 von PF Pumpen- und Feuerlöschtechnik Jöhstadt ein.

Freiwillige Feuerwehr Troisdorf, Löschgruppe Sieglar

▲ Alles aus einer Hand: Fahrgestell, Aufbau und Pumpe stammen von Magirus. 1995 lieferte Magirus dieses Löschgruppenfahrzeug LF 8/6 auf dem Allradfahrgestell Iveco Euro-Fire 95 E 18 4x4.

Freiwillige Feuerwehr Rieden am Forggensee

▲ In der Abendsonne oberhalb des Forggensees präsentiert sich das 2001 gebaute Löschgruppenfahrzeug LF 8/6 auf MAN 8.174 LAEC-LF. Für viel Platz im Mannschaftsraum fügte Metz eine breite Kabine an das MAN-Fahrerhaus an. Als Sonderausstattung ist eine dreiteilige Schiebleiter anstelle der vier Steckleiterteile auf dem Dach verladen.

Freiwillige Feuerwehr Kirchseeon-Dorf

▶ Mit einem Löschgruppenfahrzeug LF 8/6 mit Straßenantrieb rückt die Freiwillige Feuerwehr Kirch- seeon-Dorf im Landkreis Ebersberg seit Sommer 2003 aus.

Freiwillige Feuerwehr Kirchseeon-Dorf	
Fahrzeugtyp	LF 8/6
Hersteller	MAN
Fahrgestell	LE 8.140
Motorleistung	140 PS
zulässiges Gesamtgewicht	7490 kg
Aufbauhersteller	Ziegler
Pumpenleistung	800 l/min bei 8 bar
Löschmittel	600 l Wasser
Besatzung	9 Personen
Baujahr	2003

Freiwillige Feuerwehr Arnsberg

▶ Die beiden Stadtteilein-
heiten Herdringen und
Niedereimer erhielten 1993
je ein Löschgruppenfahrzeug
LF 8/6 auf dem Allrad-
chassis MAN-VW 8.150
FAE. Die Aufbauten fertigte
die Brandenburger Firma
FGL. Eingebaut ist eine
Rosenbauer-Pumpe FP 8/8.

Löschgruppenfahrzeuge

Das Standardfahrzeug städtischer Feuerwehren und größerer Stützpunktwehren ist das Löschgruppenfahrzeug LF 16, denn es ist für die Brandbekämpfung bestens ausgerüstet: In der Kabine sitzt die Löschgruppe aus neun Einsatzkräften. Auf dem Dach werden vier Steckleiterteile, eine Schiebleiter und bei manchen Feuerwehren die Hakenleitern transportiert. Die Feuerlöschkreiselpumpe im Heck leistet 1600 l/min, der Wassertank fasst – je nach Ausführung – 800, 1200 oder 1600 Liter. Die Beladung besteht aus Schläuchen, Armaturen, Atemschutzgeräten sowie einigen wenigen Geräten zur technischen Hilfeleistung. Ab 1991 löste das LF 16/12 das klassische LF 16 ab. Die wichtigsten Unterschiede liegen im Wassertank, der bis zu 2000 Liter fasst, und in einer umfangreichen Beladung zur technischen Hilfeleistung. Damit reagierten die Normausschüsse und Behörden auf den Aufgabenwandel in der Feuerwehr: weniger Brandbekämpfung – mehr technische Hilfeleistungen.

Freiwillige Feuerwehr Weinböhla

◄ Vorläufer des LF 16 waren die standardisierten Fahrzeuge während des Zweiten Weltkrieges. Zum einen das Schwere Löschgruppenfahrzeug SLG auf Mercedes-Benz- und Klöckner-Humboldt-Deutz-Fahrgestellen, zum anderen die Fliegerkraftspritzen FlKS 15 auf Magirus-Deutz oder Opel Blitz. Die Feuerwehr Weinböhla setzte bis 1982 eine 1940 bei Magirus gebaute FlKS 15 auf Opel Blitz 3-Tonner ein.

Berufsfeuerwehr Hamburg

▲ Als Haubenfahrzeuge noch das Straßenbild prägten, bevorzugte die Hamburger Feuerwehr schon die Frontlenkerbauweise. 1958 lieferte Bachert 15 Löschgruppenfahrzeuge LF 16 auf Mercedes-Benz LPF 311 an die Hansestadt.

LF
LF 8
LF 8/6
LF 16
LF 16/12
LF 16 TS
KS 25
LF 24
HLF
sonstige LF

Freiwillige Feuerwehr Zell

▲ 1955 stellte die Wehr im südlichen Schwarzwald ein Löschgruppenfahrzeug LF 15 mit 800-Liter-Tank auf Mercedes-Benz LAF 311 in Dienst. Die von Metz eingebaute Pumpe leistete 1500 l/min bei 8 bar.

Freiwillige Feuerwehr Rödermark

▶ Die Mercedes-Benz-Kurzhauber-Baureihe löste Anfang der sechziger Jahre den Langhauber ab. Ab 1977 setzte sich dann auch bei Mercedes-Benz die Frontlenker-Bauweise für Feuerwehrfahrzeuge durch.
Ein Löschgruppenfahrzeug LF 16 kaufte die Stadt Rödermark 1973 bei Ziegler auf einem Mercedes-Benz-LAF 1113 B-Fahrgestell.

Freiwillige Feuerwehr Wyk

▶ Auf der ganzen Insel Föhr rückt bei Verkehrsunfällen das 1987 von Schlingmann auf Mercedes-Benz 1222 F gebaute Löschgruppenfahrzeug LF 16 aus. Die umfangreiche Hilfeleistungsausrüstung umfasst Stromerzeuger 8 kVA, Lichtmast, Hebekissen, zwei Hydraulikpumpen für Rettungsspreizer/Rettungsschere sowie für Pedalschneider und Rettungszylinder. Angebaut ist eine Elektrowinde mit 4 Tonnen Zugkraft.

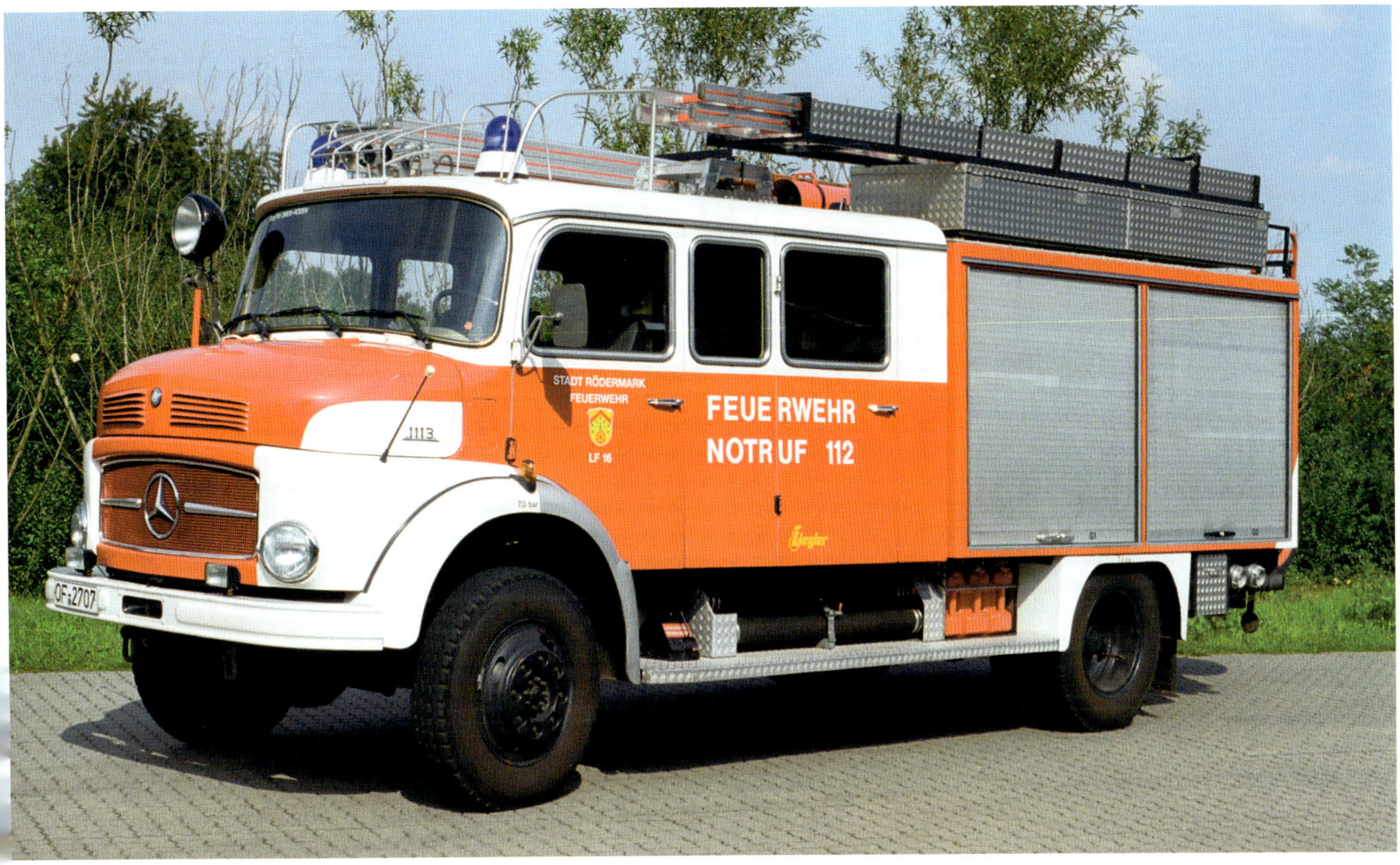
STADT RÖDERMARK
FEUERWEHR
LF 16
FEUERWEHR
NOTRUF 112
1113
OF-2707

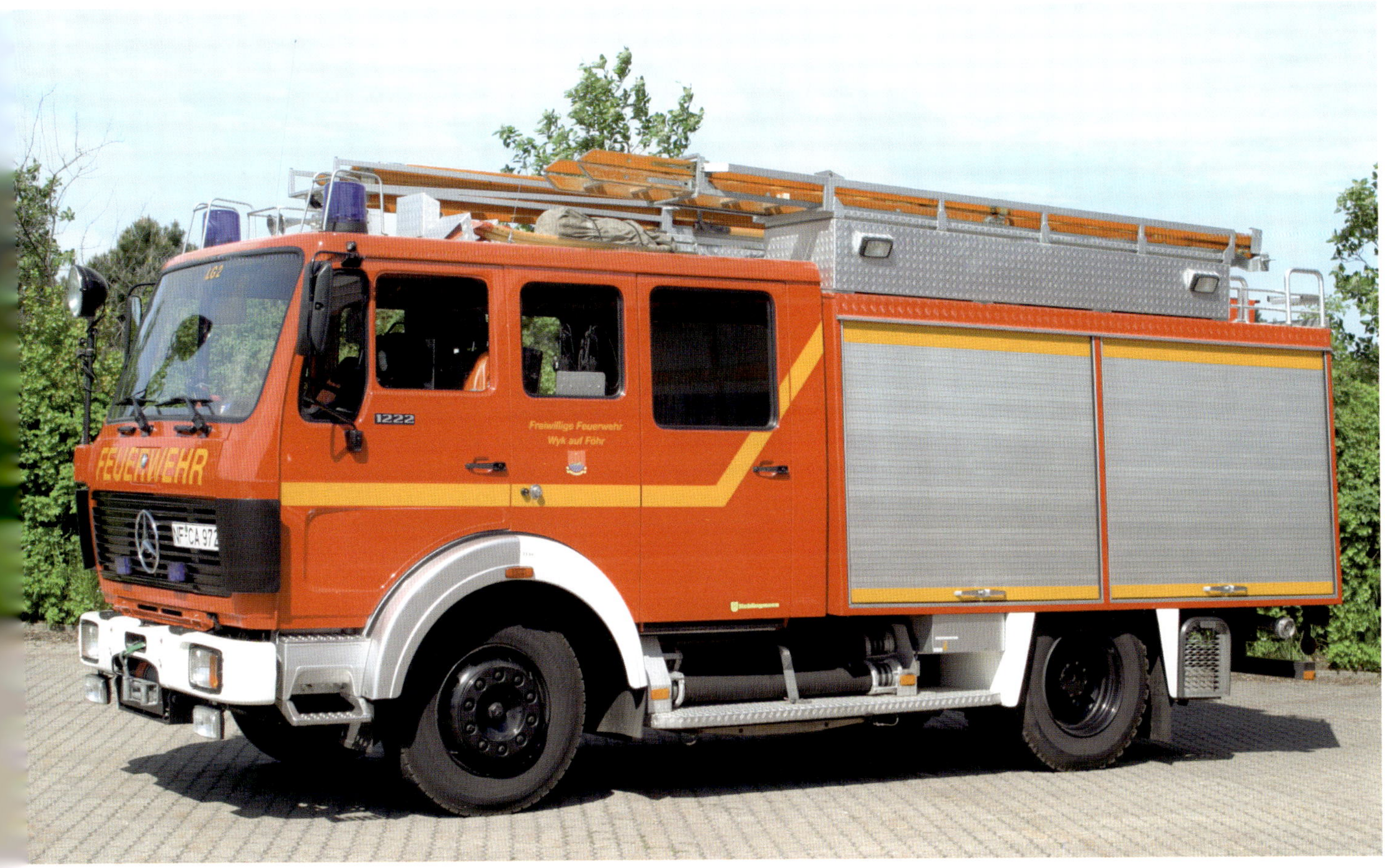
FEUERWEHR
1222
Freiwillige Feuerwehr
Wyk auf Föhr

**Freiwillige Feuerwehr
Lindenberg**

▲ Die drei Baureihen der
Magirus Hauber stellen
diese beiden Seiten vor.
Äußerlich kaum verändert
baute Magirus-Deutz den
S 3000 nach Kriegsende
weiter. Dieses Löschgrup-
penfahrzeug LF 15 stand
von 1948 bis 1983 im Ein-
satz. Seitdem wird es als
Oldtimer gepflegt.

**Freiwillige Feuerwehr
Neu-Isenburg**

► Unverwechselbar sind
die Form der Motorhau-
be des Magirus-Deutz Rundhaubers und der heulende
Motorenklang des luft-
gekühlten Sechszylinders in
V-Form.

Freiwillige Feuerwehr Neu-Isenburg	
Fahrzeugtyp	LF 16
Hersteller	Magirus-Deutz
Fahrgestell	Mercur 125 A
Motorleistung	125 PS
zulässiges Gesamtgewicht	9 200 kg
Aufbauhersteller	Magirus
Pumpenleistung	1600 l/min bei 8 bar
Löschmittel	800 l Wasser
Besatzung	9 Personen
Baujahr	1960

Bahnfeuerwehr Augsburg

▲ Für den Brandschutz in ihrem Bereich entwickelte die Deutsche Bundesbahn 1963 das Löschgruppenfahrzeug LF 16/LP. Die Buchstaben LP weisen auf die heckseitig eingeschobene Pulverlöschanlage mit 250 kg Inhalt hin. Sieben Kanister Schaummittel mit je 20 Litern Inhalt und 800 Liter Wasser sind die weiteren Löschmittel. Aufgebaut wurde das LF 16/LP auf Magirus-Deutz Mercur 150 A.

LF
LF 8
LF 8/6
LF 16
LF 16/12
LF 16 TS
KS 25
LF 24
HLF
sonstige LF

Freiwillige Feuerwehr Dinkelsbühl

▲ Einen Magirus-Deutz 170 D 11 FA aus der Frontlenker-Baureihe setzte die Dinkelsbühler Wehr von 1970 bis 2002 ein.

Freiwillige Feuerwehr Gersthofen

▶ Mitte der achtziger Jahre brachte Iveco eine neue Frontlenker-Baureihe auf den Markt. Sie entstammte einer Gemeinschaftsentwicklung der Firmen DAF, Saviem/Renault, Volvo und Magirus-Deutz. 1989 baute Magirus das LF 16 mit 1200-Liter-Wassertank auf dem Iveco-120-23 AW-Chassis auf.

Berliner Feuerwehr

▶ In Flammen stand am 11. Januar 1987 ein Heimwerkermarkt im Stadt-teil Marienfelde. Mehrere Werfer richten bei frostigen Temperaturen von -20° C von den Löschfahrzeugen aus ihren Wasserstrahl auf das brennende Gebäude. Die Mercedes-Benz 1222 AF erhielten in den achtziger Jahren ihren Aufbau bei der Firma Bachert.

B 2164

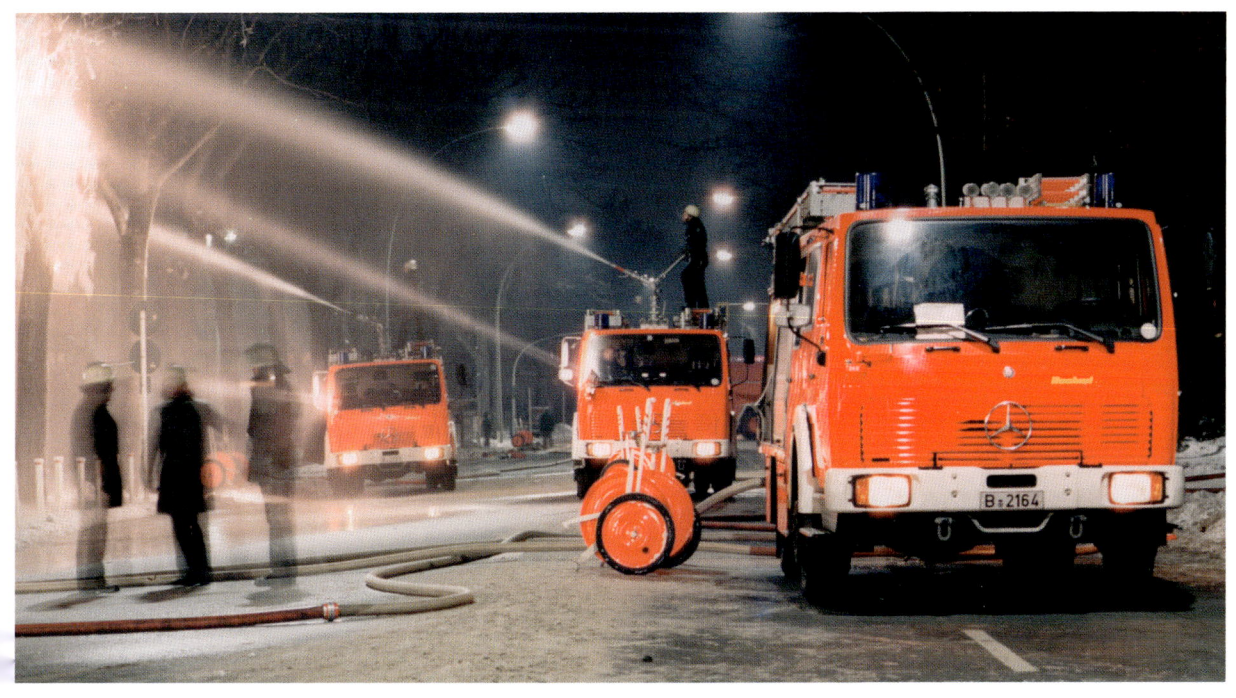

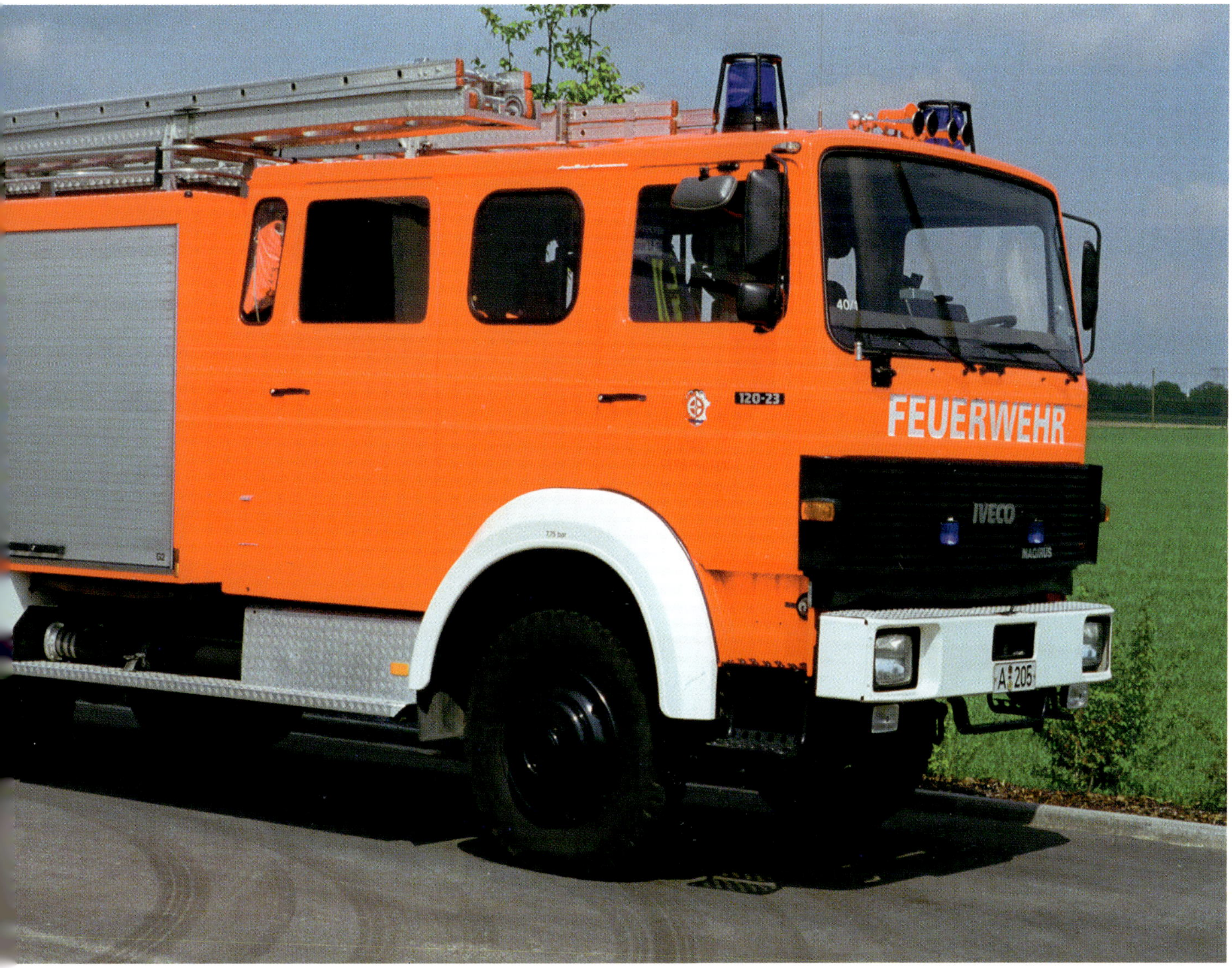
FEUERWEHR
120-23
IVECO
A 205

▲ Als die deutsche Feuerwehrgeräteindustrie zu Anfang der dreißiger Jahre die Kraftfahrspritze KS 15 auf Fahrgestellen mit drei Tonnen Nutzlast entwickelte, baute Koebe in Luckenwalde ein Fahrzeug auf dem 70 PS starken MAN Z1. Die Serienfertigung der KS 15 erfolgte jedoch auf Magirus-Deutz- und Mercedes-Benz-Fahrgestellen.

Freiwillige Feuerwehr Altötting

▶ Im Gegensatz zu Magirus-Deutz und Mercedes-Benz gewann MAN erst ab den sechziger Jahren an Bedeutung als Chassishersteller für Feuerwehrfahrzeuge. Der MAN Hauber vom Typ 450 HA-LF mit 150 PS starkem Sechszylinder-Reihenmotor wurde 1971 mit Aufbau von Ziegler ausgeliefert.

Freiwillige Feuerwehr Wenzenbach

▶ 1983 löste MAN den Hauber in der mittleren Tonnageklasse von 12 bis 17 Tonnen durch eine neue Frontlenkerbaureihe ab. Seit 1990 rückt die Wehr am Rand des Bayerischen Waldes mit einem Löschgruppenfahrzeug LF 16 auf MAN 12.192 FA mit Aufbau von Ziegler aus.

Feuerwehr
112
Ziegler

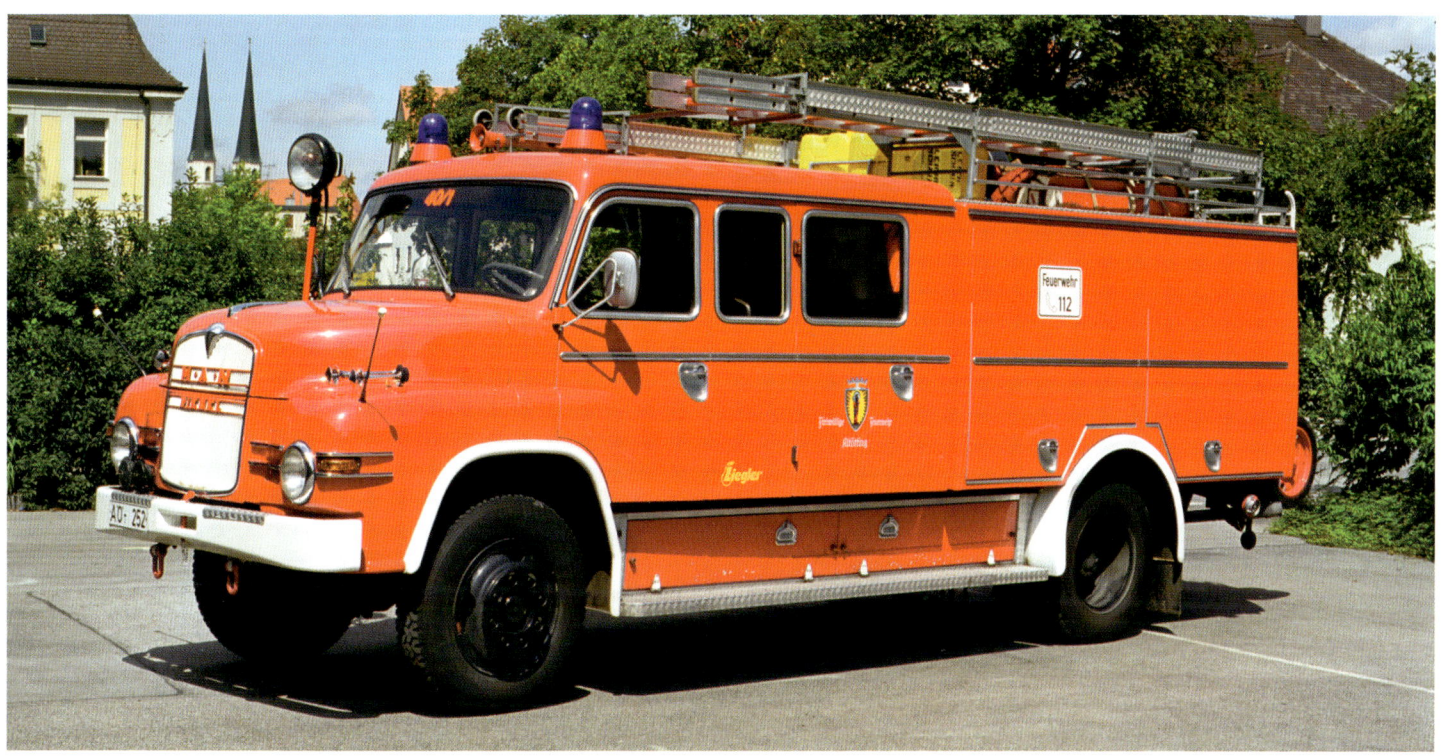

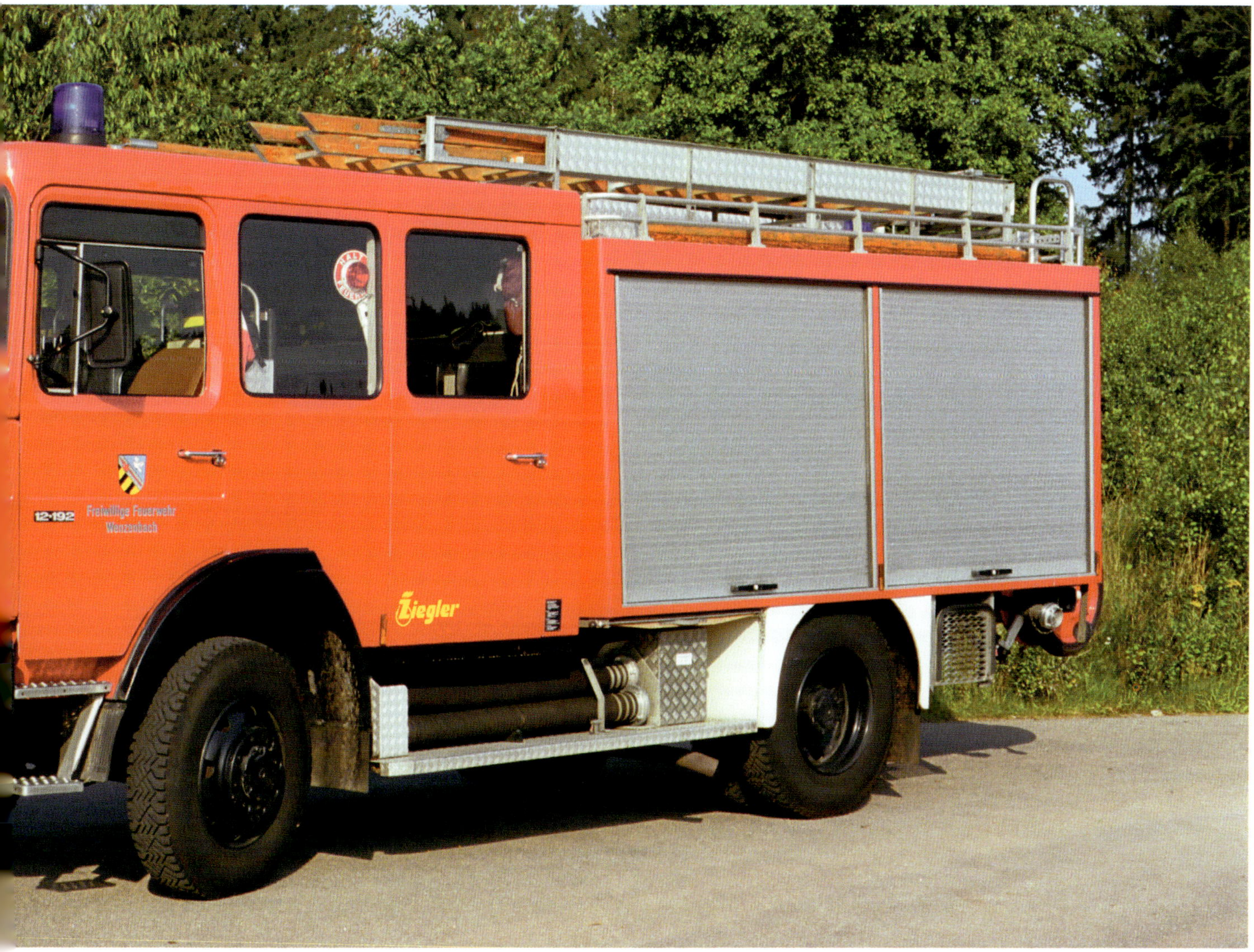
12·192
Freiwillige Feuerwehr
Wenzenbach
Ziegler

LF
LF 8
LF 8/6
LF 16
LF 16/12
LF 16 TS
KS 25
LF 24
HLF
sonstige LF

Freiwillige Feuerwehr Weinböhla

▲ Die Feuerwehren der DDR erhielten in den sechziger Jahren ihr Löschfahrzeug LF 16 auf S 4000-1-Fahrgestell mit Aufbauten aus dem VEB Feuerlöschgerätewerk Luckenwalde. Zusätzlich ist eine Tragkraftspritze TS 8/8 eingeschoben.

Freiwillige Feuerwehr Aue

▶ Die Nachfolge des Löschgruppenfahrzeuges LF 16 auf IFA S 4000-1 trat 1968 der IFA W50 L/LF an. Unverändert lief die Produktion bis 1990. Über der Hinterachse sind die Tanks für 200 Liter Wasser und 200 Liter Schaummittel eingebaut. Die Pumpe leistet 2200 l/min. Das LF 16 der Freiwilligen Feuerwehr Aue wurde 1979 gebaut.

Freiwillige Feuerwehr Weinböhla

▶ In der langen Röhre auf dem Dach lagert die bereits gekuppelte Saugleitung. Vorne links ist die Tragkraftspritze TS 8/8 eingeschoben. Der Aufbau dieses 1983 hergestellten LF 16 stammt aus dem Karosseriewerk Wurzen. Dorthin war aus Kapazitätsgründen die Fertigung von Luckenwalde abgegeben worden.

Freiwillige Feuerwehr Weinböhla	
Fahrzeugtyp	LF 16 - TS 8
Hersteller	VEB IFA Kraftfahrzeugwerk „Ernst Grube"
Fahrgestell	S 4000-1
Motorleistung	90 PS
zulässiges Gesamtgewicht	8 100 kg
Aufbauhersteller	VEB Feuerlöschgerätewerk Luckenwalde
Pumpenleistung	1600 l/min bei 8 bar
Tragkraftspritze	800 l/min bei 8 bar
Löschmittel	400 l Wasser
Besatzung	9 Personen
Baujahr	1964

Löschgruppenfahrzeuge

Äußerlich vom LF 16 nicht zu unterscheiden sind die Löschgruppenfahrzeuge LF 16/12. Erst wenn man die Rollläden öffnet, erkennt man die veränderte Ausrüstung. Sie umfasst eine umfangreiche Beladung für die technische Hilfeleistung und einen Lichtmast. Der Wassertank fasst zwischen 1200 und 2000 Liter.

**Berufsfeuerwehr
Magdeburg**

▼ Im Löschzug auf der Hauptfeuerwache setzte 1998 die Magdeburger Feuerwehr ein 1994 gebautes Löschgruppenfahrzeug LF 16/12 auf Straßenfahrgestell ein. Die Firma FGL, hervorgegangen aus dem VEB Feuerlöschgerätewerk Luckenwalde, lieferte das LF 16/12 auf einem Mercedes-Benz 1124 F.

Berufsfeuerwehr Hamburg

▲ 1994 sorgte die Hamburger Feuerwehr für Gesprächsstoff
auf der internationalen Feuerwehrfachmesse „Interschutz
– Der Rote Hahn". Eines der bei der Firma FGL in Luckenwalde bestellten LF 16/12 erhielt nicht die gewohnte leuchtend
rote Lackierung, sondern erschien in auffälligem Gelb. Dieser
Mercedes-Benz 1224 AF blieb ein Einzelstück und wird an der
Hamburger Feuerwehrschule zur Ausbildung eingesetzt.

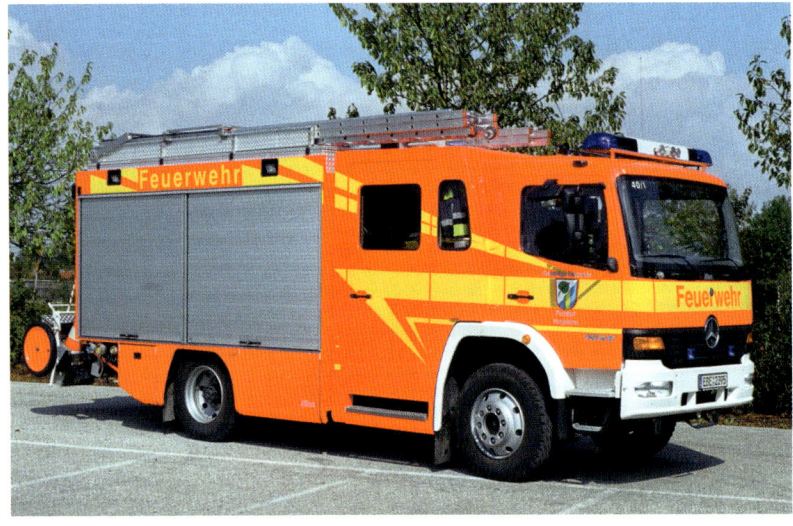

LF
LF 8
LF 8/6
LF 16
LF 16/12
LF 16 TS
KS 25
LF 24
HLF
sonstige LF

Freiwillige Feuerwehr Parsdorf-Hergolding

▲ Die Errichtung eines großen Möbelhauses im wachsenden Gewerbegebiet veranlasste die Gemeinde Vaterstetten, bei der Freiwilligen Feuerwehr Parsdorf-Hergolding ein Löschgruppenfahrzeug LF 16/12 in Dienst zu stellen. Zudem betreut die Wehr Abschnitte auf der Autobahn A 94 München – Passau sowie auf dem Autobahnring München A 99. Metz lieferte 2001 dieses LF 16/12 auf Mercedes-Benz Atego 1528 AF.

Freiwillige Feuerwehr Parsdorf-Hergolding

▼ Die Beladung des Löschgruppenfahrzeuges LF 16/12 ist sowohl für die Brandbekämpfung als auch für die technische Hilfeleistung ausgelegt. Im vorderen Geräteraum ist unten das Hydraulikaggregat mit den Schlauchhaspeln für Rettungsschere und Rettungsspreizer zu erkennen. Im hinteren Geräteraum sind Schläuche in Tragekörben untergebracht. Für die Brandbekämpfung verfügt dieses LF 16/12 über 1800 Liter Wasser und 150 Liter Schaummittel.

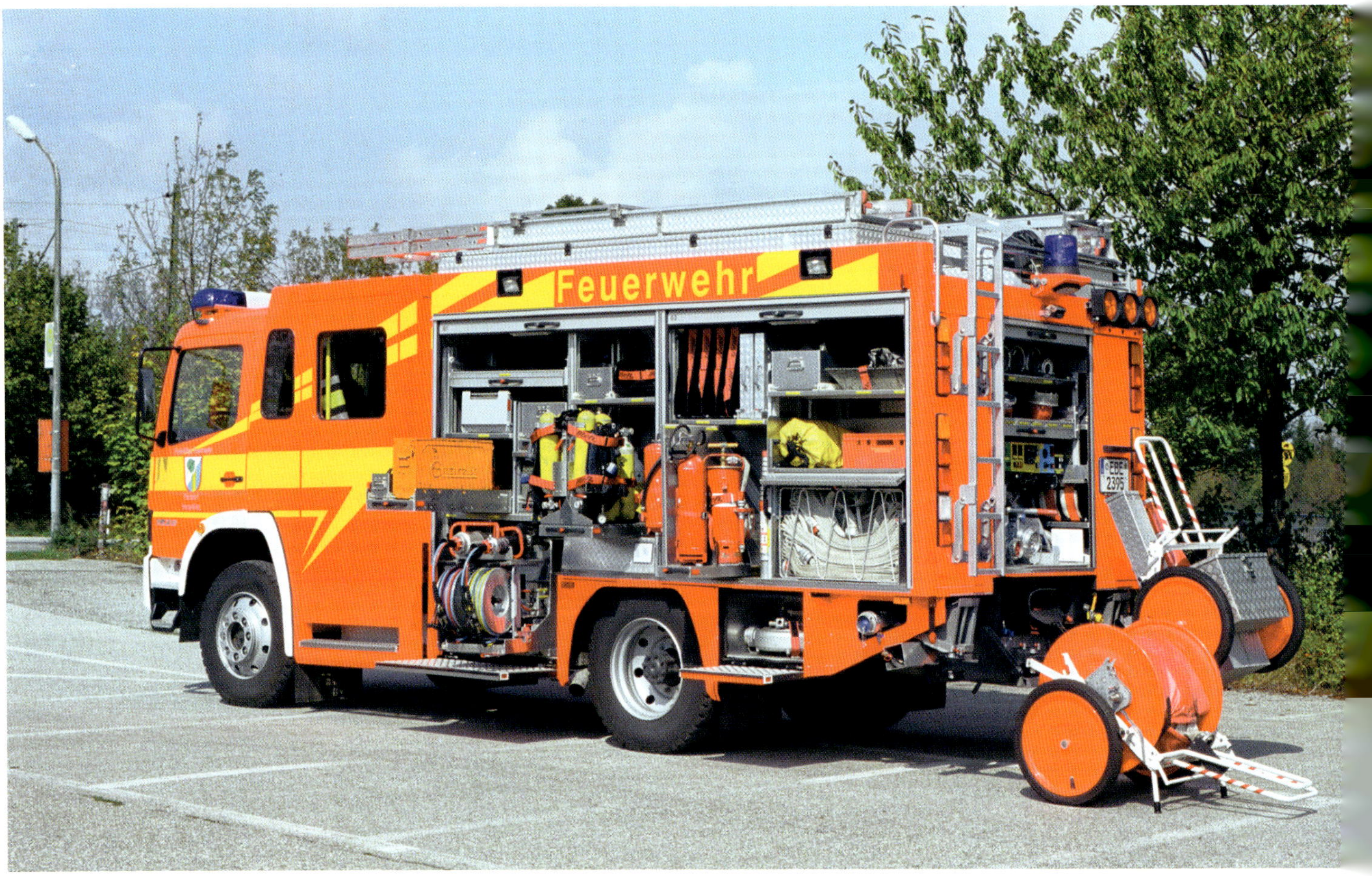

Freiwillige Feuerwehr Bad Grönenbach

◀ Vor dem Rathaus von Bad Grönenbach steht das neue, 2004 gelieferte Löschgruppenfahrzeug LF 16/12 auf Mercedes-Benz Atego 1328 AF. Der Aufbau von Ziegler beinhaltet einen 2000 Liter großen Wassertank.

LF
LF 8
LF 8/6
LF 16
LF 16/12
LF 16 TS
KS 25
LF 24
HLF
sonstige LF

**Freiwillige Feuerwehr
Baiersdorf**

▲ Zur Erleichterung der
Entnahme schwerer
Geräte wurde beim Lösch-
gruppenfahrzeug LF 16/12
der Aufbau zwischen den
Achsen nach unten verlän-
gert und mit einer Klappe
verschlossen. Die beim Vor-
gängerfahrzeug LF 16 dort
lagernden Saugschläuche –
siehe Seite 119 – sind jetzt
im Aufbau untergebracht.
1992 lieferte Magirus das
LF 16/12 auf Iveco-120-23
AW-Fahrgestell.

Freiwillige Feuerwehr Frechen

▼ Beim Löschzug Frechen ist das Löschgruppenfahrzeug LF 16/12 stationiert, das Magirus 1996 auf dem Iveco EuroFire 135 E 24 W aufbaute. Die Lampen am Aufbau beleuchten bei nächtlichen Einsätzen den Bereich um das Fahrzeug. Wie bei allen LF 16/12 sind zwei Pressluftatmer in der Kabine untergebracht, damit der Angriffstrupp beim Eintreffen am Einsatzort fertig ausgerüstet aussteigt.

Freiwillige Feuerwehr Ottobrunn

▶ Die Ottobrunner Feuerwehr stellte im Frühjahr 2000 ein Löschgruppenfahrzeug LF 16/12 auf MAN 14.224 MA-LF mit Magirus-Aufbau in Dienst. Verstaut sind links vorne: Solarblitze, Hebekissen, Hydraulikheber, Kübelspritze und Werkzeugkasten. Über der Achse lagern Atemschutzgeräte, Hitze- und Strahlenschutzanzüge sowie C-Schläuche. Hinten sind B-Rollschläuche, C-Schlauchtragekörbe und ein Greifzug zu entnehmen. Auf dem Dach befinden sich vier Steckleiterteile. Angehängt ist eine Haspel mit Solarblitzen und Verkehrsleitkegeln zur Absicherung der Einsatzstelle. Zwei Pressluftatmer sind in der Kabine untergebracht.

reiwillige Feuerwehr ttobrunn

Von der Beladung auf der rechten Fahrzeugsei- sind auf dem Dach die app- und Schiebleiter zu kennen. Vorne sind vier ugschläuche, Hochdruck-

lüfter, Wassersauger und 8-kVA-Stromerzeuger unter- gebracht. Verdeckt eingebaut ist der Kurbellichtmast. Geräte zur technischen Hilfe- leistung wie Scheinwerfer, Kabeltrommel, Tauchpumpe, Motorkettensäge und Bohr- hammer lagern im mittleren

Geräteraum. Hinten finden sich die Schnellangriffshaspel, Strahlrohre, Standrohr für den Unterflurhydranten und die Schaumausrüstung. Die Haspel ist mit B-Schläuchen bestückt.

Freiwillige Feuerwehr Hohenkammer

▲ Eine umfangreiche Beladung für die Brandbekämpfung und die technische Hilfeleistung führt das Löschgruppenfahrzeug LF 16/12 mit, das Schlingmann 2002 auf einem 280 PS starken MAN aufbaute.

Freiwillige Feuerwehr Pegau

▶ Eine Serie von 17 Löschgruppenfahrzeugen LF 16/12 beschaffte der Freistaat Sachsen. Einer der MAN 14.224 LA-LF mit Aufbau von FGL-Metz kam 1996 zur Freiwilligen Feuerwehr Pegau im nordwestlichen Sachsen. 1600 Liter Wasser, Tragkraftspritze TS 8/8 und hydraulischer Rettungssatz sind die wesentlichen Stichpunkte zur Beladung.

Freiwillige Feuerwehr Lindau

▶ Ein Löschgruppenfahrzeug LF 8 und einen Rüstwagen RW 2 ersetzte die Lindauer Feuerwehr mit einem Löschgruppenfahrzeug LF 16/12 auf MAN LE 14.280. Der eingebaute Generator leistet 23 kVA, die Rotzler-Seilwinde hat eine Zugkraft von 50 kN. Magirus lieferte 2004 eine Bauform, bei der die Mannschaft durch eine breite Schwenktür einsteigt. Die Löschmittelbeladung beträg 2000 Liter Wasser und 20 Liter Schaummittel.

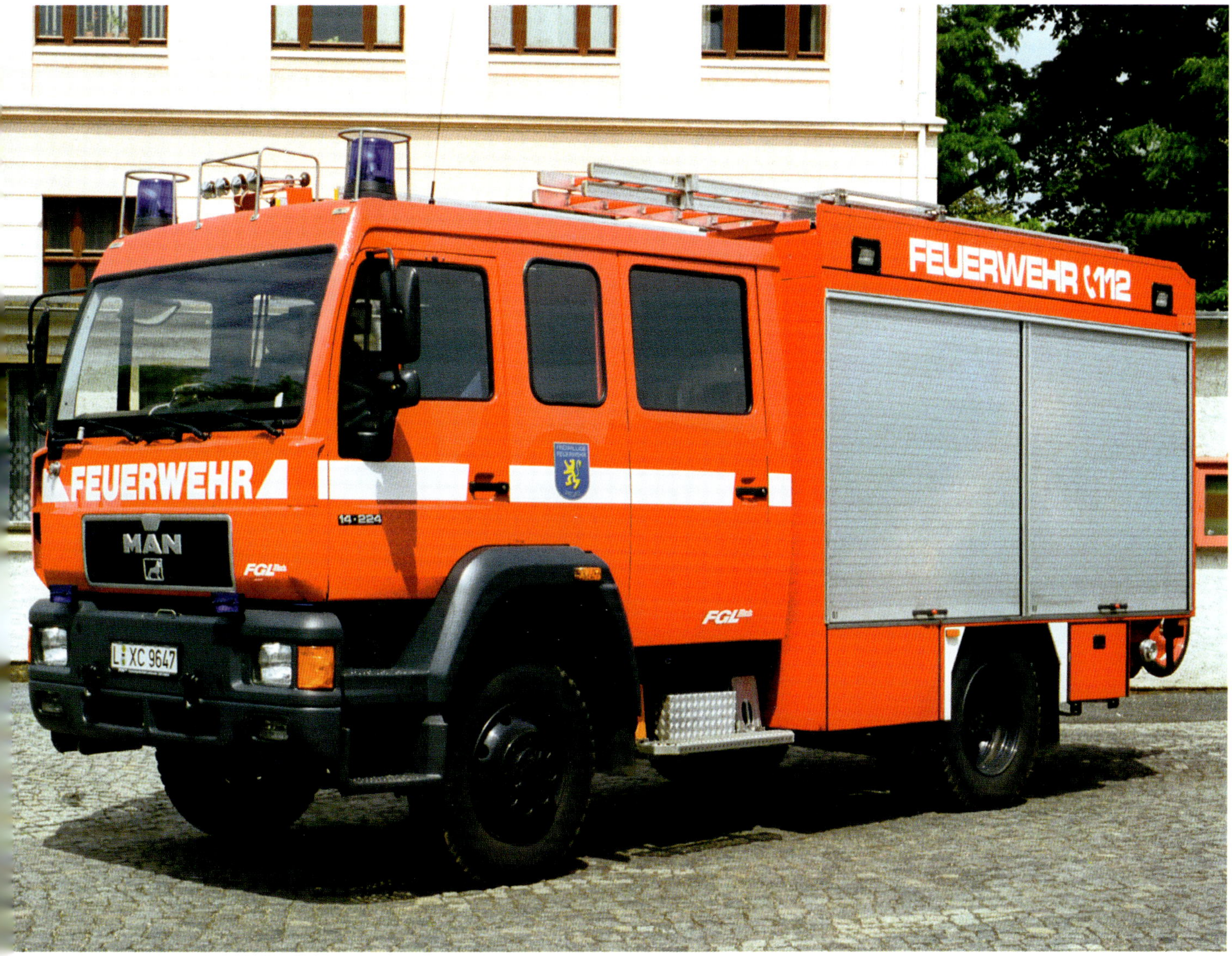
FEUERWEHR 112
FEUERWEHR
MAN
14.224
L XC 9647

Feuerwehr
FEUERWEHR LINDAU
112
FEUERWEHR LINDAU
HAUPTWACHE
MAN
LI 2491

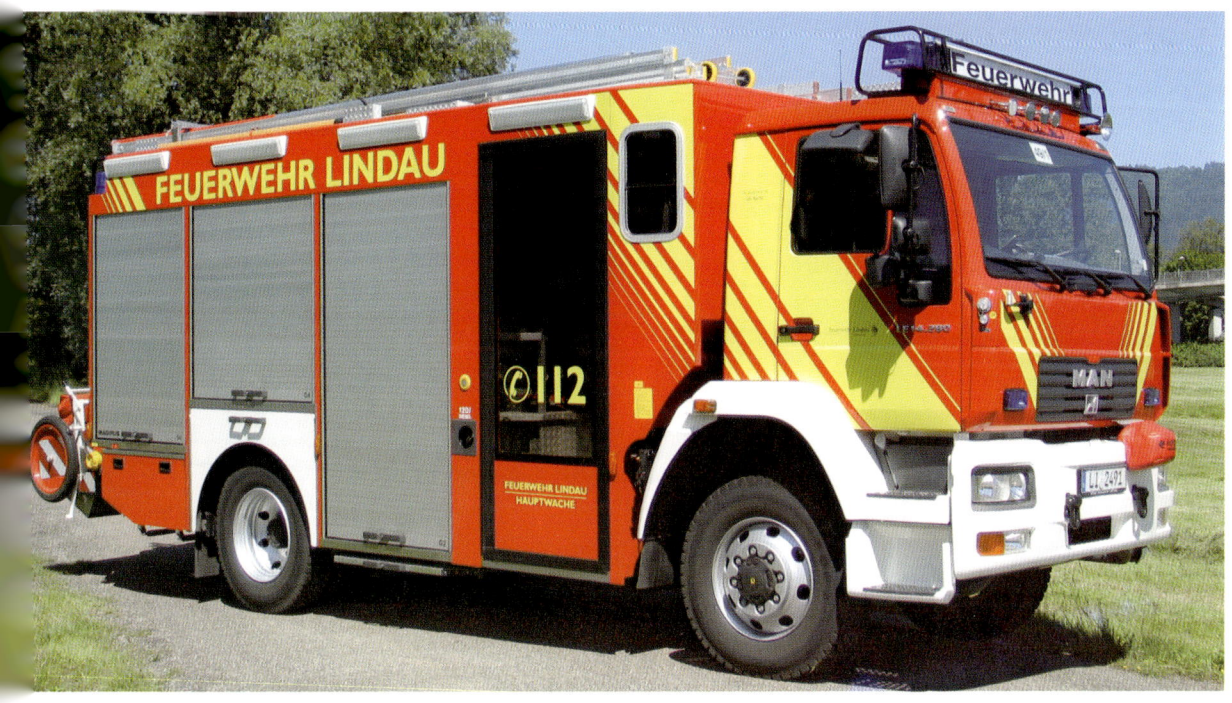

LF
LF 8
LF 8/6
LF 16
LF 16/12
LF 16 TS
KS 25
LF 24
HLF
sonstige LF

Der große Bruder des Löschgruppenfahrzeuges LF 8 ist das Löschgruppenfahrzeug LF 16 TS, denn ihm fehlt ebenfalls der Wassertank. Seine Aufgabe liegt in der Wasserförderung über lange Wegstrecke. Dafür ist es bestens ausgestattet mit einer 1600 l/min leistenden Frontpumpe. Die Buchstaben TS weisen auf die Tragkraftspritze TS 8/8 hin, die als Verstärkerpumpe in die Schlauchleitung eingesetzt wird. Die 600 Meter B-Schlauch ergänzten viele Wehren um eine fahrbare Haspel, auf der weitere acht B-Schläuche mit je 20 Metern Länge Platz fanden. Besonders die Wehren in Baden-Württemberg beschafften diesen Fahrzeugtyp. Für den Katastrophenschutz stellte der Bund in großer Anzahl die LF 16 TS in den Löschzügen „Löschen und Retten" und „Retten und Wasserversorgung" in Dienst.

Freiwillige Feuerwehr Ottobrunn

▼ Im Heck ist die Tragkraftspritze eingeschoben. Die zusätzliche Beladung mit Stromerzeuger, Beleuchtung, Kettensäge und Greifzug ermöglichte, das Löschgruppenfahrzeug LF 16 TS bei Sturmschäden als selbstständige Einheit einzusetzen.

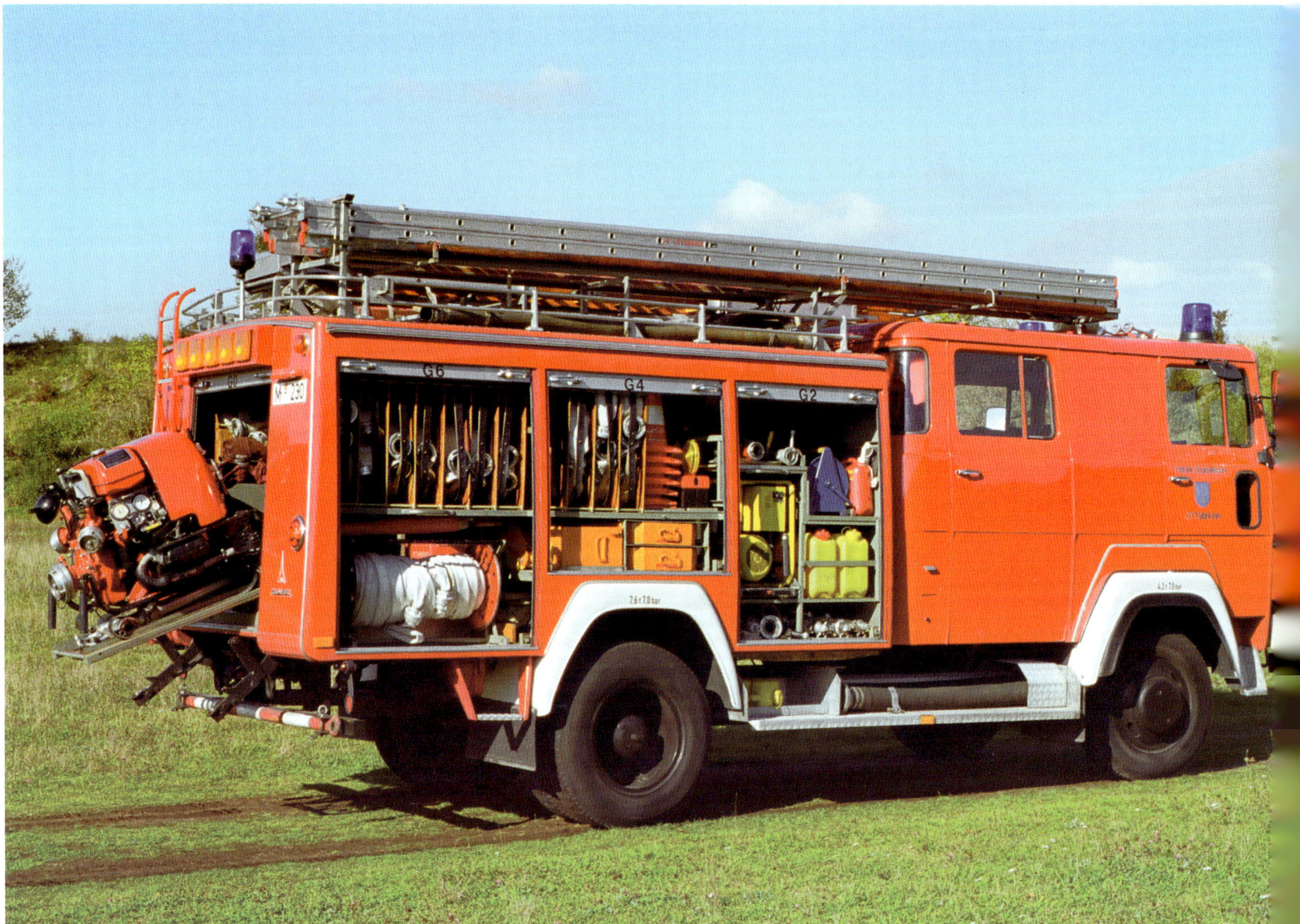

Freiwillige Feuerwehr Ottobrunn

▶ Hydrantenabstände von mehr als 300 Metern waren der Grund für den Kauf eines Löschgruppenfahrzeuges LF 16 TS. Von 1972 bis 2000 lief der Magirus-Deutz 170 D 11 FA mit Magirus-Aufbau in Ottobrunn.

▼ Die Vorbaupumpe mit einer Leistung von 1 600 l/min bei 8 bar ist unter dem Fahrerhaus vor dem Motor angeflanscht.

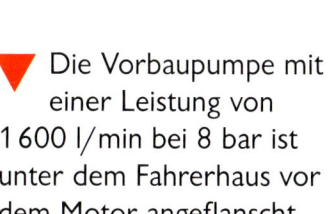

LF
LF 8
LF 8/6
LF 16
LF 16/12
LF 16 TS
KS 25
LF 24
HLF
sonstige LF

**Freiwillige Feuerwehr
Altomünster**

▲ 1953 kaufte die Staatliche Feuerwehrschule in Regensburg ein Löschgruppenfahrzeug LF 15 TS, um vor Ort als „Bewegliche Feuerwehrschule" die Maschinisten in der Bedienung von Fahrzeugpumpe und Tragkraftspritze zu unterrichten. Den 90 PS starken Magirus-Deutz S 3000 übernahm 1960 die Feuerwehr Altomünster und setzte ihn bis 1989 ein.

**Freiwillige Feuerwehr
Metzingen**

▶ Von 1956 stammt dieses Löschgruppenfahrzeug LF 16 TS, das Metz auf dem Allradfahrgestell Mercedes-Benz LAF 311 aufbaute.

**Freiwillige Feuerwehr
Albbruck**

▶ Die Aufgabe Wasserförderung über lange Wegstrecke ist diesem Löschgruppenfahrzeug LF 16 TS deutlich anzusehen: Der Mercedes-Benz LAF 1113 B mit Bachert-Aufbau von 1975 zieht einen 1954 gebauten Schlauchanhänger

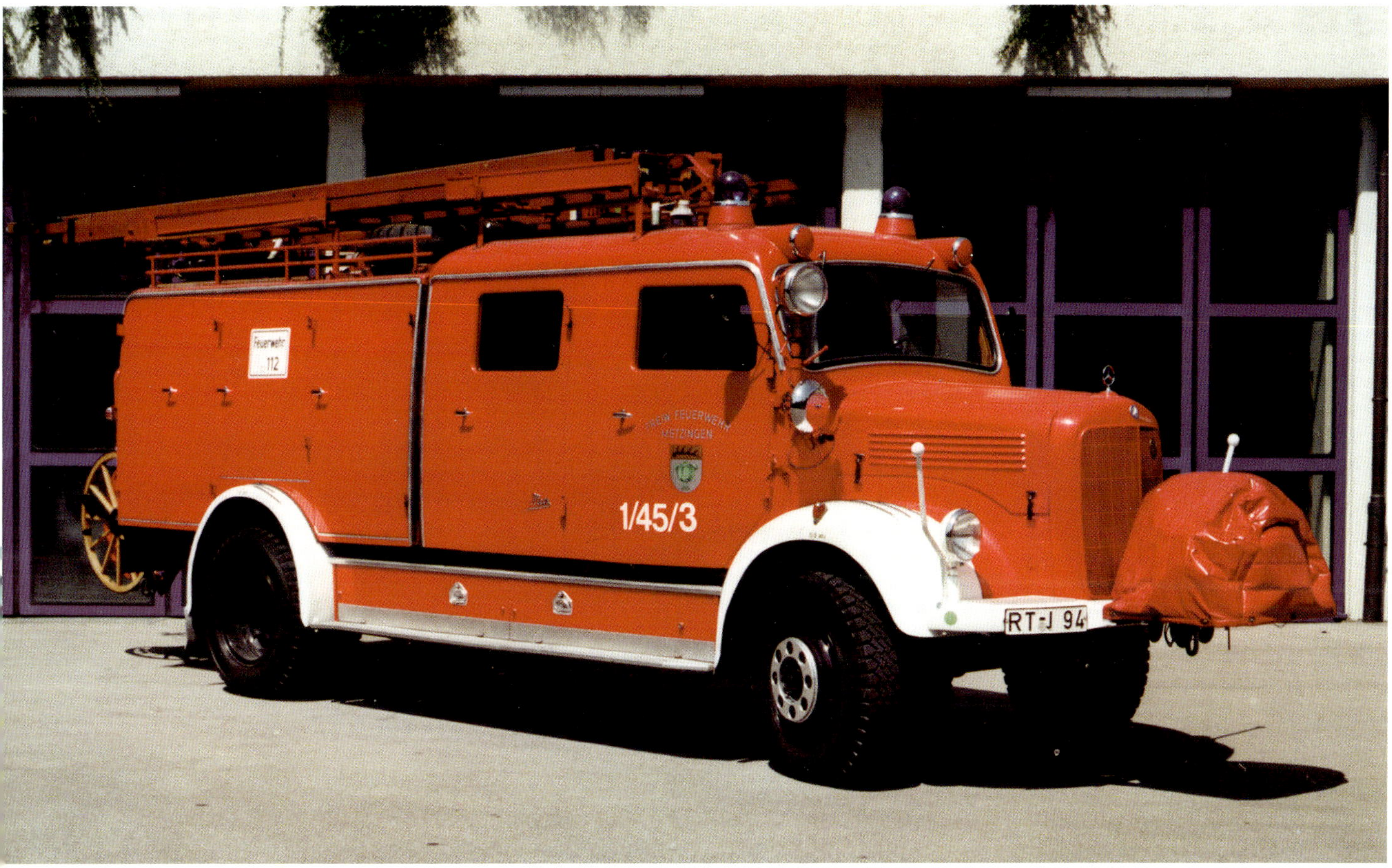
Feuerwehr
112
FREIW. FEUERWEHR
METZINGEN
1/45/3
RT-J 94

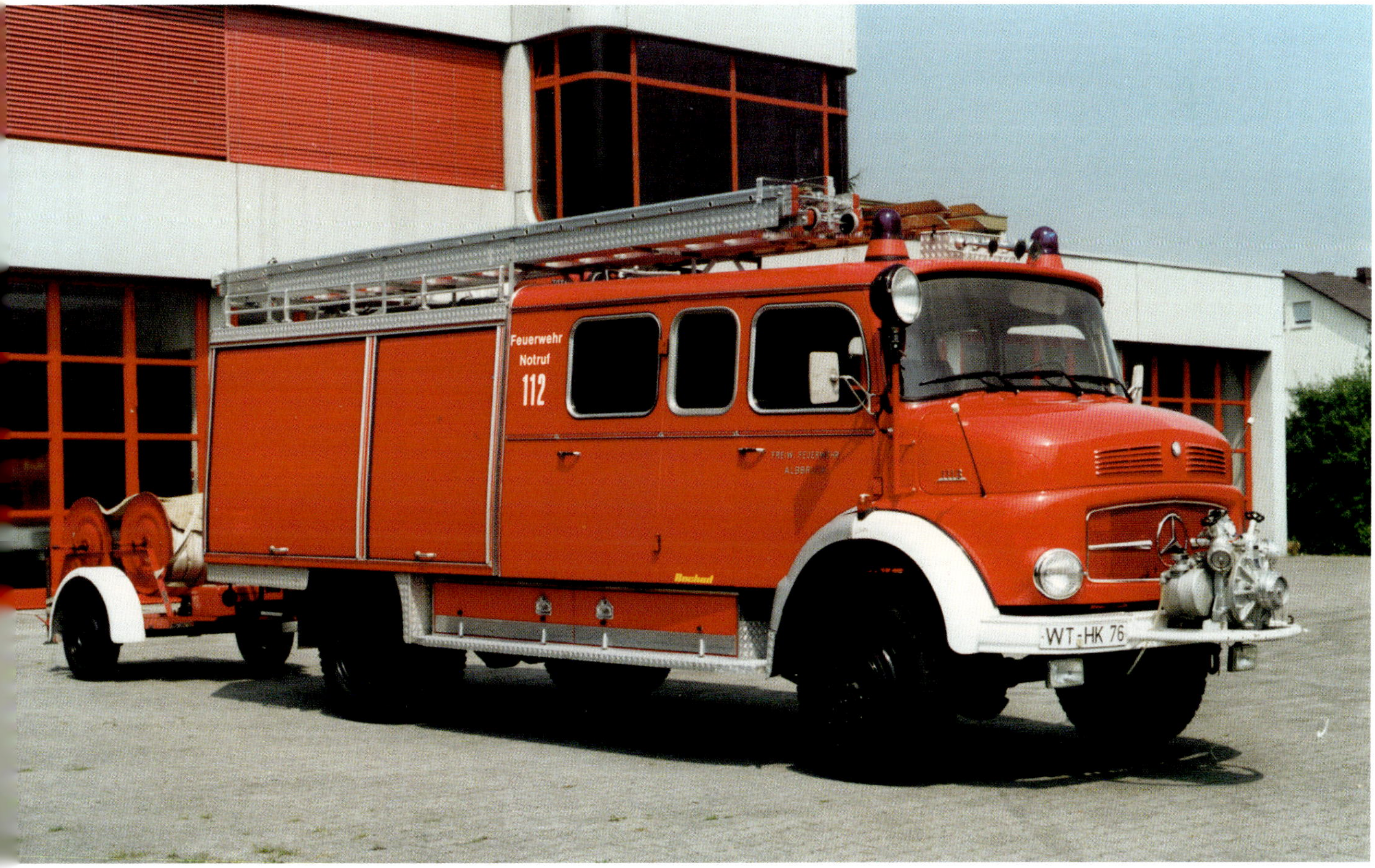
Feuerwehr
Notruf
112
WT-HK 76

LF
LF 8
LF 8/6
LF 16
LF 16/12
LF 16 TS
KS 25
LF 24
HLF
sonstige LF

Drei verschiedene Bauformen der Löschgruppenfahrzeuge LF 16 TS des Brandschutzdienstes im Katastrophenschutz zeigen diese Seiten. Anfang der sechziger Jahre wurden knapp 1000 LF 16 TS auf Magirus-Deutz-Eckhauber beschafft. Als dessen Ersatz und für die Wehren in den hinzugekommenen Bundesländern bestellte der Bund bei verschiedenen Herstellern in den achtziger und neunziger Jahren über 2000 neue LF 16 TS. Die Leistungsdaten der Pumpen übertreffen die Normvorgaben mit 2400 l/min für die eingebaute Pumpe und 1600 Liter/Minute bei der Tragkraftspritze.

Freiwillige Feuerwehr Dinkelsbühl

▼ Aus der ersten Generation Löschgruppenfahrzeug LF 16 TS stammt der 1967 gebaute Magirus-Deutz 125 D 10 A mit Aufbau der Münchner Firma Rathgeber.

Freiwillige Feuerwehr Zwenkau

▶ Die Kombination Chassis Iveco 90-16 AW, Vorbaupumpe von Ziegler und Aufbau von Lentner beschreibt das 1993 gebaute Löschgruppenfahrzeug LF 16 TS.

Berliner Feuerwehr

▼ Aus der Zuteilung im Erweiterten Katastrophenschutz erhielten die Freiwilligen Feuerwehren im Berliner Stadtgebiet 32 Löschgruppenfahrzeuge LF 16 TS auf einem 1993 gebauten Mercedes-Benz 917 AF mit Ziegler-Vorbaupumpe und Gerätekoffer von Lentner.

Die größten Löschfahrzeuge, die in den vierziger Jahren typisiert wurden, waren die Kraftfahrspritze KS 25 und das Große Löschgruppenfahrzeug GLG. Ihre Pumpe leistete 2 500 l/min und sie führten 1500 Liter Wasser mit sich.

Freiwillige Feuerwehr Kaufbeuren

▲ Ein Großes Löschgruppenfahrzeug GLG auf Mercedes-Benz L 4500 F restaurierte die Kaufbeurer Feuerwehr. Epochengerecht ist das 1942 von Metz aufgebaute GLG in Grün lackiert und trägt den Schriftzug „Feuerlöschpolizei".

Freiwillige Feuerwehr Markranstädt

▶ Üblicherweise kamen die Fahrgestelle für die Kraftspritze KS 25 von Mercedes-Benz und KHD. Die Stadt Leipzig ließ sich 1939 bei Metz einige KS 25 auf Büssing-NAG 500 S bauen, denn Büssing hatte in der Stadt ein Werk. Der Sechszylinder-Dieselmotor leistet 105 PS. Eines dieser KS 25 gehört heute zum Museumsbestand der Markranstädter Feuerwehr.

Feuerlöschpolizei Lübeck

▶ Einen geländegängigen Dreiachser stellte die Lübecker Feuerwehr um 1937 als Löschfahrzeug auf dem Mercedes-Benz-Fahrgestell L 3000 S in Dienst.

LF
LF 8
LF 8/6
LF 16
LF 16/12
LF 16 TS
KS 25
LF 24
HLF
sonstige LF

Zimmerbrand -- Wasserschaden – Verkehrsunfall. Im Wachbuch lässt sich Tag für Tag die Aufgabenvielfalt der Feuerwehr nachlesen. Einerseits steigen die Anforderungen, andererseits müssen die Berufsfeuerwehren mit wenig Personal alle Aufgaben erledigen. Daher entstand mit dem Löschgruppenfahrzeug LF 24 ein Kombinationsfahrzeug, das sowohl für die Brandbekämpfung als auch für die kleine technische Hilfeleistung geeignet war. Die weiteste Verbreitung fand dieser Typ bei den hauptamtlich besetzten Freiwilligen Feuerwehren und Berufsfeuerwehren in Nordrhein-Westfalen.

Charakteristik des Löschgruppenfahrzeuges LF 24 (laut Vornorm von 1981)

Besatzung	9 Einsatzkräfte
Pumpe	2400 l/min bei 8 bar
Löschmittel	mindestens 1600 l Wasser 200 l Schaummittel
Zugeinrichtung	Zugkraft 50 kN
Generator	Leistung 15 bis 20 kVA
Lichtmast	angebaut mit zwei Flutlichtstrahlern je 1000 W
zulässiges Gesamtgewicht	16000 kg
Antriebsart	Straße mit Differenzialsperre

Berufsfeuerwehr Karlsruhe

▼ Karlsruhe entwickelte einen eigenen Fahrzeugtyp als Löschgruppenfahrzeug LF 24. Alle Versionen auf Mercedes-Benz sind Dreiachser mit Kabine im Aufbau. Die vier Generationen von rechts nach links:

- Mercedes-Benz 2628 6x6, Aufbau Metz von 1984
- Mercedes-Benz DB 2636 6x6, Aufbau Metz von 1987
- Mercedes-Benz 2635 6x4, Aufbau Rosenbauer von 1992
- Scania 94 D 310, Aufbau Rosenbauer von 2000

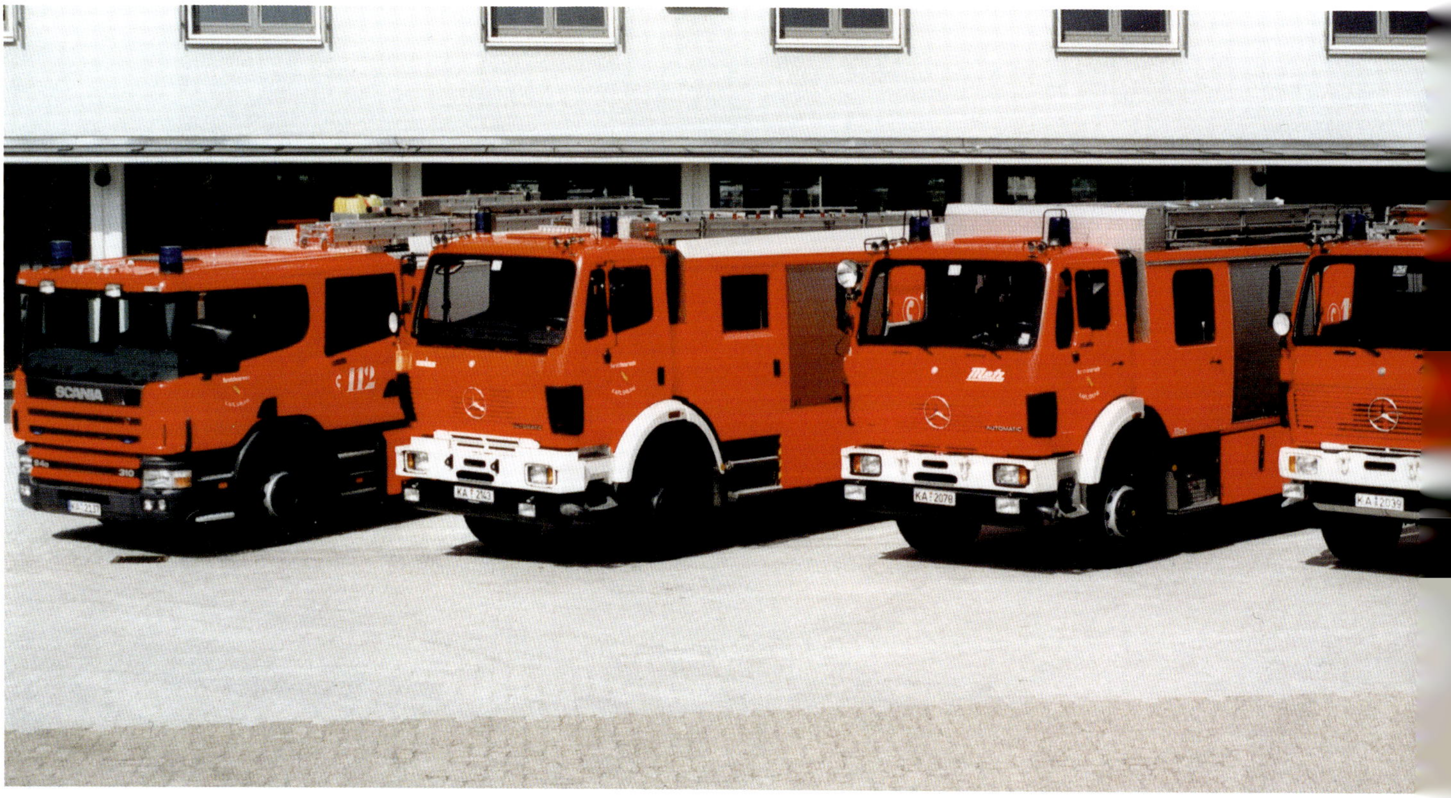

Berufsfeuerwehr Stuttgart

▲ Von 1977 bis 1980 stellte die Stuttgarter Feuerwehr sechs Löschgruppenfahrzeuge LF 24 in Dienst, die nach ihren Vorgaben bei Bachert gebaut worden waren. Wegen der anspruchsvollen Topografie wählte man das 320 PS starke Fahrgestell 1632 F. Mitgeführt werden 2400 Liter Wasser, 250 Liter Schaummittel, ein 8-kVA-Generator und eine umfangreiche Beladung zur Technischen Hilfeleistung.

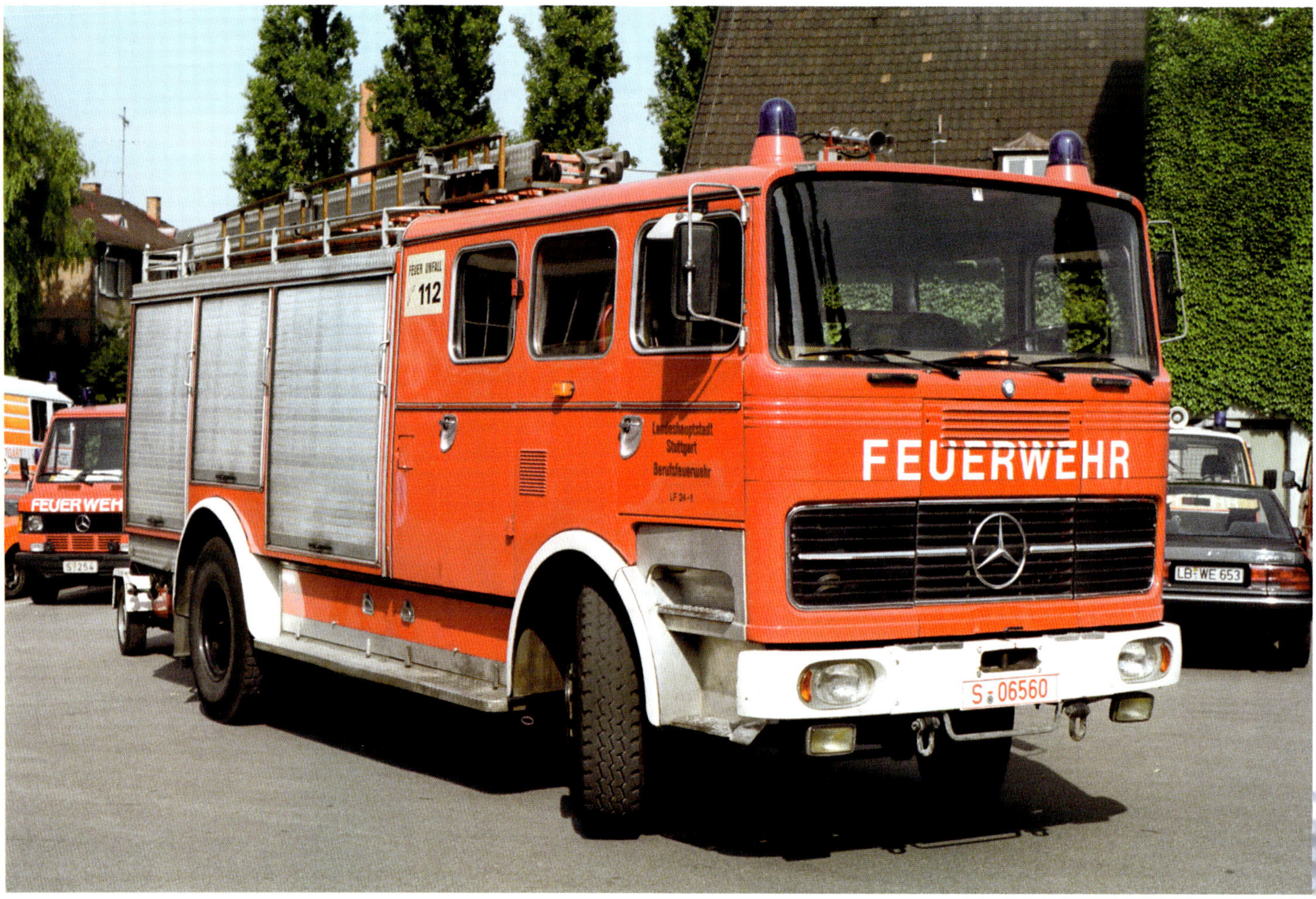

LF
LF 8
LF 8/6
LF 16
LF 16/12
LF 16 TS
KS 25
LF 24
HLF
sonstige LF

Berufsfeuerwehr Stuttgart

▲ Vorläufer der Löschgruppenfahrzeuge LF 24 war das 1972 bei Bachert gebaute Löschgruppenfahrzeug LF 32. Der Mercedes-Benz LP 1624 verfügte über 2400 Liter Wasser und eine 3200 l/min leistende Pumpe.

Berufsfeuerwehr Duisburg

▶ Zu den Pionieren bei der Entwicklung eines kombinierten Löschfahrzeuges für Brandbekämpfung und technische Hilfeleistung gehört die Duisburger Feuerwehr. 2500 Liter Wasser, 500 Liter Schaummittel, 3200 l/min Pumpenleistung, ein 20-kVA-Generator, eine 100-kN-Seilwinde, Lichtmast mit vier 1500-Watt-Scheinwerfern stellten 1971 etwas ganz Besonderes dar. Bachert realisierte den Aufbau auf einem Mercedes-Benz LP 1624.

Berufsfeuerwehr Duisburg

▶ Die ab 1976 eingeführte Nachfolgegeneration geriet noch etwas größer: Bachert baute auf dem dreiachsigen Mercedes-Benz 2632 AK 6x6 auf. Mit 5000 Litern Wasser und 800 Litern Schaummittel kann im Ersteinsatz auf den Trupp, der die Wasserversorgung aufbaut, verzichtet werden. Der Generator leistet 8 kVA. Im Aufbau ist eine umfangreiche Beladung für die technische Hilfeleistung untergebracht.

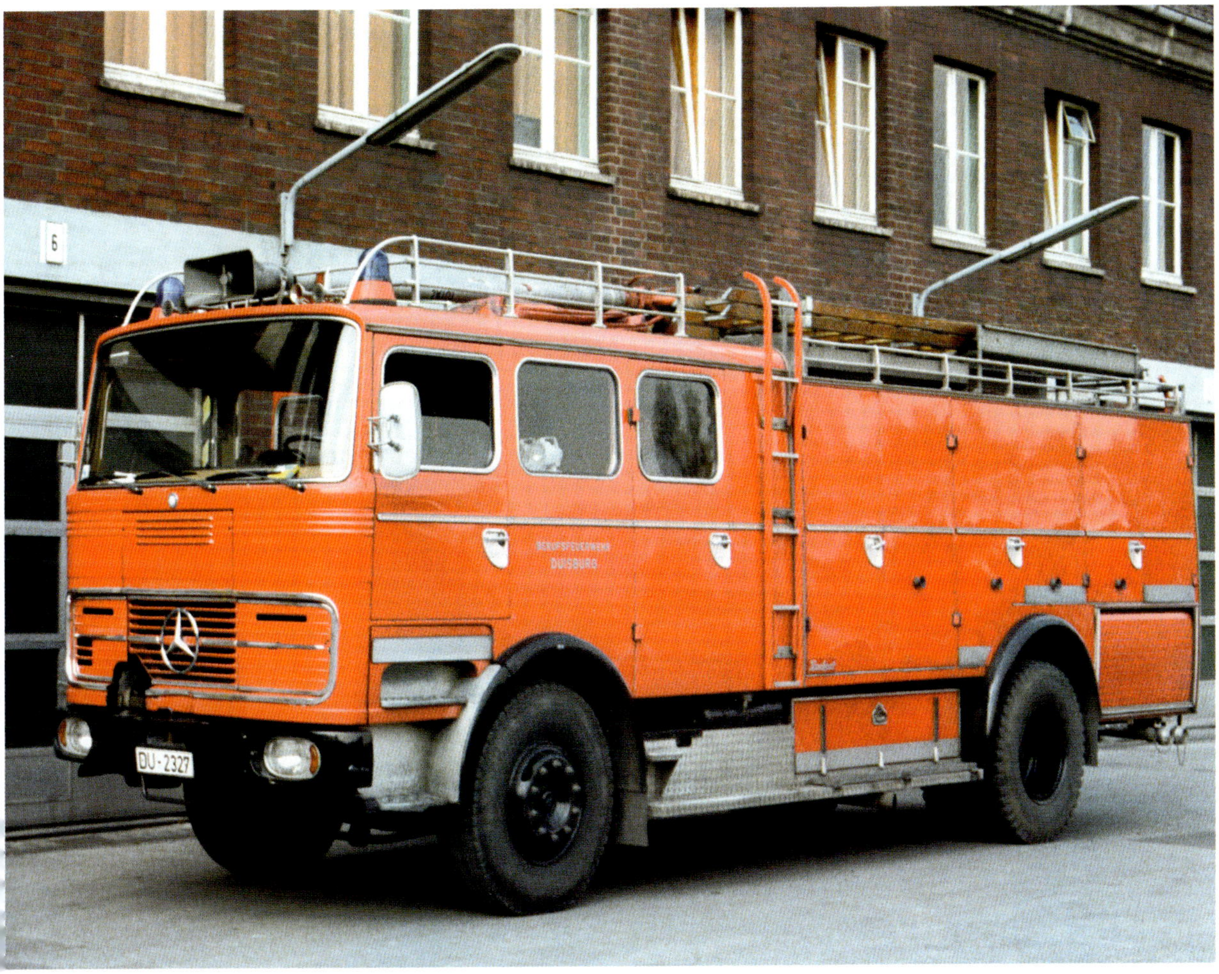
DU-2327

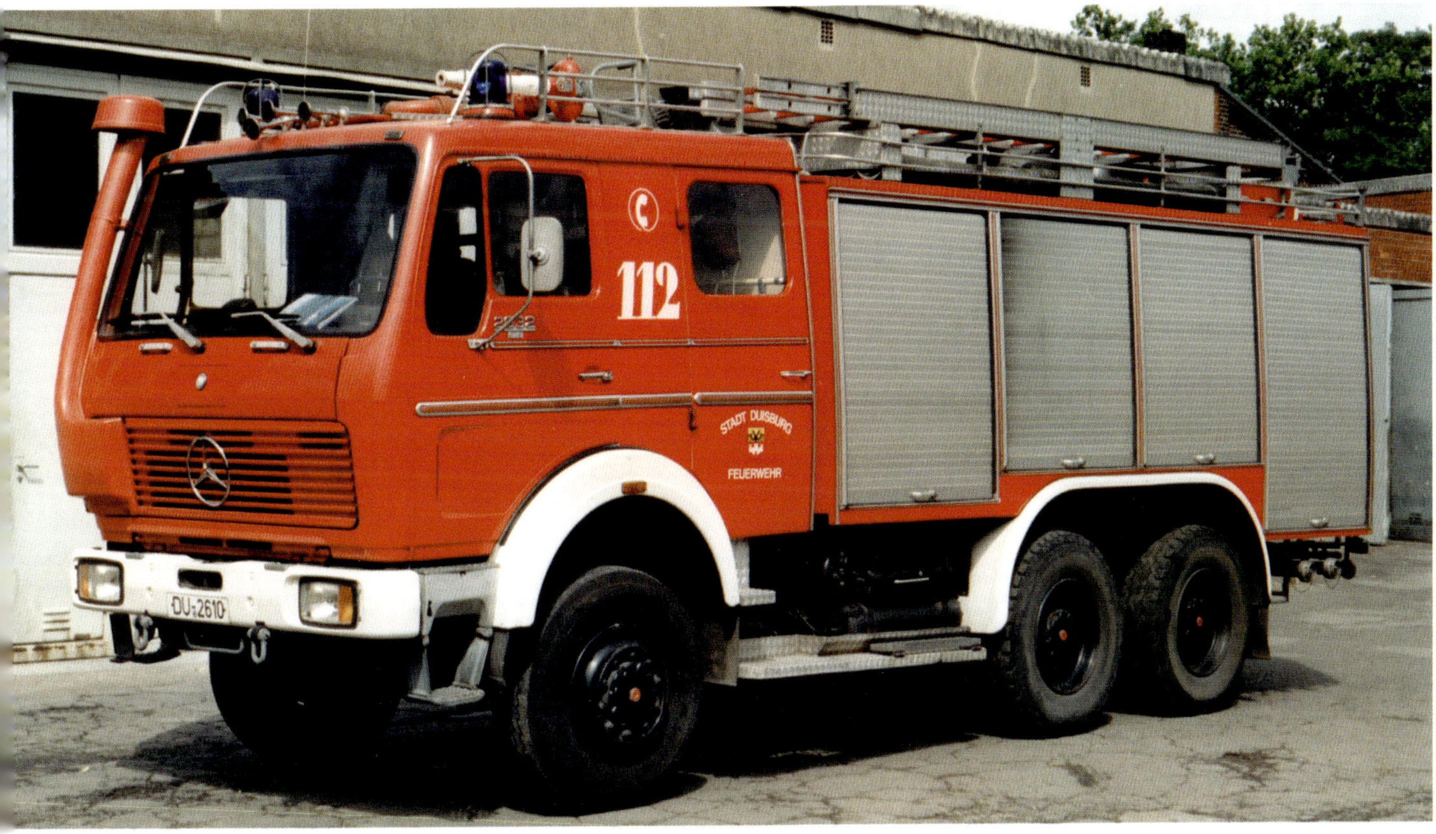
112
STADT DUISBURG
FEUERWEHR

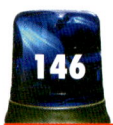

LF
LF 8
LF 8/6
LF 16
LF 16/12
LF 16 TS
KS 25
LF 24
HLF
sonstige LF

Freiwillige Feuerwehr Pforzheim

Die Nachbarstadt Stuttgarts beschaffte für die Berufsfeuerwehr ebenfalls sehr früh, nämlich 1980, ein LF 24 mit 2400-Liter-Wassertank. Bachert lieferte es auf einem Mercedes-Benz 1626 F. Eingebaut sind eine Rotzler-Winde mit 50 kN Zugkraft und ein 20-kVA-Generator. Stationiert ist das einzigartige Fahrzeug bei der Abteilung Haidach.

Berufsfeuerwehr Köln

Die steigende Verkehrsdichte und die Bemühungen der Städteplaner zur Verkehrsberuhigung erschweren zunehmend die Einsatzfahrten mit den großen Löschgruppenfahrzeugen LF 24. Die Kölner Feuerwehr verkleinerte daher die Fahrzeuge in Länge und Breite. Statt für neun Einsatzkräfte sind in der Kabine nur noch sechs Plätze vorhanden. 2,30 Meter Breite weist dieses 1992 von Ziegler auf einem MAN 14.232 F gebaute LF 24 auf.

Freiwillige Feuerwehr Bergheim

Dieses normgerechte Löschgruppenfahrzeug LF 24 baute Ziegler 1998 auf einem 270 PS starken Mercedes-Benz 1827 F auf. Mitgeführt werden 2000 Liter Wasser und 200 Liter Schaummittel.

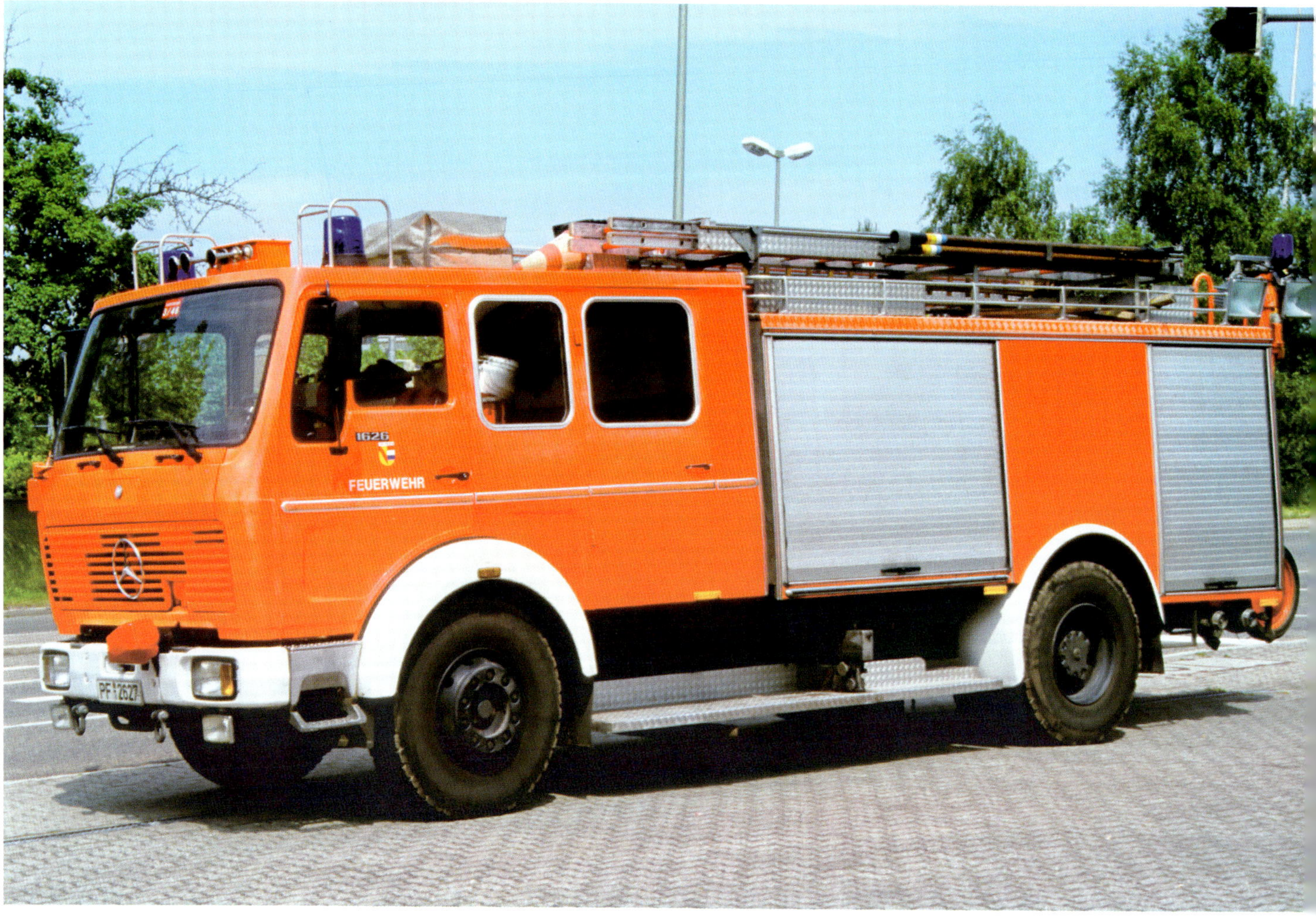

FEUERWEHR 112
Ziegler
LF 24
1827
Ziegler

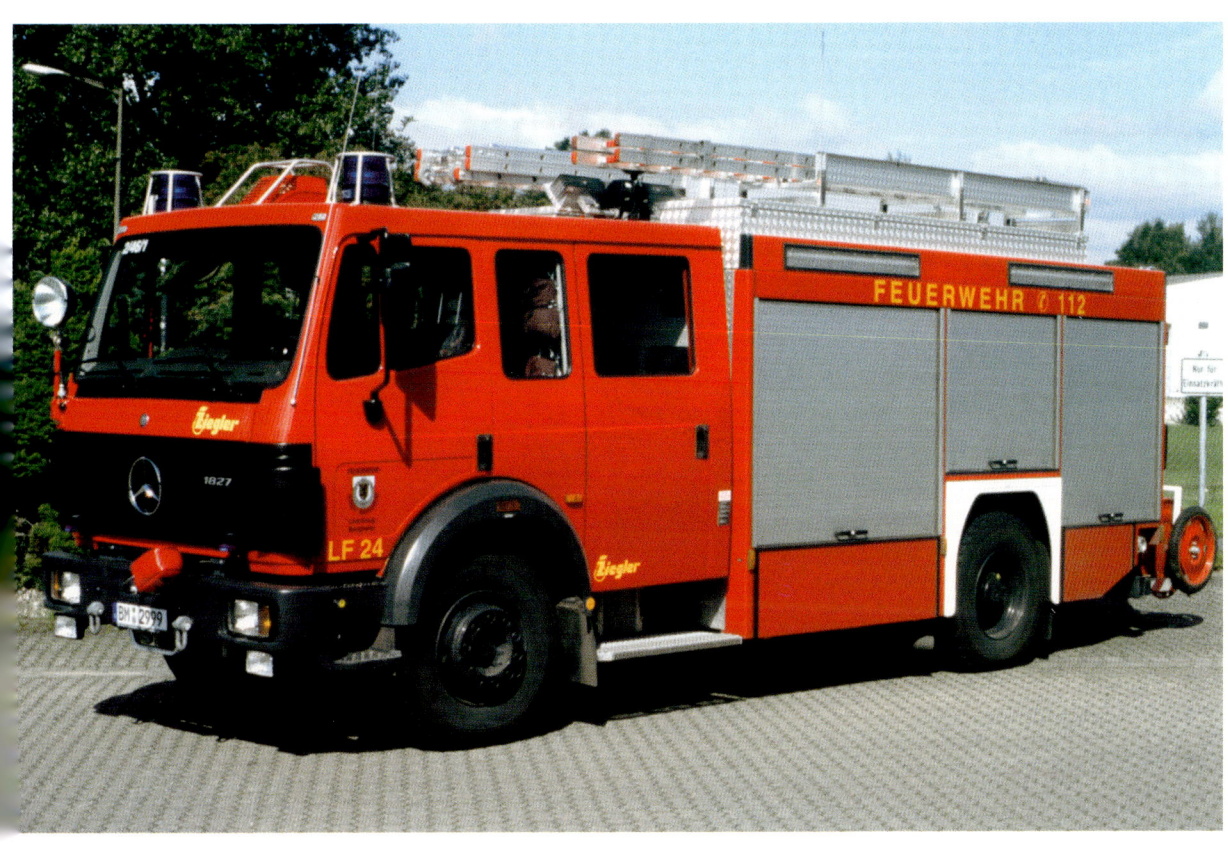

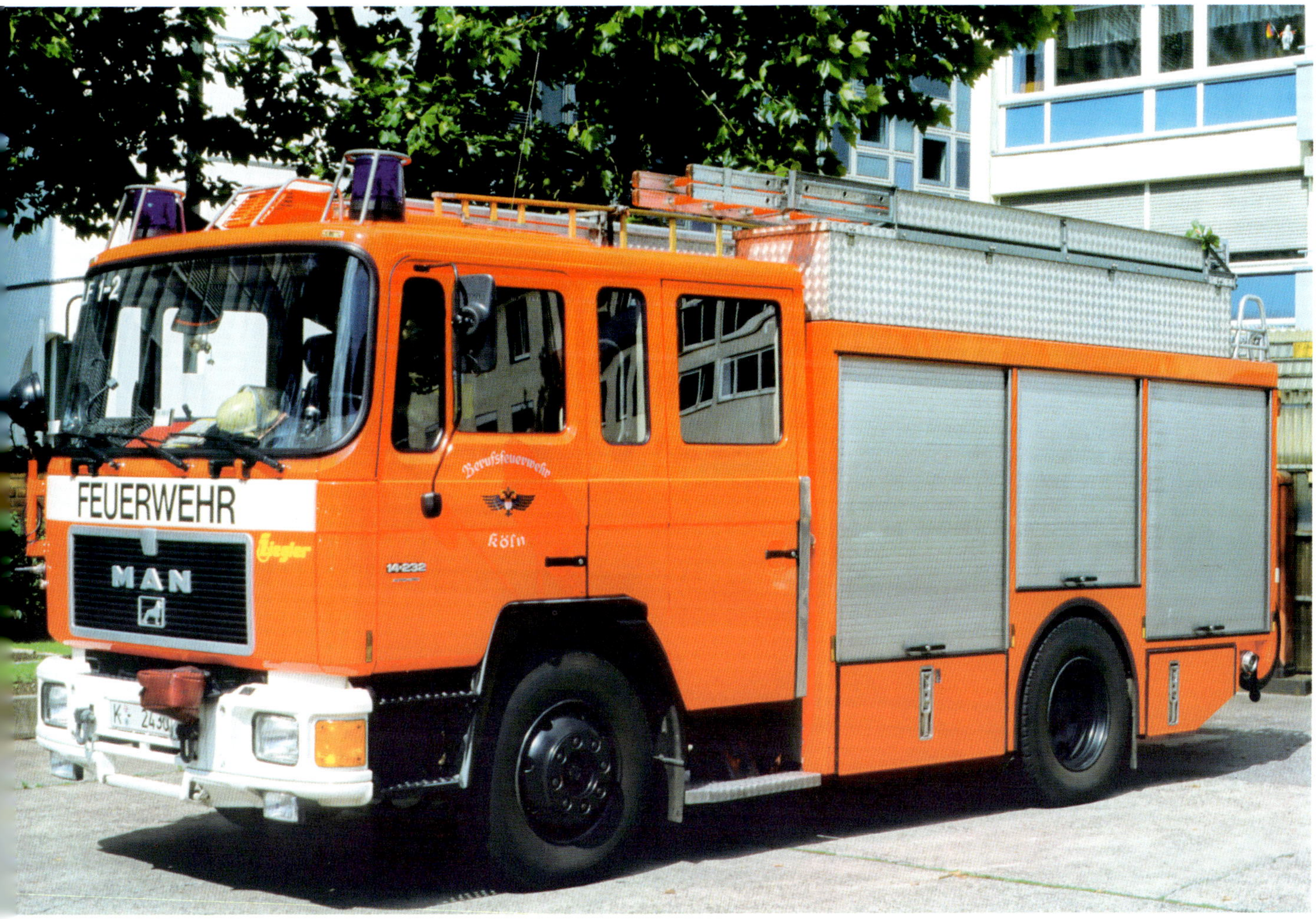
FEUERWEHR
MAN
Ziegler
Berufsfeuerwehr
Köln
14.232

LF
LF 8
LF 8/6
LF 16
LF 16/12
LF 16 TS
KS 25
LF 24
HLF
sonstige LF

Berufsfeuerwehr Düsseldorf

▼ Sieben identische LF 24 lieferte Magirus 1996 und 1997 auf Iveco 150 E 27 mit Automatikgetriebe nach Düsseldorf. Eingebaut sind eine 2400 l/min leistende Pumpe, ein 1600 Liter Wasser fassender Löschwassertank und ein 20-kVA-Generator. Auf eine Winde wurde verzichtet.

Freiwillige Feuerwehr Kerpen

▶ Seit 1996 rückt die Kerpener Wehr mit einem Löschgruppenfahrzeug LF 24 auf MAN 19.342 FC aus. Die 2400 l/min leistende Pumpe stammt von Rosenbauer. Im Aufbau von Schlingmann stecken Behälter für 1600 Liter Wasser und 200 Liter Schaummittel, ein 18-kVA-Generator und ein Lichtmast.

Freiwillige Feuerwehr Düren

▶ Löschfahrzeuge auf dem Mercedes-Benz-Actros-Fahrgestell sind selten. Im Jahr 2000 stellte die Feuerwehr Düren ein Löschgruppenfahrzeug LF 24 auf dem Typ 1831 in Dienst. Es führt 1600 Liter Wasser und 200 Liter Schaummittel mit sich. Eingebaut sind eine hydraulische 50-kN-Seilwinde und ein 20 kVA leistender Generator.

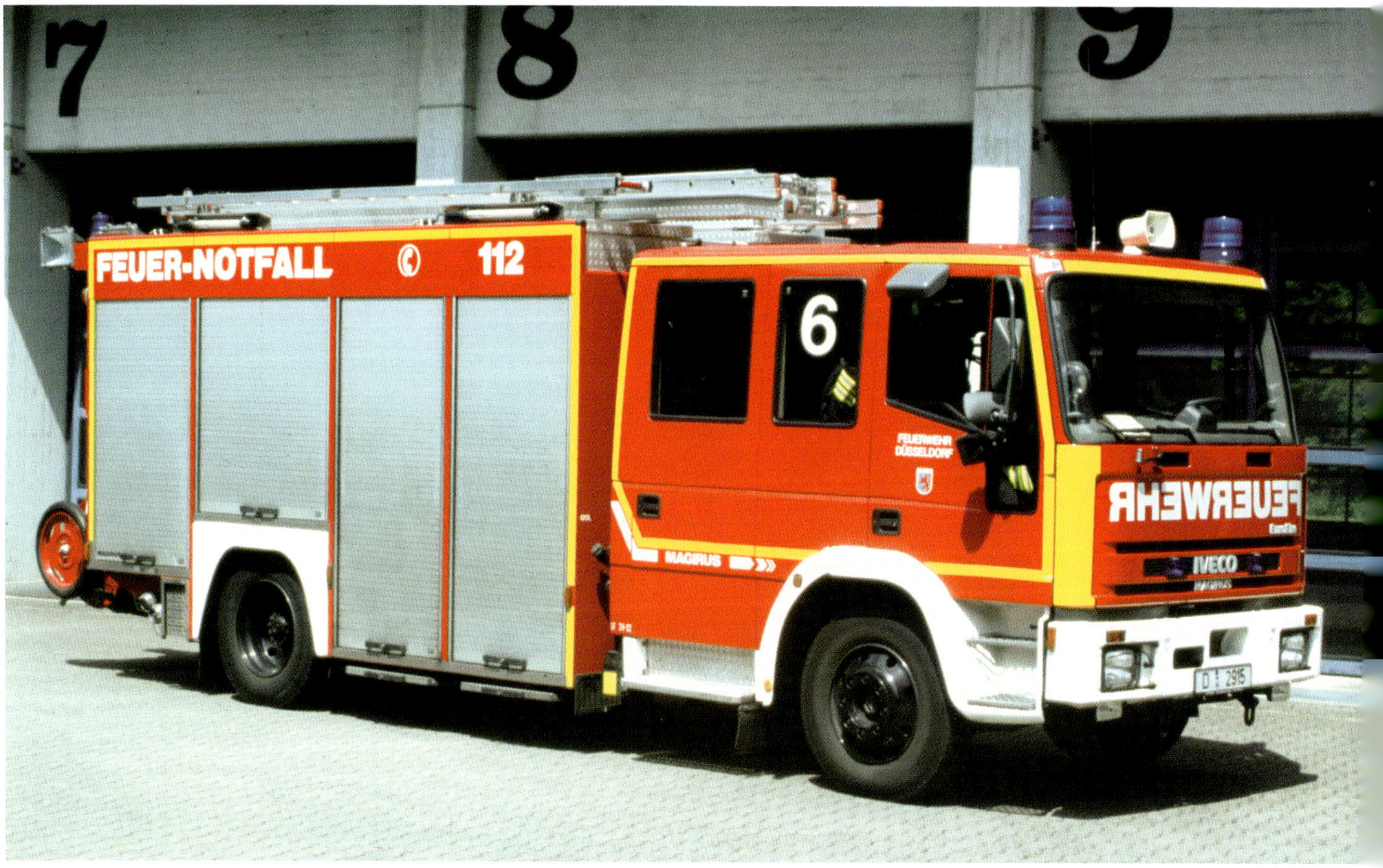

FEUERWEHR
112
FEUERWEHR
MAN
Stadt Kerpen
FEUERWEHR

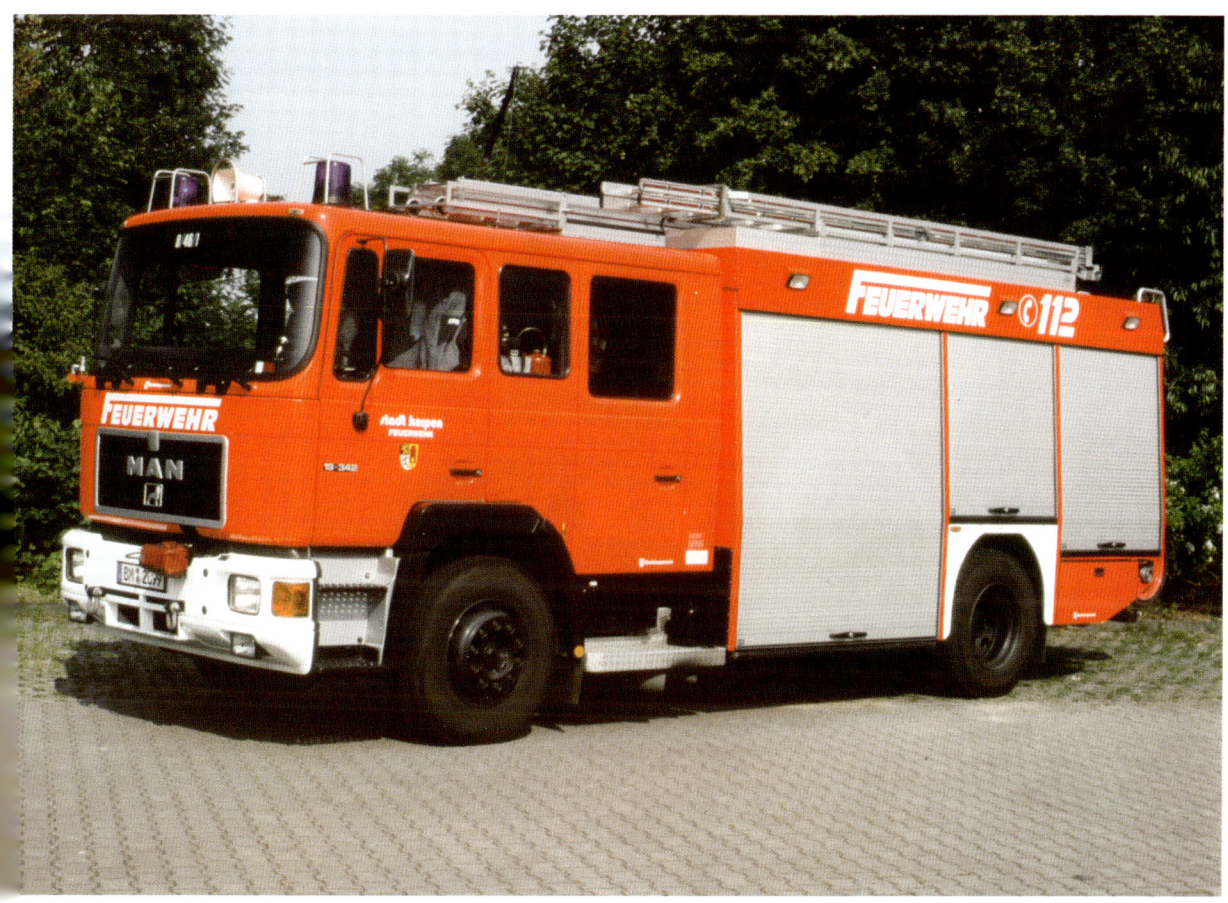

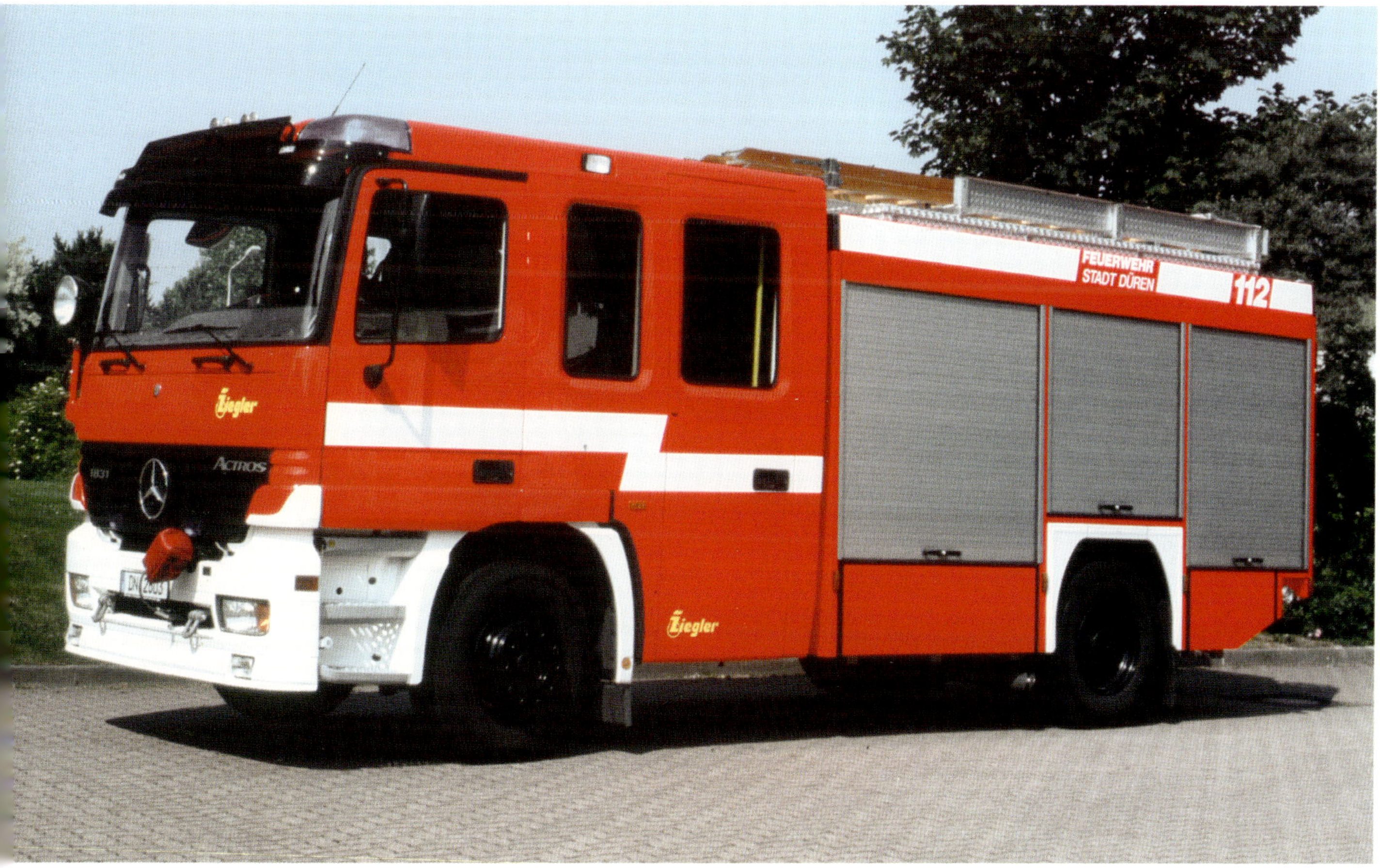
FEUERWEHR
STADT DÜREN
112
Ziegler
ACTROS
Ziegler

LF
LF 8
LF 8/6
LF 16
LF 16/12
LF 16 TS
KS 25
LF 24
HLF
sonstige LF

Bahnfeuerwehr Hof

▲ Als Nachfolger für die Löschgruppenfahrzeuge LF 16/LP stellte die Deutsche Bundesbahn das Löschgruppenfahrzeug LF 24-TH (Technische Hilfeleistung) auf Iveco 120-25 AW in Dienst. 1800 Liter Wasser, 200 Liter Schaummittel, eine 50-kN-Seilwinde sowie Geräte zur Bekämpfung von Gefahrgutunfällen werden mitgeführt. Das 1990 gebaute LF 24-TH kam nach der Auflösung der Bahnfeuerwehren 1998 zur Freiwilligen Feuerwehr Reichertshofen.

Freiwillige Feuerwehr Zella-Mehlis

▶ Die Deutsche Bahn übergab 1999 die ersten Löschgruppenfahrzeuge LF 24 an Wehren, die in ihrem Einsatzgebiet längere Eisenbahntunnel zu betreuen haben. Die Besonderheit ist die Schienenfahreinrichtung von der Firma Zweiweg-Schneider. Das erste Fahrzeug, von Magirus auf einem Iveco EuroFire 190 E 30 W aufgebaut, steht am Brandleitetunnel.

Freiwillige Feuerwehr Zella-Mehlis

▶ Die Geräte für die Brandbekämpfung sind auf der rechten Seite untergebracht. Der Bedienstand der 2400 l/min leistenden Pumpe liegt hinter einer Klappe neben der Mannschaftsraumtür. Ein Teil der Beladung ist auf Rollwägen befestigt, die mit Spurkranzrädern auf den Gleisen geschoben werden können.

FEUERWEHR ZELLA-MEHLIS
Straße
112
Schiene
FEUERWEHR
IVECO
MAGIRUS

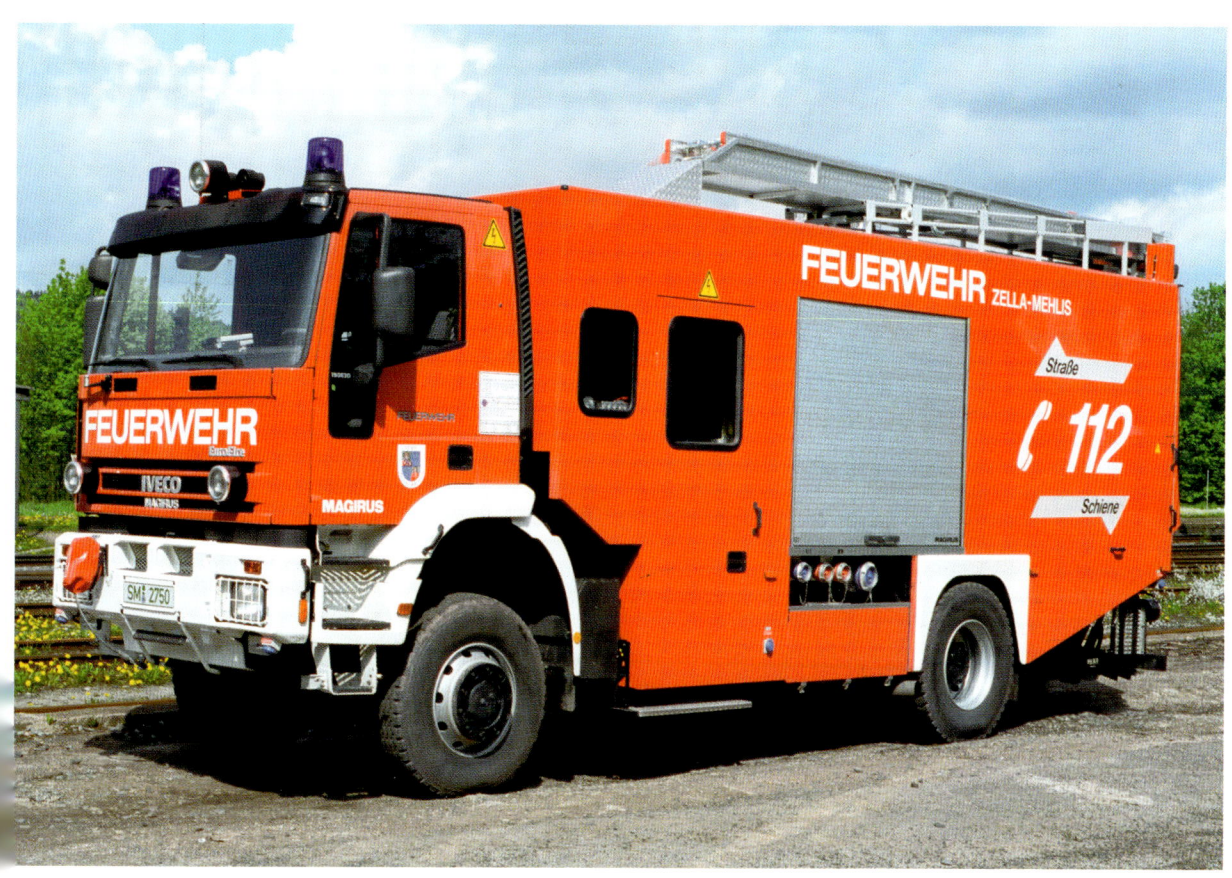

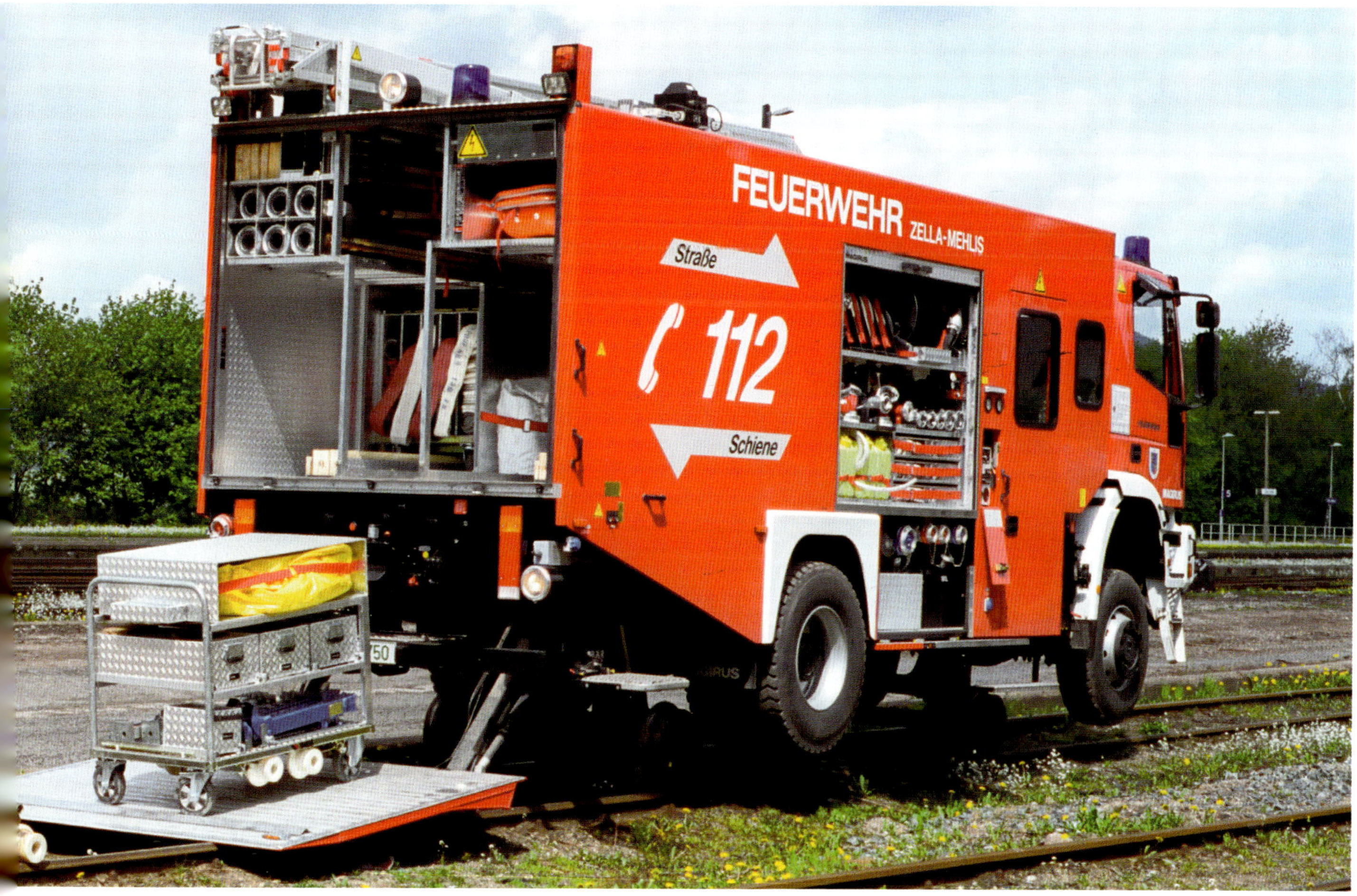
FEUERWEHR ZELLA-MEHLIS
Straße
112
Schiene

LF
LF 8
LF 8/6
LF 16
LF 16/12
LF 16 TS
KS 25
LF 24
HLF
sonstige LF

Eierlegende Wollmilchsau – wer kennt nicht diesen Begriff, der aussagt, dass alle Einsatzanforderungen mit einem Fahrzeug abgedeckt werden sollten. So entwickelten viele Großstadtwehren und Werkfeuerwehren Kombinationsfahrzeuge für die Brandbekämpfung und technische Hilfeleistung, die auf ihre örtlichen Belange exakt zugeschnitten sind. Da sie nicht den Vorgaben des Löschgruppenfahrzeuges LF 24 entsprechen, werden sie in der großen Gruppe der Hilfeleistungslöschfahrzeuge HLF einsortiert.

Werkfeuerwehr Technische Universität München

Fahrzeugtyp	HLF 24/20-3
Hersteller	Mercedes-Benz
Fahrgestell	Econic 1828 LL
Motorleistung	280 PS
zulässiges Gesamtgewicht	18 000 kg
Aufbauhersteller	Magirus
Pumpenleistung	2400 l/min bei 8 bar
	mit Druckluftschaumanlage
Löschmittel	2 000 l Wasser
	100 l Schaummittel Class A
	200 l Schaummittel AFFF
Stromerzeuger	18 kVA
Besatzung	6 Personen
Baujahr	2003

Werkfeuerwehr Technische Universität München

▲◀ Die Luftfederung des Mercedes-Benz Econic 1828 LL ermöglicht, das Hilfeleistungslöschfahrzeug HLF für einen niedrigen Ausstieg abzusenken.

Werkfeuerwehr Technische Universität München

▲ Von dem Omnibus bekannte Schwenktüren erleichtern den
Einstieg in den Mannschaftsraum. Neben dem Pumpenstand
befindet sich das Bedientableau für den Stromerzeuger. Der
Schaum-Wasserwerfer auf dem Dach lässt sich hochklappen.

Berliner Feuerwehr

▼ Kompakt und wendig sollen die Fahrzeuge sein, die in einer engen Innenstadt überall durchkommen. Mit 2,3 Metern sind die so genannten City-LHF (Lösch- und Hilfeleistungsfahrzeuge) um 20 Zentimeter schmäler als herkömmliche Löschfahrzeuge. Die Berliner Feuerwehr konzipierte ein ihren Anforderungen entsprechendes Fahrzeug. In großer Anzahl beschaffte sie diesen Fahrzeugtyp auf MAN-Fahrgestellen mit Straßenantrieb. Die Aufbauten stammen von verschiedenen Herstellern, hier von Ziegler. Dieser 1994 gebaute MAN 10.224 LC hat 1200 Liter Wasser und 100 Liter Schaummittel an Bord.

Berliner Feuerwehr

▶ Zwischen all den MAN läuft seit 2002 auf der Wache Suarez als Einzelstück ein Mercedes-Benz Atego 1225 F mit Aufbau der Firma Rosenbauer. Die angesetzte Mannschaftskabine stellt der MAN-Servicebetrieb in Wittlich aus Aluminiumwabenplatten her.

Berliner Feuerwehr

▶ Der Schwerpunkt der Beladung der Lösch-Hilfeleistungsfahrzeuge LHF liegt auf der rechten Fahrzeugseite bei der technischen Hilfeleistung. Sie umfasst unter anderem ein hydraulisches Kombi-Rettungsgerät, Stromerzeuger, Kettensäge, Motortrennschleifer oder Tauchpumpe.

m mittleren Geräteraum
ind vier Rollgleiter erkennbar, mit denen nicht rollfähi-
e Fahrzeuge umgesetzt
verden können. Unter der
chnellangriffseinrichtung im
interen Geräteraum des
003 von Rosenbauer auf
inem MAN 10.225 gebau-
en LHF ist der Drucklüfter
erstaut.

Berufsfeuerwehr Dresden

▼ Als Vorauslöschfahrzeug VLF 16/16 bezeichnet die Dresdner Feuerwehr die vier 1996 bei der Firma Metz aufgebauten Mercedes-Benz 1124 F. Mit 6,4 Metern Länge, 2,35 Metern Breite und 3,15 Metern Radstand entstand für den Einsatz im Stadtgebiet ein kompaktes und wendiges Fahrzeug. Der GFK-Tank fasst 1600 Liter Wasser.

Berufsfeuerwehr Dresden

▶ Ein großer Rollladen legt im Heck den Pumpenbedienstand und die Beladung frei. Die Pumpe leistet 1600 l/min bei 8 bar und im Hochdruckbetrieb 300 l/min bei 40 bar.

Berufsfeuerwehr München

▶ Zwei von 29 baugleichen Hilfeleistungslöschfahrzeugen HLF 16 stehen vor zwei der bekanntesten Münchner Bauwerke: Olympiastadion und Olympiaturm. Im Mai 1995 nahmen die 220 PS starken MAN ihren Dienst in allen Löschzügen der Berufsfeuerwehr und in einigen Abteilungen der Freiwilligen Feuerwehr auf. 1200 Liter Wasser, 200 Liter Schaummittel, hydraulisches Rettungsgerät, Wassersauger, Ölbinder oder Defibrillator sind nur einige Punkte der Beladung. Bei Feuer, technischer Hilfeleistung oder als First-Responder sind diese HLF 16 unterwegs.

LF
LF 8
LF 8/6
LF 16
LF 16/12
LF 16 TS
KS 25
LF 24
HLF
sonstige LF

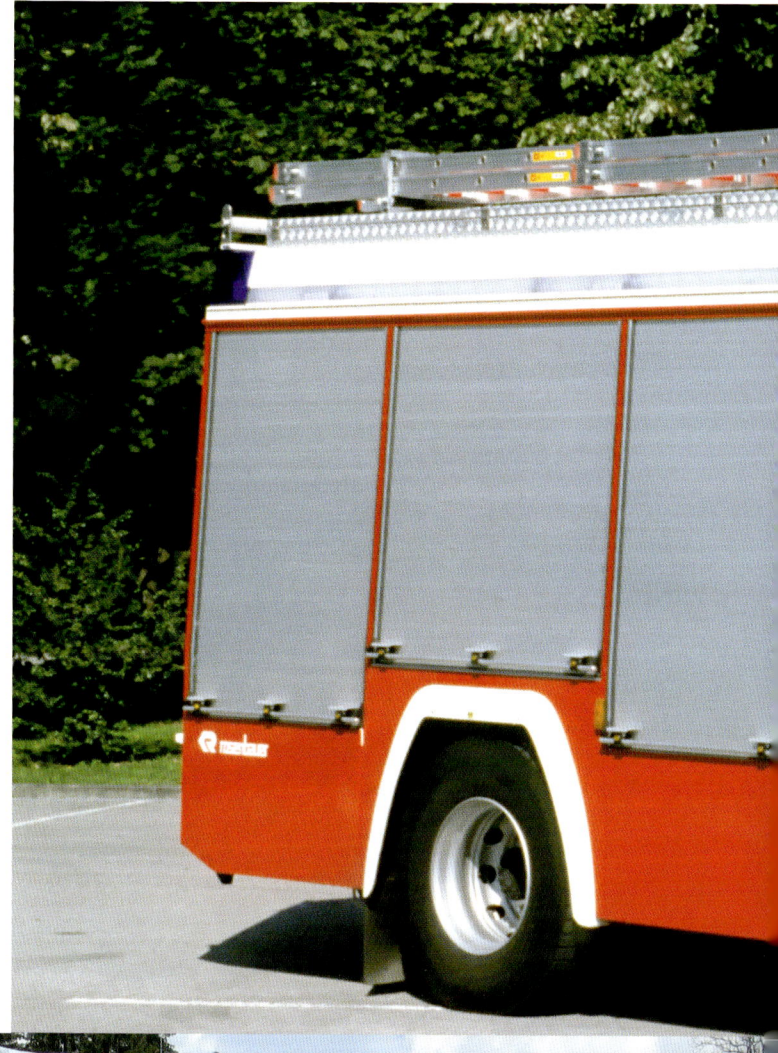

Freiwillige Feuerwehr Oberstdorf

Deutschlands südlichste Gemeinde suchte ein geländefähiges Fahrzeug für den Einsatz im Gebirge. Aus der Schweiz stammen Fahrzeug und Aufbau des Hilfeleistungslöschfahrzeuges.

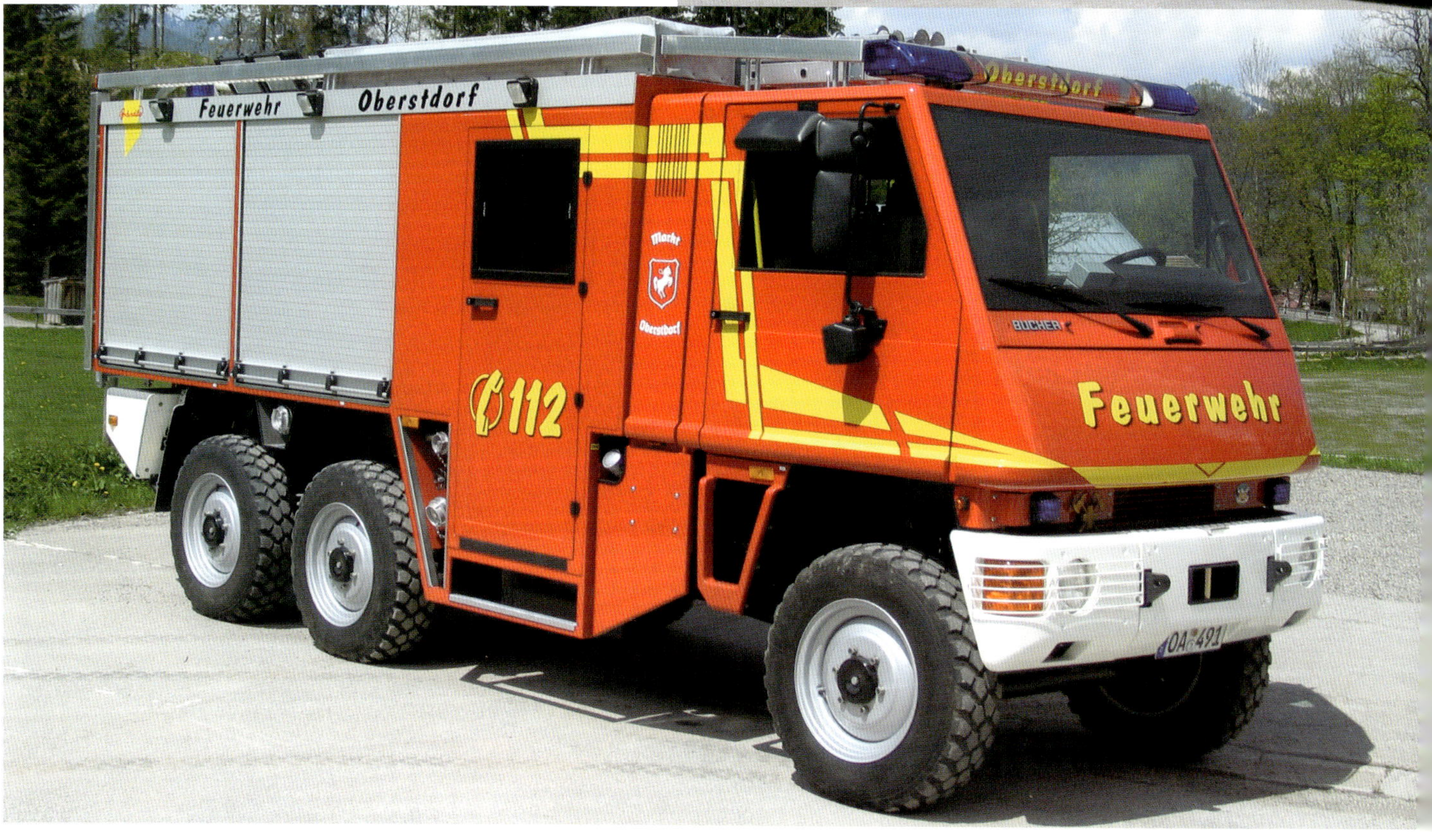

Werkfeuerwehr Philips, Semiconductors Böblingen

▲ Gewöhnungsbedürftig ist der Anblick dieses 2002 gebauten Hilfeleistungslöschfahrzeuges HLF, denn Rosenbauer integrierte die Kabine in den Aufbau. Mit angelegtem Atemschutzgerät erleichtert diese Konstruktion den Ausstieg. Hinter der Heckklappe findet der Maschinist den Bedienstand für die Pumpe und den 29-kVA-Generator.

eiwillige Feuerwehr Oberstdorf	
ahrzeugtyp	HLF
ersteller	Bucher/Mowag
hrgestell	Duro 6x6
otorleistung	160 PS
lässiges Gesamtgewicht	8 000 kg
ufbauhersteller	Brändle
mpenleistung	900 l/min bei 11 bar
schmittel	480 Liter Wasser
romerzeuger	20 kVA
satzung	8 Personen
ujahr	2004

LF
LF 8
LF 8/6
LF 16
LF 16/12
LF 16 TS
KS 25
LF 24
HLF
sonstige LF

Werkfeuerwehr Laubag Schwarze Pumpe

◀ In den Abgasstrahl eines Düsenjägertriebwerkes wird Wasser eingesprüht. So lassen sich Gas-, Wald- und Flächenbrände löschen, Anlagen und Tanks kühlen, Gaswolken niederschlagen und Industrieanlagen auftauen. 1984 baute die Betriebsfeuerwehr im Energiekombinat „Schwarze Pumpe" ein Abgaslöschfahrzeug auf LA W 50 auf.

Im Jahr 2000 wurde die Anlage auf ein gebrauchtes MAN-17.232-FA-Allradchassis von 1993 umgesetzt. Hinter den Fahrerhaus befindet sich der Kerosintank.

Berufsfeuerwehr München

▲ Für kräftigen Wind sorgen die Großlüfter. Etwa 3 300 Kubikmeter je Minute bläst der Ventilator in einen Straßentunnel oder in eine Fabrikhalle, damit der Rauch schnell abzieht. Zwei Mercedes-Benz Atego 1018 beschaffte die Stadt München 2002, da im Stadtgebiet mehrere Straßentunnel bis 1,5 Kilometer Länge vorhanden sind.

Tanklöschfahrzeuge

F ür den erfahrenen Feuerwehrmann ist es ein beruhigendes Gefühl, mit einem Löschfahrzeug zum Feuer zu fahren, das neben der notwendigen Mannschaft und den erforderlichen Löschgeräten auch Wasser für den ersten Angriff mitführt. Die Zeit vom Anhalten des Fahrzeuges auf der Brandstelle bis zum Wassergeben kann dadurch auf ein Mindestmaß herabgedrückt werden. Andererseits aber ist eine beschränkte Brandbekämpfung auch da möglich, wo eine Löschwasserentnahmestelle nicht zur Verfügung steht." Mit diesen Sätzen beschrieb 1949 ein Kreisbrandinspektor die Aufgabe des Tanklöschfahrzeuges TLF und warb zugleich für ihre weite Verbreitung.

▼ Drei Tanklöschfahrzeuge der Feuerwehren Feldkirchen und Ottobrunn sichern eine Veranstaltung.
Von links: Trockentanklöschfahrzeug TroTLF 16 auf Magirus-Deutz 170 D 11 FA von 1974, zwei Zubringerlöschfahrzeuge ZB 6 auf Magirus-Deutz 200 D 16 von 1971 und von 1973.

Freiwillige Feuerwehr Oderwald

▶ Eine niedersächsische Spezialität bei der Ortsfeuerwehr Dorstadt: Hanomag F55, gebaut 1968 in Hannover, mit Aufbau der Firma Arve aus Springe als Tanklöschfahrzeug TLF 8 mit 1700 Liter Wassertank.

Feuerschutzpolizei Nürnberg

▼ Zum Schutz der Parteiveranstaltungen des Dritten Reichs kam in Nürnberg eine Tankkraftspritze auf Daimler-Benz LGS 3000 6x4 zum Einsatz. Metz lieferte 1938 das Tanklöschfahrzeug mit 2000 Litern Wasser und 200 Litern Schaummittel sowie 2500 l/min leistender Vorbaupumpe.

Die kleinste Variante der Tanklöschfahrzeuge war das TLF 8 mit Truppbesatzung. Mit maximal 7,49 Tonnen Gesamtgewicht reichte zum Fahren der alte Pkw-Führerschein. Je nach Ausführung fasste der Tank 800 bis 2500 Liter Wasser.

Freiwillige Feuerwehr Martinszell

▲ Wendig und geländegängig sollten die Tanklöschfahrzeuge TLF 8 im Katastrophenschutz sein. Das ideale Fahrzeug dafür war der Unimog S, von dem etwa 1800 hergestellt und in großer Stückzahl bei den deutschen Wehren stationiert wurden. Alleine im Aufbau sitzt die dritte Einsatzkraft.

Freiwillige Feuerwehr Wrohm

▲ Die Aufbauten mit 800-Liter-Tank fertigten die Firmen Magirus und Voll. Die Pumpe – offiziell als FP 8/8 bezeichnet, aber 1600 l/min leistend – lieferte Ziegler. 1960 wurde dieses Tanklöschfahrzeug TLF 8 gebaut.

reiwillige Feuerwehr cholen

▶ Geländegängige Tanklöschfahrzeuge TLF 8 rfreuen sich wegen der ausedehnten Waldgebiete in iedersachsen großer Beebtheit. 1961 baute die rma Graaff aus Elze dieses LF 8 auf einem Borgward uf. Der Tank fasst 500 Liter.

TLF
TLF 8
TLF 16 T
TLF 16
TLF 24/50
sonstige TLF

Freiwillige Feuerwehr Wackersberg

▲ In den siebziger Jahren kannte man den österreichischen Hersteller Rosenbauer nur als Spezialisten für Sonder- und Flugfeldlöschfahrzeuge. Ein für die Bergregion geeignetes Tanklöschfahrzeug TLF 8/13 mit 1 300 Liter fassendem Tank auf Mercedes-Benz Unimog U 416 fand die bayerische Wehr 1976 bei Rosenbauer.

Feuerwehr Hanau, Abteilung Steinheim

▶ Wendig und kompakt sollte es sein, das Ersteinsatzfahrzeug für die Altstadt und die verkehrsberuhigten Zonen des Hanauer Stadtteiles Steinheim. Die Abmessungen des Tanklöschfahrzeugs TLF 10/8-1 lauten 2,2 Meter breit, 6,3 Meter lang und 3,75 Meter Radstand.

Feuerwehr Hanau, Abteilung Steinheim	
Fahrzeugtyp	TLF 10/8-1
Hersteller	Iveco
Fahrgestell	Turbo Daily 50 C 13 D
Motorleistung	125 PS
zulässiges Gesamtgewicht	5 300 kg
Aufbauhersteller	Magirus
Pumpenleistung	1000 l/min bei 10 bar
Löschmittel	800 Liter Wasser
	100 Liter Schaummittel
Besatzung	5 Personen
Baujahr	2000

Feuerwehr Hanau, Abteilung Steinheim

▼ Über dem Pumpenbedienstand lagert die Steckleiter im Aufbau. Die Atemschutzgeräte sind nicht nur im Aufbau untergebracht, sondern auch im Mannschaftsraum. Zwei Einsatzkräfte rüsten sich damit bei der Anfahrt zur Einsatzstelle aus.

Tanklöschfahrzeuge

TLF
TLF 8
TLF 16 T
TLF 16
TLF 24/50
sonstige TLF

In Niedersachsen entstand 1970 der Typ Tanklöschfahrzeug TLF 8-S. Ziel war, nach Streichung der Ausführung mit Truppkabine aus der Norm, weiterhin ein kostengünstiges TLF anzubieten, das über einen großen Wassertank verfügt. Zudem sollte man es bei einem zulässigen Gesamtgewicht von maximal 7,49 Tonnen mit dem Pkw-Führerschein fahren dürfen. Drei TLF 8-S zeigt diese Doppelseite.

Freiwillige Feuerwehr Hesel

► Die 1991 erloschene Karosseriefirma Arve in Springe überraschte oft mit ungewöhnlichen Ideen. Anstelle von störenden Klapp- oder Falttüren ist eine Schiebetür eingebaut. Sie wird nach vorne neben den 3 000 Liter fassenden Tank geschoben. Das Tanklöschfahrzeug TLF 8-S auf Mercedes-Benz LAF 911 B wurde 1976 gebaut.

Freiwillige Feuerwehr Wallerfangen

► Nach 20 Dienstjahren kam 1996 dieses Tanklöschfahrzeug TLF 8-S aus Osterode im Harz ins Saarland zum Löschbezirk Ittersdorf. Der Mercedes-Benz LAF 911 B mit Aufbau von Ziegler transportiert 2400 Liter.

Freiwillige Feuerwehr Grasleben

▼ Die Ortsfeuerwehr Mariental setzt ein Tanklöschfahrzeug TLF 8-S auf Mercedes-Benz LP 813 ein. Der 1973 von Ziegler gefertigte Aufbau fasst 2400 Liter Wasser.

TLF
TLF 8
TLF 16 T
TLF 16
TLF 24/50
sonstige TLF

Nach den katastrophalen Waldbränden im Sommer 1975 entwickelte Niedersachsen das Tanklöschfahrzeug TLF 8 W für Waldbrandeinsätze. Die hohen Anforderungen an die Geländeeigenschaften erfüllte nur der Mercedes-Benz Unimog U 1300 L. Um während der Fahrt zu löschen, öffnet der Beifahrer die Dachluke. Griffbereit liegt für ihn auf dem Aufbaudach ein kurzer Schlauch mit Strahlrohr bereit.

Freiwillige Feuerwehr Lübeck

▲ Üblicherweise haben Tanklöschfahrzeuge TLF 8 eine Truppbesatzung von drei Einsatzkräften. Die Stadt Lübeck stellte jedoch mehrere TLF 8 mit einer Doppelkabine auf dem Mercedes-Benz Unimog U 1300 L in Dienst. Dadurch verringerte sich der Inhalt des Wassertanks von 1800 auf 1200 Liter Wasser. Bei der Abteilung Israelsdorf ist ein 1986 von Metz aufgebautes TLF 8 stationiert.

Freiwillige Feuerwehr Parsau/Ahnebeck

◀ Schlingmann baute 1979 das TLF 8 W, das bei der Stützpunktfeuerwehr Parsau/Ahnebeck zusammen mit einem Löschgruppenfahrzeug LF 8 – siehe Seite 101 – ausrückt.

TLF
TLF 8
TLF 16 T
TLF 16
TLF 24/50
sonstige TLF

Freiwillige Feuerwehr Pegnitz

▼ Im Gegensatz zu Niedersachsen sind Tanklöschfahrzeuge TLF 8 in Bayern selten beschafft worden. Die Fahrzeugstatistik des Deutschen Feuerwehrverbandes von 2002 nennt für Bayern 138 TLF 8, für Niedersachsen 591 Stück. In der Fränkischen Schweiz läuft ein 1985 gebautes TLF 8/18 auf Iveco 75-16 AW.

Freiwillige Feuerwehr Wieda

▶ Im Wettbewerb mit dem Mercedes-Benz Unimog entschieden sich einige Wehren für den MAN-VW. Die Ortsfeuerwehr Wieda stellte 1993 ein Tanklöschfahrzeug TLF 8/18 auf MAN-VW 8.150 FAE mit Aufbau von Schlingmann in Dienst.

Freiwillige Feuerwehr Rosdorf

▶ Obwohl die Norm für das Tanklöschfahrzeug TLF 8/18 bereits vor Jahren zurückgezogen wurde, wird in Niedersachsen noch die Beschaffung bezuschusst. Magirus baute im Jahr 2000 ein TLF 8/18 auf MAN 8.163 LC-Fahrgestell für die Ortsfeuerwehr Obernjesa.

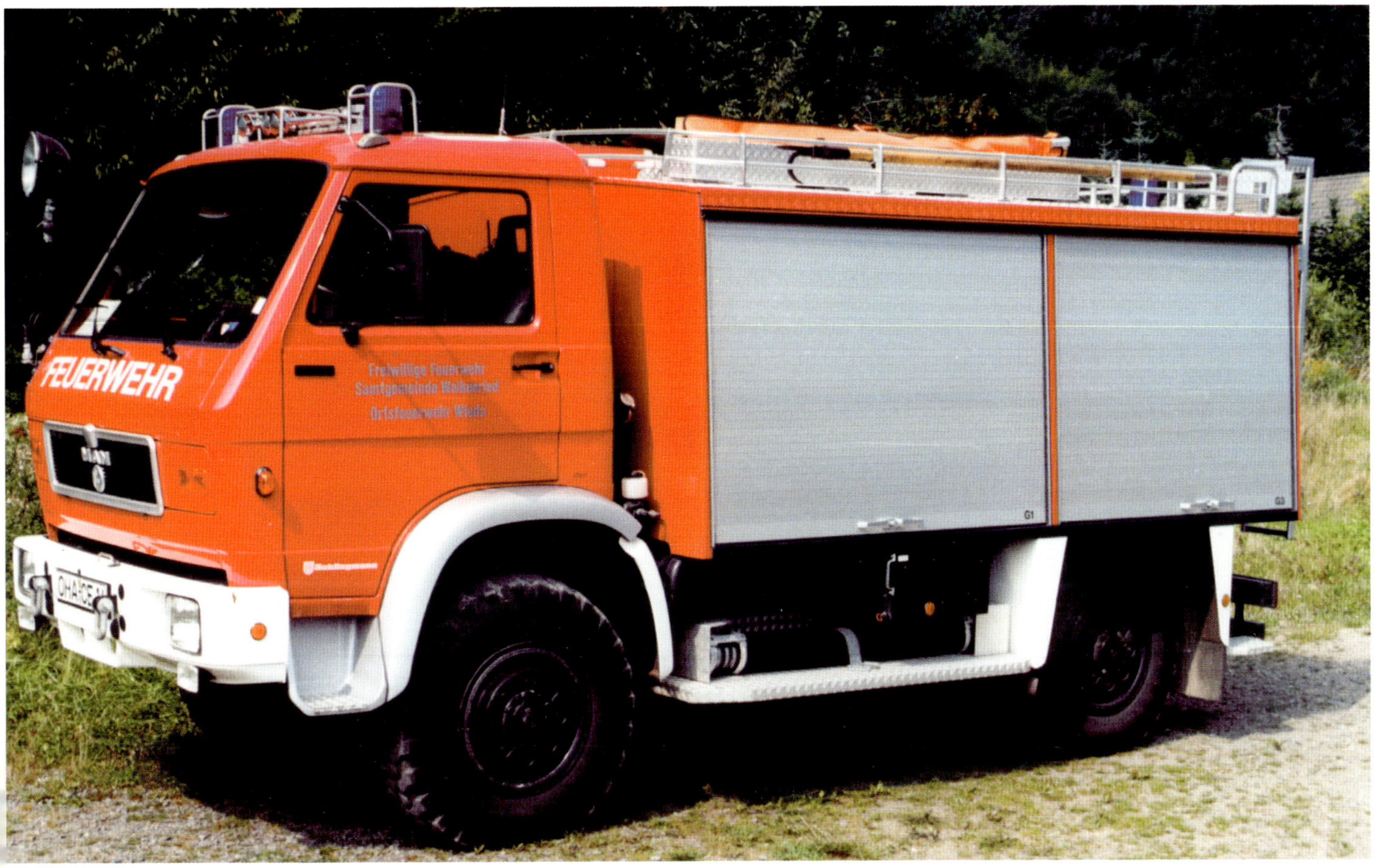
FEUERWEHR

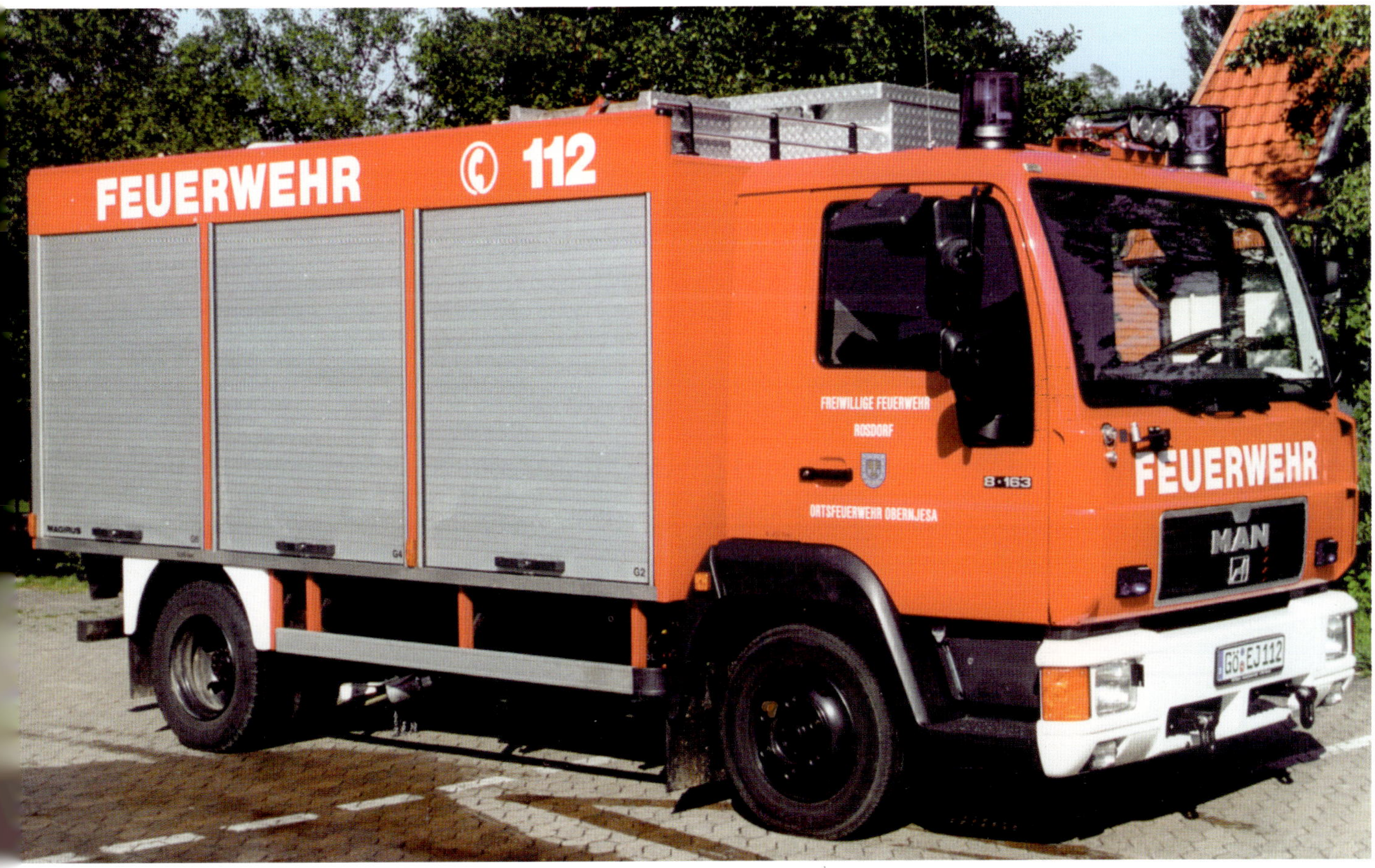
FEUERWEHR
112
FREIWILLIGE FEUERWEHR
ROSDORF
ORTSFEUERWEHR OBERNJESA
8.163
FEUERWEHR
MAN

Tanklöschfahrzeuge

Der Zusammenbruch der Wasserversorgung aus dem Hydrantennetz im Bombenhagel des Zweiten Weltkrieges weckte schlagartig den Bedarf nach Tanklöschfahrzeugen. Die einfache, aber zweckmäßige Konstruktion bestand aus einem Lastwagen mit Serienfahrerhaus, Tank und Pumpe. Während in der Nachkriegszeit viele Wehren das TLF 16 als umfassendes Einsatzfahrzeug mit Mannschaft von sechs Einsatzkräften, Gerät und Wassertank sahen, favorisierte Niedersachsen das Tanklöschfahrzeug mit Truppbesatzung TLF 16 T. Bei der Überlandhilfe und bei Wald- und Heidebränden sollte es vor allem Wasser zu Einsatzstelle bringen. Der Verzicht auf die Mannschaftskabine kam der Nutzlast zugute. 2800 statt 2400 Liter Wasser transportiert das TLF 16 T.

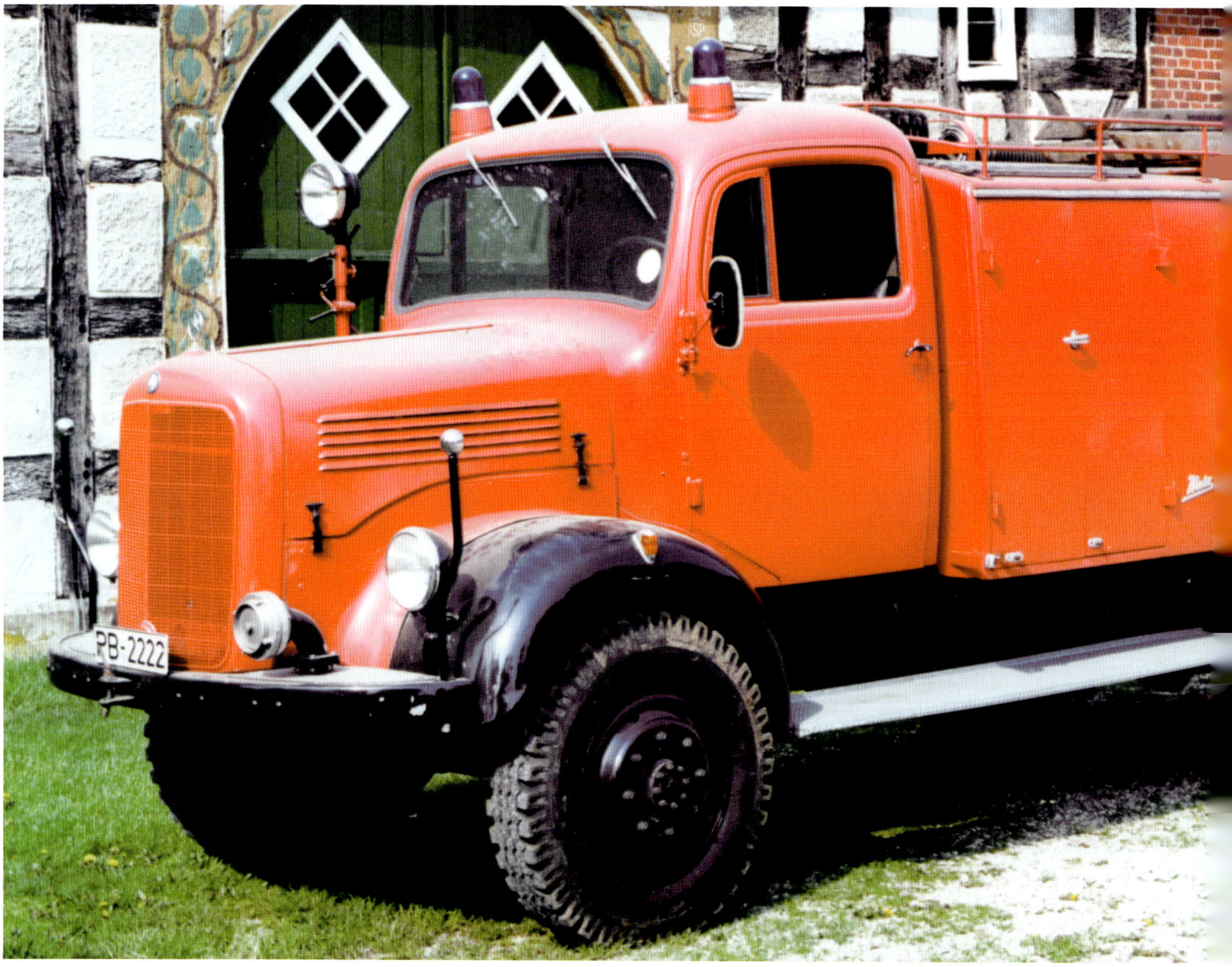

Freiwillige Feuerwehr Delbrück

◄ Nach niedersächsischem Vorbild beschaffte 1954 die in Nordrhein-Westfalen liegende Stadt Delbrück ein Tanklöschfahrzeug TLF 16 T. Der Mercedes-Benz LAF 311 hat einen Metz-Aufbau mit 3 000-Liter-Tank. 1988 wurde es durch ein Tanklöschfahrzeug TLF 24/50 ersetzt und blieb als Oldtimer in der Wehr erhalten.

Freiwillige Feuerwehr Böklund

▲ Brennt ein mit Reet gedecktes Gehöft, ist viel Wasser erforderlich. Metz baute 1974 dieses Tanklöschfahrzeug TLF 16 T auf einem Mercedes-Benz LAF 1113 B.

TLF
TLF 8
TLF 16 T
TLF 16
TLF 24/50
sonstige TLF

**Betriebsfeuerwehr
Krankenhaus Altscherbitz,
Schkeuditz**

▲ Noch mit originalen DDR-Kennzeichen präsentierte sich im Frühjahr 1997 dieses Tanklöschfahrzeug TLF 15 dem Fotografen. Es entstand 1943 bei Magirus auf einem Klöckner-Humboldt-Deutz-Chassis S 3000. Bis zum Kriegsende schützte es die Werksanlagen des Flugzeugherstellers Siebel auf dem Flugplatz Halle/Leipzig. Danach gehörte es bis zum Ende der sechziger Jahre zum Fuhrpark der benachbart liegenden Feuerwehr Schkeuditz.

**Betriebsfeuerwehr
Krankenhaus Altscherbitz,
Schkeuditz**

▶ Kompromisslos auf die Einsatzaufgabe des Wassertransportes zugeschnitten war die Konstruktion des TLF 15 im Kriegsbaujahr 1943. Über der Pumpe ist der Schnellangriff am Heck angeordnet, beidseitig zwei Haspeln mit Rollschläuchen. Am Tank befestigt sind die Saugschläuche und Steckleitern. Kleine Gerätekästen nehmen die wichtigsten Armaturen auf.

**Freiwillige Feuerwehr
Heide**

▶ Das älteste Einsatzfahrzeug in der norddeutschen Kreisstadt Heide ist das Tanklöschfahrzeug TLF 16 T. Magirus lieferte 1966 den Magirus-Deutz 150 D 10 A.

FREIWILLIGE FEUERWEHR
HEIDE (HOLSTEIN)

Tanklöschfahrzeuge

Freiwillige Feuerwehr Graupa

◄ Für die Waldbrand-
bekämpfung stationierte
der Freistaat Sachsen bei
ausgewählten Wehren ein
Tanklöschfahrzeug TLF
16/45 W. Mit Einzelberei-
fung kommt es auf sandigen
Wegen gut voran. Die
Hauptaufgabe des Mercedes-
Benz 1124 AF mit Ziegler-
Aufbau von 1997 liegt im
Wassertransport. Deshalb
sind in den Geräteräumen
beidseitig des 4 500 Liter
fassenden Tanks nur wenige
Geräte verstaut.

Freiwillige Feuerwehr Graupa

◄ Im Heck des Tanklösch-
fahrzeuges TLF 16/45
W ist die 1600 l/min leistende Pumpe von Ziegler eingebaut. Rechts vorne sind die
Saugschläuche zu entneh-
men.

Freiwillige Feuerwehr Braunschweig

▲ Bei der Ortsfeuerwehr
Broitzem ist ein Tank-
löschfahrzeug TLF 16/24 Tr
auf Mercedes-Benz Atego
918 AF stationiert. Den Aufbau stellte Ziegler im Jahr
2001 her. Die Typbezeich-
nung weist auf die Pumpe
mit 1600 l/min Leistung,
den Tankinhalt von 2400
Litern und die Truppbesatzung von drei Einsatzkräften
hin.

TLF
TLF 8
TLF 16 T
TLF 16
TLF 24/50
sonstige TLF

Freiwillige Feuerwehr Schlieben

▼ An der Spitze im deutschen Waldbericht für 2003 liegt das
   Land Brandenburg mit 718 Bränden und 617 ha verbrann-
ter Fläche. Die weitläufigen Kiefernforste auf sandigen Böden
mit leicht brennbarer Bodenvegetation erklären die Einstufung
in der höchsten Waldbrandgefährdungsstufe Europas. Für diesen Zweck entstand das Tanklöschfahrzeug TLF 16/45 W Typ
Brandenburg. 4600 Liter Wasser transportiert dieser 1994
gebaute Iveco 135 E 23 4x4 mit Aufbau von Magirus.

Brandschutz- und Katastrophenschutzschule Heyrothsberge

▲ An der sachsen-anhalti-
nischen Feuerwehr-
schule üben die Lehrgangs-
teilnehmer mit einem
TLF 16/24 Tr auf Iveco
90-16, den Magirus 1992
lieferte.

TLF
TLF 8
TLF 16 T
TLF 16
TLF 24/50
sonstige TLF

Freiwillige Feuerwehr Springe

◀ MAN-Fahrzeuge waren in den siebziger Jahren bei den Feuerwehren erheblich seltener als heute. Der Einstieg in die Branche gelang MAN mit dem Hauben-Fahrgestell. 1971 ließ sich die Stadt Springe beim ortsansässigen Feuerwehrfahrzeughersteller Arve ein Tanklöschfahrzeug TLF 16 T auf MAN 450 HA-LF bauen.

Freiwillige Feuerwehr Borna

◀ Wald- und Ödlandbrände in aufgelassenen Braunkohlegruben oder in Aufforstungsflächen machten die Anschaffung eines Waldbrand-Tanklöschfahrzeuges TLF 16/45 W erforderlich. Es war 1998 das erste Fahrzeug in der Kombination MAN 14.224 LAEC und Schlingmann, das gemäß der Baurichtlinie Sachsen entstand.

Freiwillige Feuerwehr Pohlheim

▼ Der Löschzug Garbeteich setzt seit 2000 ein Tanklöschfahrzeug TLF 16/46 ein, das Schmitz auf einem MAN 14.224 LA-LF aufbaute. Es ist mit einer Druckluftschaumanlage ausgestattet.

TLF
TLF 8
TLF 16 T
TLF 16
TLF 24/50
sonstige TLF

Ankommen an der Brandstelle – Nebenabtrieb einlegen – Absitzen – Pumpe einkuppeln und hochfahren – Schnellangriffschlauch abrollen – Strahlrohr öffnen. Nach nur wenigen Handgriffen und in kurzer Zeit richtet sich der Wasserstrahl in die Flammen. Das ist der Vorteil des Tanklöschfahrzeuges TLF 16, das 2 500 Liter Wasser mitführt und einer Besatzung von sechs Einsatzkräften Platz bietet. Auf dem Dach lagern vier Steckleiterteile. Vom Konzept unverändert wird es so seit Ende der vierziger Jahre gebaut.

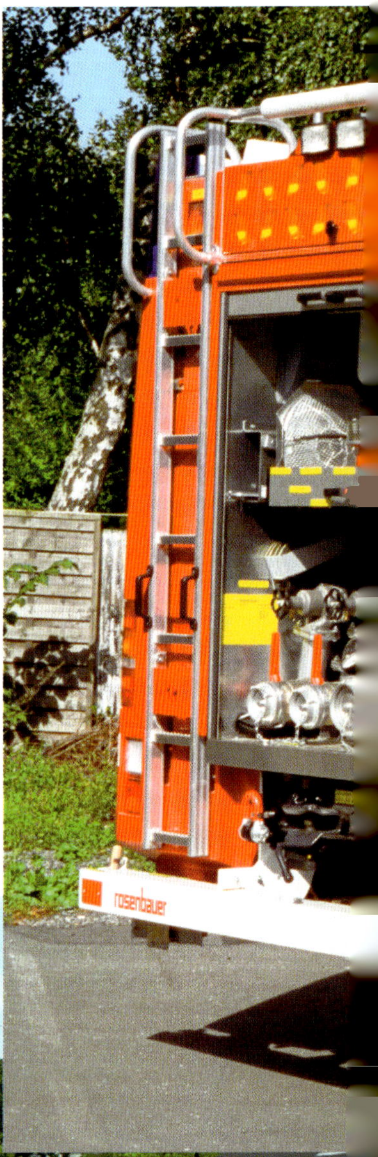

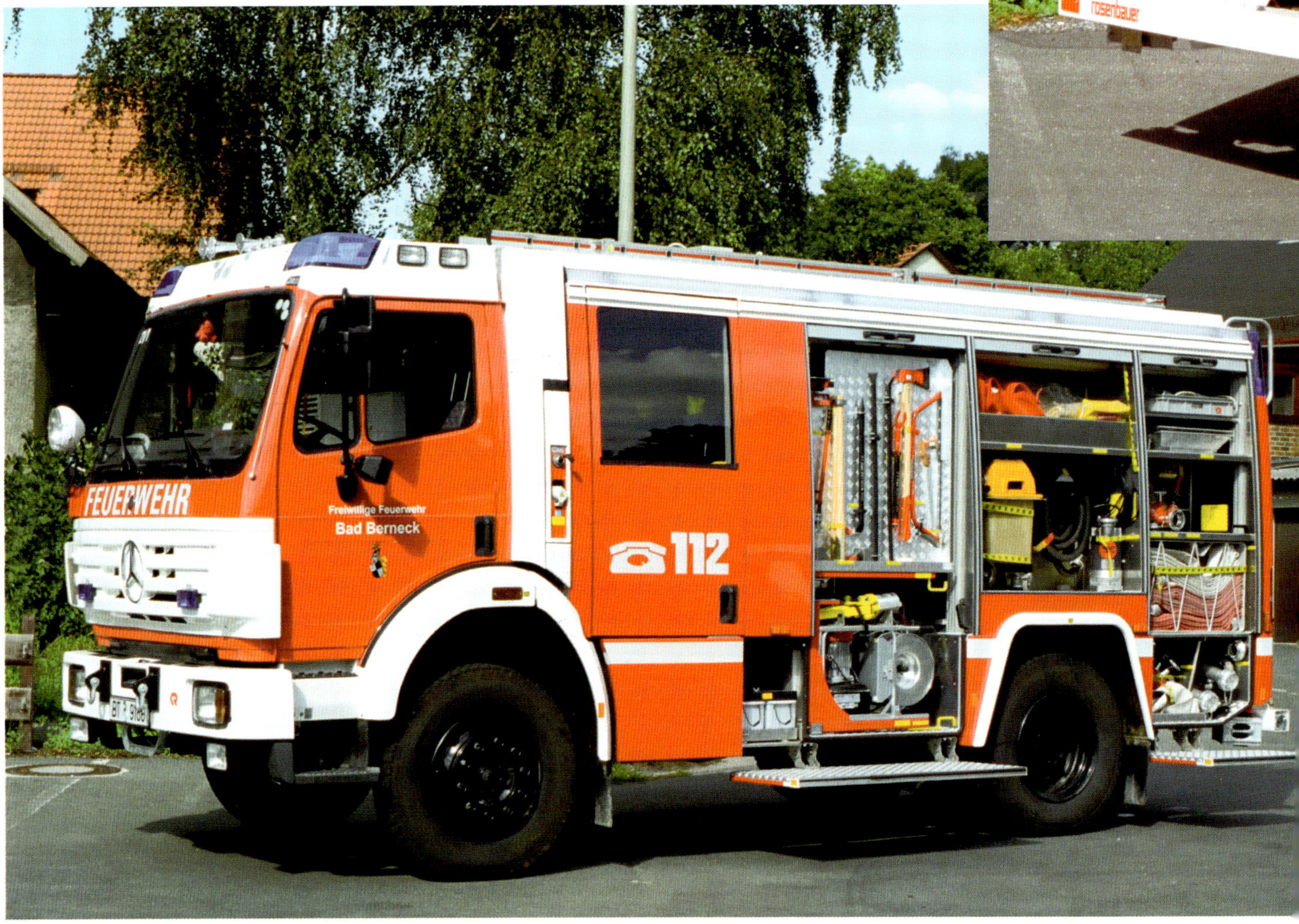

Freiwillige Feuerwehr Bad Berneck

▲ 1994 führte der österreichische Hersteller Rosenbauer für seine Aufbauten die Aluminiumtechnologie, abgekürzt mit AT, in. An die Stelle eines Stahlrohrrahmens, der mit Aluminiumblechen verkleidet wird, traten Aluminiumprofile und Alu-Sandwichbleche als tragende Elemente.

Freiwillige Feuerwehr Bad Berneck

▲ Zum Einsatzgebiet der Wehr gehören die viel befahrene Autobahn Nürnberg – Berlin und Bundesstraßen im Fichtelgebirge. Daher ist die Beladung zur technischen Hilfeleistung ergänzt worden: 8-kVA-Stromerzeuger, hydraulisches Rettungsgerät, Hebekissen bis 31,5 Tonnen Hubkraft und Greifzug.

Freiwillige Feuerwehr Bad Berneck	
Fahrzeugtyp	TLF 16
Hersteller	Mercedes-Benz
Fahrgestell	1224 AF
Motorleistung	240 PS
zulässiges Gesamtgewicht	13 500 kg
Aufbauhersteller	Rosenbauer
Pumpenleistung	3 000 l/min bei 8 bar
Löschmittel	2 500 l Wasser
Besatzung	6 Personen
Baujahr	1999

TLF
TLF 8
TLF 16 T
TLF 16
TLF 24/50
sonstige TLF

Freiwillige Feuerwehr Kempten

Das Tanklöschfahrzeug TLF 15 der Kriegsbaujahre entwickelte Magirus 1948 weiter zu einem TLF 15 auf dem 75 PS starken Magirus-Deutz S 3500. Das zulässige Gesamtgewicht betrug 7700 Kilogramm. Die Kabine bot nun Platz für eine Staffel aus sechs Einsatzkräften. Auch der Gerätekasten wurde vergrößert, um mehr Gerät für die Brandbekämpfung unterzubringen.
1995 entstand dieses Foto eines 1949 an die Kemptener Feuerwehr gelieferten TLF 15.

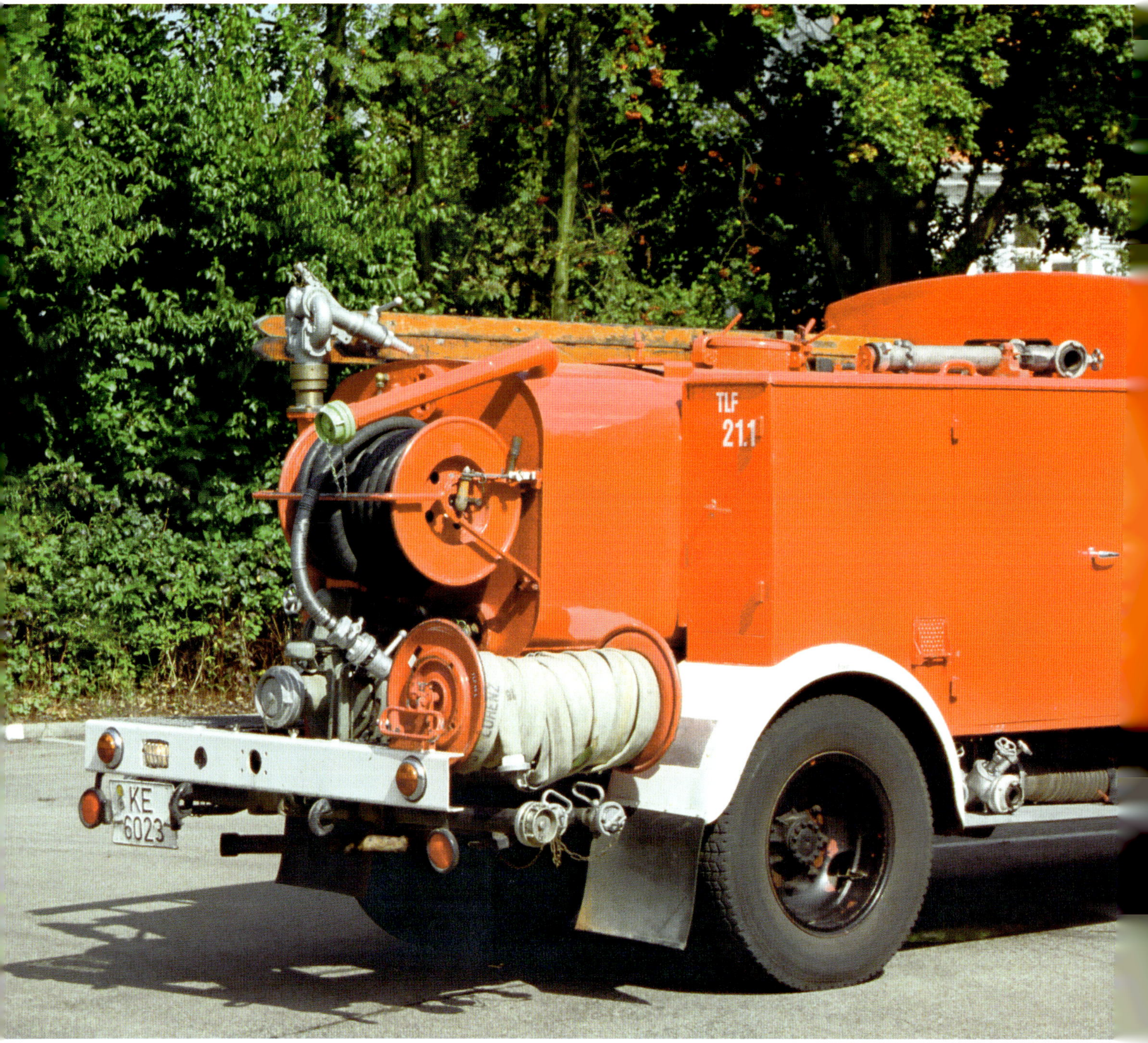

Freiwillige Feuerwehr Kempten

◀ Unverkleidet blieb das Heck des TLF 15. Der Tank fasst 2400 Liter Wasser und 80 Liter Schaummittel. Um das Einfrieren bei tiefen Temperaturen zu verhindern, werden die heißen Auspuffgase durch eine Rohrschlange im Tank geleitet. Die am Rahmenende montierte Kreiselpumpe leistet 1500 l/min bei 8 bar. Über ihr ist der 30 Meter lange Schnellangriffschlauch aufgehaspelt.

TLF
TLF 8
TLF 16 T
TLF 16
TLF 24/50
sonstige TLF

**Freiwillige Feuerwehr
Lauterbach**

▲ Ein Tanklöschfahrzeug
für die nachbarschaftli-
che Löschhilfe müsse viel
mehr Schläuche und eine
Tragkraftspritze mitführen,
lauteten die Überlegungen,
die in Hessen zu einer Klein-
serie von TLF 15 mit Vor-
baupumpe und 1500 Liter
fassendem Tank führten.
Eines dieser TLF 15 auf Mercedes-Benz LF 3500 mit
Metz-Aufbau lief von 1951
bis 1993 bei der Lauterba-
cher Feuerwehr.

**Freiwillige Feuerwehr
Wassertrüdingen**

▶ In großer Anzahl ver-
kaufte Metz das Tank-
löschfahrzeug TLF 16 auf
dem Mercedes-Benz-Lang-
hauber LAF 311 mit 3,6
Metern Radstand. Dieses
1958 gelieferte TLF 16 stand
44 Jahre später beim Besuch
des Fotografen noch zuverlässig im Einsatzdienst.

**Freiwillige Feuerwehr
Tangermünde**

▶ Die Feuerwehr Lich in
Hessen gab 1990 ihr
Tanklöschfahrzeug TLF 16 a
die Feuerwehr in der Alt-
mark ab. Dort läuft der
1966 gebaute Mercedes-
Benz LAF 1113 mit Bachert
Aufbau als zweites TLF 16.

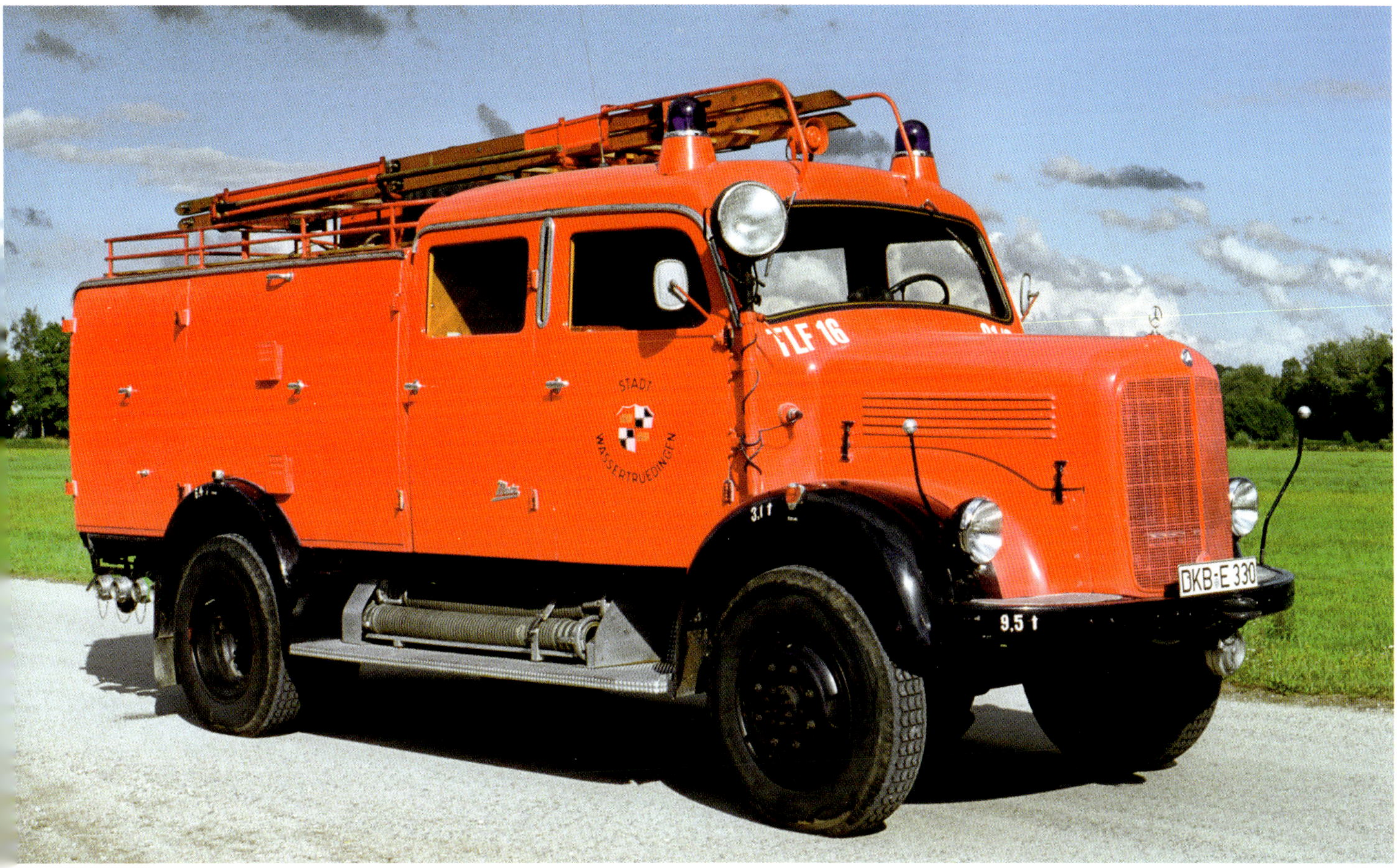
TLF 16
STADT
WASSERTRUEDINGEN
3,1 t
9,5 t
DKB-E 330

Feuerwehr
112

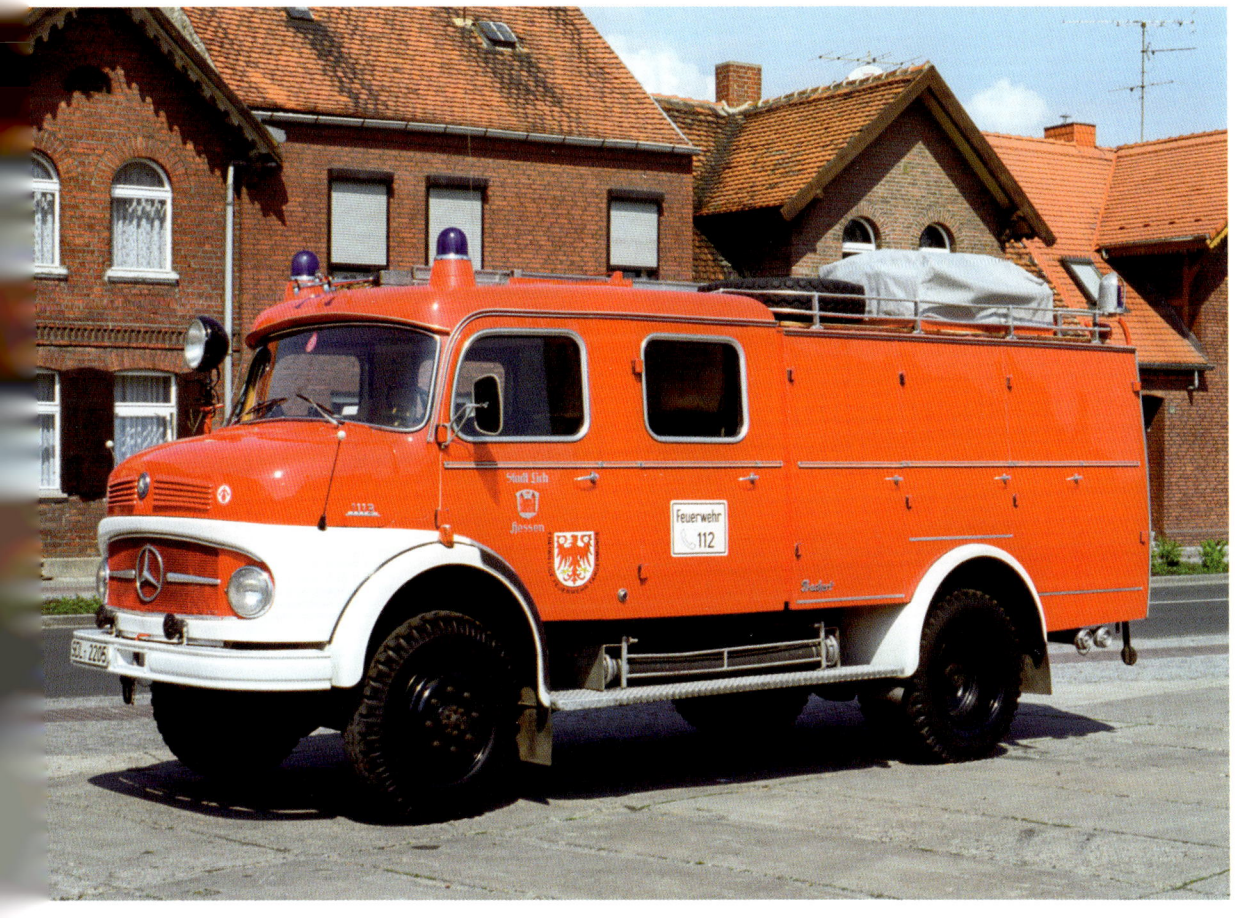

**Bundeswehr-Feuerwehr
Faßberg**

▼ Die Bundeswehr
beschaffte in den fünfziger Jahren FIKFZ 2400
genannte TLF 16 bei
Bachert. Pumpe und Gerätekoffer wurden Mitte der
achtziger Jahre auf neue
Mercedes-Benz-Fahrgestelle
1017 A umgesetzt.

**Freiwillige Feuerwehr
Homburg /Saar**

▶ Zwei baugleiche Tanklöschfahrzeuge TLF 16
stellte die Homburger Feuerwehr 1987 und 1988 in
Dienst. Beide baute Bachert
auf Mercedes-Benz 1222 AF
auf. Dieses ist mit einem
Wasserwerfer auf dem
Dach ausgerüstet.

Freiwillige Feuerwehr Tegernbach

Aus den Niederlanden stammt das Tanklöschfahrzeug, das die Wehr seit 2002 einsetzen kann. Der Mercedes-Benz LP 913 wurde 1978 erstmals zugelassen. Als Gebrauchtfahrzeug kam er zu einer deutschen Werkfeuerwehr und nach deren Auflösung zur Freiwilligen Feuerwehr. Die Ziegler-Pumpe entnimmt Wasser aus dem 1500 Liter fassenden Tank und lässt sich zwischen Normal- und Hochdruckbetrieb umschalten.

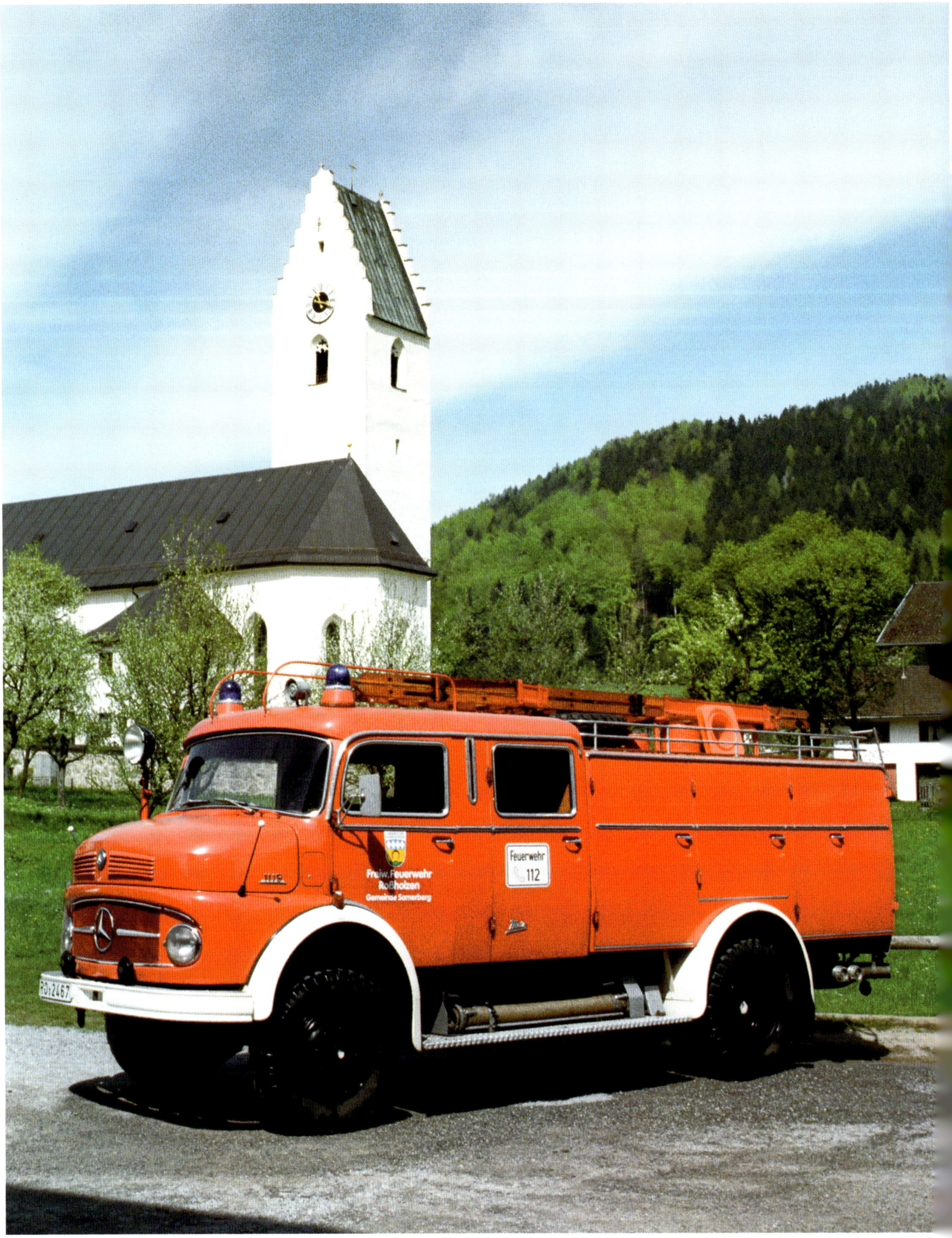
Freiw. Feuerwehr
Roßholzen
Gemeinde Samerberg
Feuerwehr
112

Freiwillige Feuerwehr Rossholzen

Feuerwehrhaus und Kirche stehen in einem Dorf oft nah beieinander. 1987 kaufte die am Samerberg gelegene Freiwillige Feuerwehr das ausgemusterte Tanklöschfahrzeug TLF 16 von der Wehr in Bad Endorf. Der 1966 gebaute Mercedes-Benz LAF 1113 mit Metz-Aufbau blieb bis zum Jahr 2000 im Dienst.

Freiwillige Feuerwehr Allershausen

1984 stellte Mercedes-Benz die neue Baureihe für die mittlere Tonnageklasse vor. Sie zeichnet sich durch ein kippbares Fahrerhaus, Servolenkung und Druckluft-Bremsanlage aus. Die Allradchassis folgten ab 1986. 1999 erhielt die Allershauser Wehr ein Tanklöschfahrzeug TLF 16 mit Ziegler-Aufbau. Sie wählte die leuchtend rote Lackierung aus Sicherheitsgründen, denn ein Großteil der Einsätze führt auf die Autobahn München – Nürnberg.

Freiwillige Feuerwehr Rödermark

▲ Ihrer Zeit voraus war die Firma Metz, als sie 1988 ein neues Kabinenkonzept vorstellte. Groß dimensionierte Scheiben lassen viel Licht in die Kabine und bieten der Mannschaft eine gute Rundumsicht. Die breiten, tief heruntergezogenen Türen erleichtern das Aussteigen mit angelegtem Atemschutzgerät. 1990 stellte die Feuerwehr Rödermark ein solches TLF 16 auf Mercedes-Benz 1120 AF in Dienst.

Freiwillige Feuerwehr Schwarzenberg

▶ Die aktuelle Baureihe von Mercedes-Benz für die mittlere Tonnage trägt den Namen „Atego". Deutlich lesbar kennzeichnete die Feuerwehr den Standort ihres neuen, 2003 bei Schlingmann aufgebauten Tanklöschfahrzeuges TLF 16 auf Mercedes-Benz Atego 1325 AF.

Freiwillige Feuerwehr Hungen

▲ Bis 2002 fuhr die Wehr mit einem Rüstwagen RW 1 und einem Tanklöschfahrzeug TLF 16 zum Einsatz. Entsprechend einer hessischen Förderrichtlinie wurde als Ersatz ein Hilfeleistungstanklöschfahrzeug HTLF 16 auf Mercedes-Benz Atego 1325 AF beschafft. Den Mannschaftsraum integrierte der Hersteller Lentner in den Aufbau. Die Winde hat eine Zugkraft von 50 kN.

Freiwillige Feuerwehr Unterammergau

▼ Als dieses Tanklöschfahrzeug TLF 15 am Jahresende 1986 fotografiert wurde, stand der Magirus-Deutz A 3500 mit 90 PS starkem Motor kurz vor dem Verkauf an einen Feuerwehr-Oldtimer-Liebhaber. Mit dem Baujahr 1951 handelt es sich um eines der ersten Feuerwehrfahrzeuge mit Allradantrieb, die nach dem Krieg neu beschafft wurden.

Freiwillige Feuerwehr Riesbriek

▶ Dem Omnibusbau entliehen ist die Karosserieform, die ab 1950 die Gestaltung der Tanklöschfahrzeuge bei Magirus und Metz bestimmte. Der geschlossene Aufbau harmo-

niert optisch bestens mit der runden Haube der erfolgreichen Magirus-Baureihe. Dieses 1953 auf einem Magirus-Deutz S 3500 gebaute TLF 15 kam nach 25 Dienstjahren auf Sylt zur Wehr im Landkreis Schleswig-Flensburg.

Freiwillige Feuerwehr Steinheim

▲ In der Allradversion setzte sich die Omnibusbauform nicht durch. Ihre Verwindungsfähigkeit in schwerem Gelände war zu gering. Von einem 125 PS starken 6-Zylinder-Dieselmotor in V-Bauform mit Luftkühlung angetrieben, ist der „Rundhauber" der typische

Klassiker bei den Tanklöschfahrzeugen. Dieser im Neu-Ulmer Stadtteil Steinheim stationierte Magirus-Deutz Mercur 125 A steht seit 1960 im täglichen Einsatzdienst.

TLF
TLF 8
TLF 16 T
TLF 16
TLF 24/50
sonstige TLF

Freiwillige Feuerwehr Heilsbronn

▲ Die Nachfolge des Rundhaubers trat ein weiterer Klassiker des Magirus-Deutz-Lastwagenbaus an: der Eckhauber. Kabine und Aufbau blieben unverändert. 1964 stationierte der Landkreis Ansbach ein Tanklöschfahrzeug TLF 16 auf Magirus-Deutz 150 D 10 A bei der Stützpunktwehr.

Freiwillige Feuerwehr
...stein

Außergewöhnlich ist die ...Kabine dieses 1971 ...bauten Tanklöschfahrzeu-...s TLF 16 auf Magirus-...eutz 170 D 1 FA. Anstelle ...r bei Magirus ab Werk ...lichen Staffelkabine wählte ...e Wehr ein Fahrerhaus mit ...hiebetüren. Die Aus-...hrung mit dieser bei der ...rma Baumgärtner gefertig-...n Kabine soll es nur fünf-...al gegeben haben: viermal ...i der Berufsfeuerwehr ...ankfurt und einmal in ...stein. Angehängt ist ein ...lverlöschanhänger mit 250 ...logramm Pulver.

Freiwillige Feuerwehr
Osthofen

▲ Typisch für Tanklösch-fahrzeuge TLF 16 bei den Stützpunktwehren in Rheinland-Pfalz ist, dass viele über eine eingebaute Seilwin-de von 5 Tonnen Zugkraft verfügen.

Freiwillige Feuerwehr Osthofen	
Fahrzeugtyp	TLF 16
Hersteller	Magirus-Deutz
Fahrgestell	170 D 11 FA
Motorleistung	176 PS
zulässiges Gesamtgewicht	11 000 kg
Aufbauhersteller	Magirus
Pumpenleistung	1600 l/min bei 8 bar
Löschmittel	2 500 l Wasser
Besatzung	6 Personen
Baujahr	1973

**Freiwillige Feuerwehr
Baiersdorf**

▼ Das Ulmer Münster zierte jahrzehntelang den Grill der Magirus-Feuerwehrfahrzeuge. Er musste dem IVECO-Schriftzug Platz machen, denn bereits 1975 hatten sich Fiat und Magirus-Deutz sowie Lancia, OM und Unic zu dem neuen europäischen Lastwagen- und Omnibushersteller zusammengefunden. Daher stehen beide Namen auf dem 1988 gebauten TLF 16 auf Iveco 120-19 AW.

Freiwillige Feuerwehr Taufkirchen

Gab es früher bei Magirus unterschiedlich lange Kabinen für die Staffel- und die Gruppenbesatzung, wird seit Mitte der achtziger Jahre eine Einheitskabine aufgebaut. Die anderen Aufbauhersteller handhaben dies seit Einführung der Frontlenkerbaureihen genauso. Auffällig beklebt hat die Taufkirchner Feuerwehr ihr 1995 gebautes Tanklöschfahrzeug TLF 16 auf Iveco EuroFire 135 E 22 4x4.

Freiwillige Feuerwehr Winterhausen

▼ MAN konnte erst Mitte der sechziger Jahre bei den Feuerwehren Fuß fassen mit seiner Haubergeneration. 156 PS entwickelt der Sechs-Zylinder-Reihenmotor, der in dem oft gewählten MAN 450 HA-LF eingebaut war. 1985 erwarb die am Main gelegene Wehr das 1968 bei Bachert gebaute Tanklöschfahrzeug TLF 16 von einer anderen Wehr im Landkreis Würzburg. Im Jahr 2004 erfolgte die Außerdienststellung.

Freiwillige Feuerwehr
Eppelborn

▲ Anfang der sechziger
Jahre unterzog MAN
den Hauber einer Modell-
pflege: Die Motorhaube
klappte nun mitsamt Kotflü-
gel und Kühlergrill nach
oben und gab dem Mechani-
ker einen leichten Zugang
zum Motor. Zugleich stieg
die Motorleistung auf 168 PS
an. Von 1974 bis 2002 lief
bei der Wehr im Hunsrück
ein Tanklöschfahrzeug
TLF 16 auf MAN 11.168
HA-LF mit Ziegler-Aufbau.
Eingebaut war eine 5-Ton-
nen-Seilwinde.

Freiwillige Feuerwehr Zeitz

▲ Nach einem LF 16/12 – siehe Seite 36 – bestellte die Zeitzer Wehr für ihr 2002 beim Löschzug Aue-Aylsdorf in Dienst gestelltes Tanklöschfahrzeug TLF 16 wieder die Kombination MAN und Rosenbauer-Aufbau. Der Gerätekoffer mit integriertem Mannschaftsraum ist in der Aluminium-Bauweise AT gefertigt.

Freiwillige Feuerwehr München

▼ Am 5. Mai 2001 versammelten sich die sechs neuen Tanklöschfahrzeuge TLF 16 für die Freiwillige Feuerwehr München nach der feierlichen Übergabe zu einem Gruppenfoto auf der Theresienwiese.

Freiwillige Feuerwehr München

▲ Sechs der 21 Abteilungen der Freiwilligen Feuerwehr München erhielten 2001 neue Tanklöschfahrzeuge TLF 16. Eines der MAN 14.224 LA-LF mit Automatikgetriebe steht bei der Abteilung Waldperlach. Auch im Sitz des Fahrzeugführers ist ein Pressluftatmer integriert. Schaummittel kann direkt an der Pumpe über eine Foam-Master-Anlage des Herstellers Hale zugemischt werden.

Freiwillige Feuerwehr München	
Fahrzeugtyp	TLF 16
Hersteller	MAN
Fahrgestell	14.224 LA-LF
Motorleistung	220 PS
zulässiges Gesamtgewicht	13 500 kg
Aufbauhersteller	Magirus
Pumpenleistung	1600 l/min bei 8 bar
Löschmittel	2 500 l Wasser
	200 l Schaummittel
Besatzung	6 Personen
Baujahr	2001

Freiwillige Feuerwehr Neukirchen bei Heilig Blut

▲ Für die seltene Kombination aus MAN Fahrgestell und Lentner-Aufbau entschied sich die Wehr im Bayerischen Wald. Die Pumpe stammt von der Firma Hale. 1999 wurde der MAN 14.264 MA-LF gebaut.

Freiwillige Feuerwehr Braunlage

▶ Den Ersatz für ein Tanklöschfahrzeug TLF 16 und einen Gerätewagen – siehe Abbildung auf Seite 327 – fasste die Wehr in einem Fahrzeug zusammen. Daher konzipierte man mit der Firma Schlingmann ein TLF 16 mit erweiterter Hilfeleistungsausstattung. Der 2002 gelieferte MAN ME 280 B mit Automatikgetriebe und Retarder verfügt über eine Seilwinde. Ein 13,5-kVA-Generator ist im Gerätekoffer vorne rechts eingeschoben.

Freiwillige Feuerwehr Braunlage

▶ Links vorn sind für die technische Hilfeleistung alle hydraulischen Rettungsgeräte und Hebekissen zusammengefasst verladen. Zu Erleichterung der Geräteentnahme sind die Bordwandklappen begehbar und ein Trittbrett ist im Bereich des mittleren Geräteraumes einzuhängen. Als Feuerlöschkreiselpumpe wurde im Heck eine Schlingmann F 2000 mit einer Förderleistung von 1600 l/min bei 8 bar eingebaut. Der Löschwassertank fasst 2400 Lite

Freiwillige Feuerwehr Düren

Fahrzeugtyp	TLF 24/30-2
Hersteller	Rosenbauer
Fahrgestell	Titan TR 15.280 MP 4x4
Motorleistung	280 PS
zulässiges Gesamtgewicht	15 000 kg
Aufbauhersteller	Rosenbauer
Pumpenleistung	3 000 l/min bei 8 bar oder
	350 l/min bei 40 bar
Löschmittel	3 000 l Wasser
	200 l Schaummittel
Besatzung	6 Personen
Baujahr	1987

Freiwillige Feuerwehr Düren

▲ Mit einem völlig ungewohnten Fahrzeugkonzept überraschte Rosenbauer 1986 die Fachwelt: Motor hinten, Pumpe vorne unter einer Frontklappe! Basis war ein Spezialfahrgestell der Firma Titan. Lediglich fünf dieser „Falcon" getauften Tanklöschfahrzeuge konnte der österreichische Hersteller in Deutschland absetzen. Einer weiteren Verbreitung stand die technisch und finaziell aufwändige Spezialanfertigung anstelle der kostengünstigen Großserientechnik entgegen.

TLF
TLF 8
TLF 16 T
TLF 16
TLF 24/50
sonstige TLF

Freiwillige Feuerwehr Neunkirchen am Sand

▼ Der Firmenname Faun erinnert an Automobilkrane, Muldenkipper oder Schwerlastzugmaschinen. 1968 baute Faun einen Prototypen, mit dem sie in den Feuerwehrfahrzeugmarkt einsteigen wollten. Unverkennnbar ist das Motorengeräusch des F 57/365 A. Es ist der aus dem Magirus-Deutz-Eckhauber bekannte luftgekühlte 150-PS-Motor von KHD. Auch der Magirus-Aufbau des Tanklöschfahrzeuges TLF 16 entspricht der Bauform des Eckhaubers.

TLF
TLF 8
TLF 16 T
TLF 16
TLF 24/50
sonstige TLF

Freiwillige Feuerwehr Finsterwalde

▼ 1955 startete in der DDR die Serienproduktion des Tanklöschfahrzeuges TLF 15 auf Horch H3A. Der im VEB Feuerlöschgerätewerk Jöhstadt gefertigte Aufbau gleicht im
Grundprinzip dem TLF 15 aus dem Westen: Geräteräume
beidseits des Tanks, offener Pumpenstand mit Schnellangriff
darüber und tragbare Schlauchhaspeln daneben. Das Feuerwehrmuseum Finsterwalde hat ein TLF 15 des Baujahres 1956
in seiner Sammlung.

Freiwillige Feuerwehr Schwenningen

 1969 stellte der VEB Feuerlöschgerätewerk Luckenwalde bei Tanklöschfahrzeugen TLF 16 die Fertigung auf den IFA W50 LA um. In Einzelfällen gelangten nach der Wiedervereinigung einige TLF 16 auf IFA-Chassis zu Wehren in den alten Bundesländern. Ein im Ort ansässiger Unternehmer vermittelte 1995 der kleinen Wehr im Donautal das 1983 gebaute TLF 16 von einer aufgelösten betrieblichen Feuerwehr in Bernau.

Freiwillige Feuerwehr Schwenningen	
Fahrzeugtyp	TLF 16
Hersteller	VEB IFA Automobilwerke
	Ludwigsfelde
Fahrgestell	W 50 LA/TLF
Motorleistung	125 PS
zulässiges Gesamtgewicht	10 300 kg
Aufbauhersteller	VEB Feuerlöschgerätewerk
	Luckenwalde
Pumpenleistung	2 200 l/min bei 8 bar
Löschmittel	2 000 l Wasser
	500 l Schaummittel
Besatzung	5 Personen
Baujahr	1983

TLF
TLF 8
TLF 16 T
TLF 16
TLF 24/50
sonstige TLF

Der Löschwasserbedarf bei Fahrzeugbränden auf der Autobahn oder bei Waldbränden ließ in den siebziger Jahren den Ruf laut werden nach einem Tanklöschfahrzeug mit großem Wassertank. 5000 Liter Wasser, 500 Liter Schaummittel, eine 2400 l/min leistende Pumpe, Wasserwerfer und Truppbesatzung von drei Einsatzkräften sind die Merkmale des Tanklöschfahrzeuges TLF 24/50.

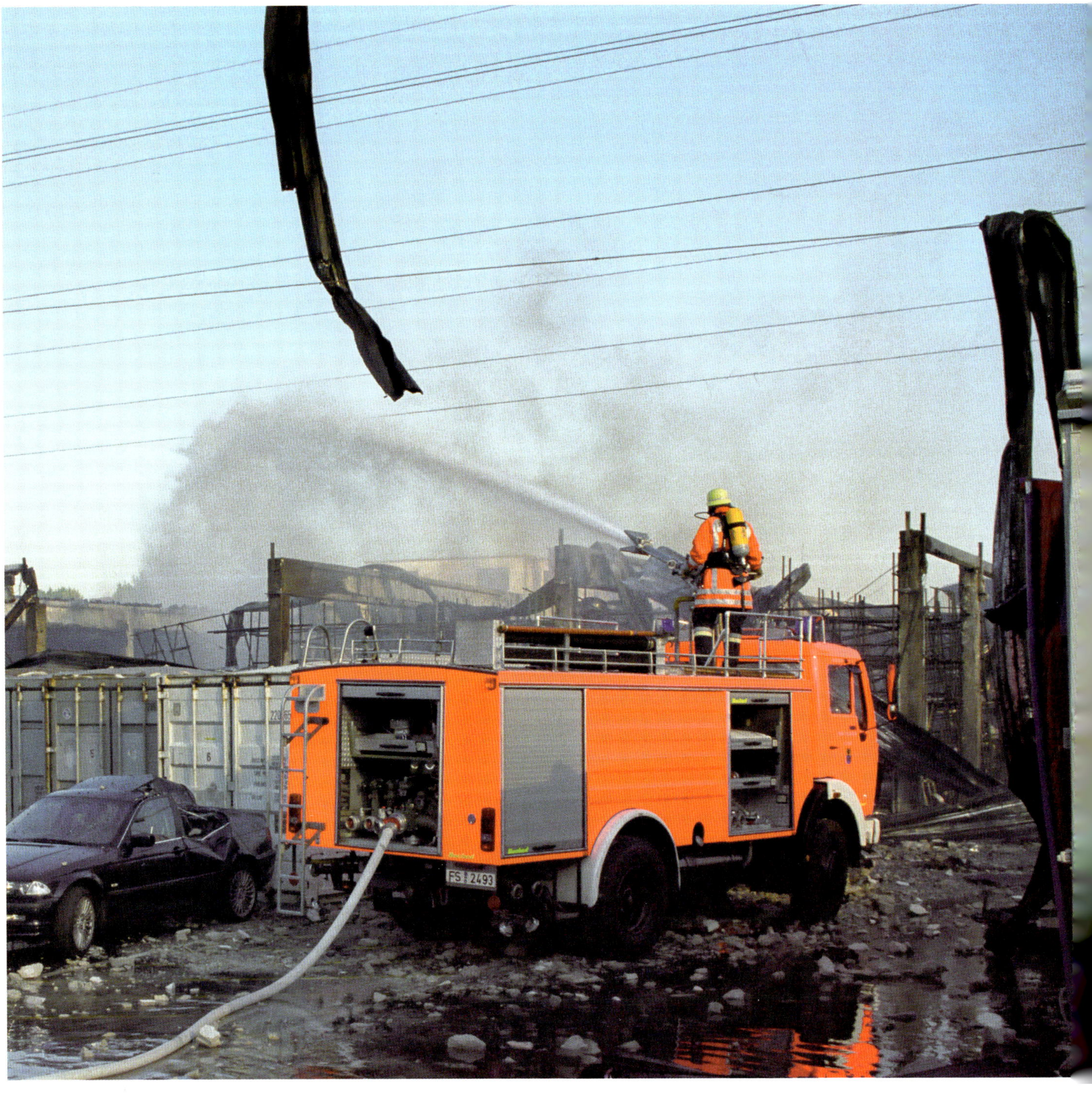

reiwillige Feuerwehr ching

Im Sommer 2001 kam es zu einem Großbrand Gewerbegebiet. Die oße Wurfweite des Wasrwerfers ermöglicht, zugängliche Brandnester ozulöschen.

reiwillige Feuerwehr Wittlingen

Die Ortsfeuerwehr Knesebeck erhielt 1994 Tanklöschfahrzeug LF 24/50 von FGL auf ercedes-Benz Unimog. Im eck ist die FP 24/8 von senbauer eingebaut. Bei erferbetrieb werden die eckleiterteile seitlich hochklappt, um dem Bediener e freie Standfläche zu en.

Freiwillige Feuerwehr Spremberg

▲ Für den Einsatz in den ausgedehnten Forstgebieten und den Ödlandflächen der Braunkohlentagebaulandschaft eignet sich der Mercedes-Benz Unimog U 2150 L als Tanklöschfahrzeug TLF 24/50 bestens. Den Aufbau fertigte 1992 die Firma FGL.

TLF
TLF 8
TLF 16 T
TLF 16
TLF 24/50
sonstige TLF

Freiwillige Feuerwehr Grünberg

▲ Vorläufer des Tanklöschfahrzeuges TLF 24/50 war das Zubringerlöschfahrzeug ZB 6. Die Idee lautete, auf einem Flughafen das löschende Flugfeldlöschfahrzeug FLF mit 6000 Litern Wasser und 500 Litern Schaummittel zu versorgen. Deshalb sind außer dem großen Tank und der leistungsfähigen Pumpe mit 2400 l/min keine großen Geräteräume vorgesehen. Mehrere Großstädte sowie die Länder Hessen und Rheinland-Pfalz erkannten den Einsatzwert des ZB 6 und beschafften einige der Magirus-Deutz 200 D 16 A. Bei der Feuerwehr Grünberg lief das ZB 6 von 1976 bis 2002.

Freiwillige Feuerwehr Hagenried

▼ Zu Beginn der sechziger Jahre stellte die Bundeswehr eine größere Anzahl FlKFZ 3800/400 mit Aufbau und Pumpe von Bachert auf dem geländegängigen Magirus-Deutz-Allradfahrgestell in Dienst. Einige der Fahrzeuge bekamen nach ihrer Ausmusterung ein zweites Feuerwehrleben bei einer zivilen Wehr.

Freiwillige Feuerwehr Hagenried	
Fahrzeugtyp	FlKFZ 3000/400
Hersteller	Magirus-Deutz
Fahrgestell	178 D 15 A 6x6
Motorleistung	178 PS
zulässiges Gesamtgewicht	15 150 kg
Aufbauhersteller	Bachert
Pumpenleistung	2400 l/min bei 8 bar
Löschmittel	3 800 l Wasser
	400 l Schaummittel
Besatzung	6 Personen
Baujahr	Fahrgestell 1961
	Aufbau 1962
von der Bundeswehr übernommen 1997	

Berufsfeuerwehr Offenbach

▲ 1973 stellte die Offenbacher Feuerwehr ein Tanklöschfahrzeug in Dienst, das 6000 Liter Wasser und 600 Liter Schaummittel mitführte. Metz montierte Aufbau und Pumpe mit 2400 l/min Leistung auf das schwere Mercedes-Benz-Haubenfahrgestell LAK 1924 auf.

Freiwillige Feuerwehr Gersthofen

▶ 1978 erfolgte die Normung des Tanklöschfahrzeuges TLF 24/50. Die Stadt Gersthofen reagierte schnell und erhielt bereits 1979 ein TLF 24/50 mit Aufbau der Firma Bachert. Die Mitglieder der Wehr unterzogen vor wenigen Jahren den Mercedes-Benz 1626 AK einer gründlichen Überholung.

Freiwillige Feuerwehr Kaufbeuren

▶ Der Aufbau dieses Tanklöschfahrzeuges TLF 24/50 besteht aus GFK. Somit ist die Behälterwand des 5000 Liter Wasser und 500 Liter Schaummittel fassenden Tanks zugleich die Aufbauwand. Ziegler lieferte 1993 das TLF 24/50 auf Mercedes-Benz 1726 AK. Mehr Platz im Fahrerhaus bietet die mittellange Ausführung.

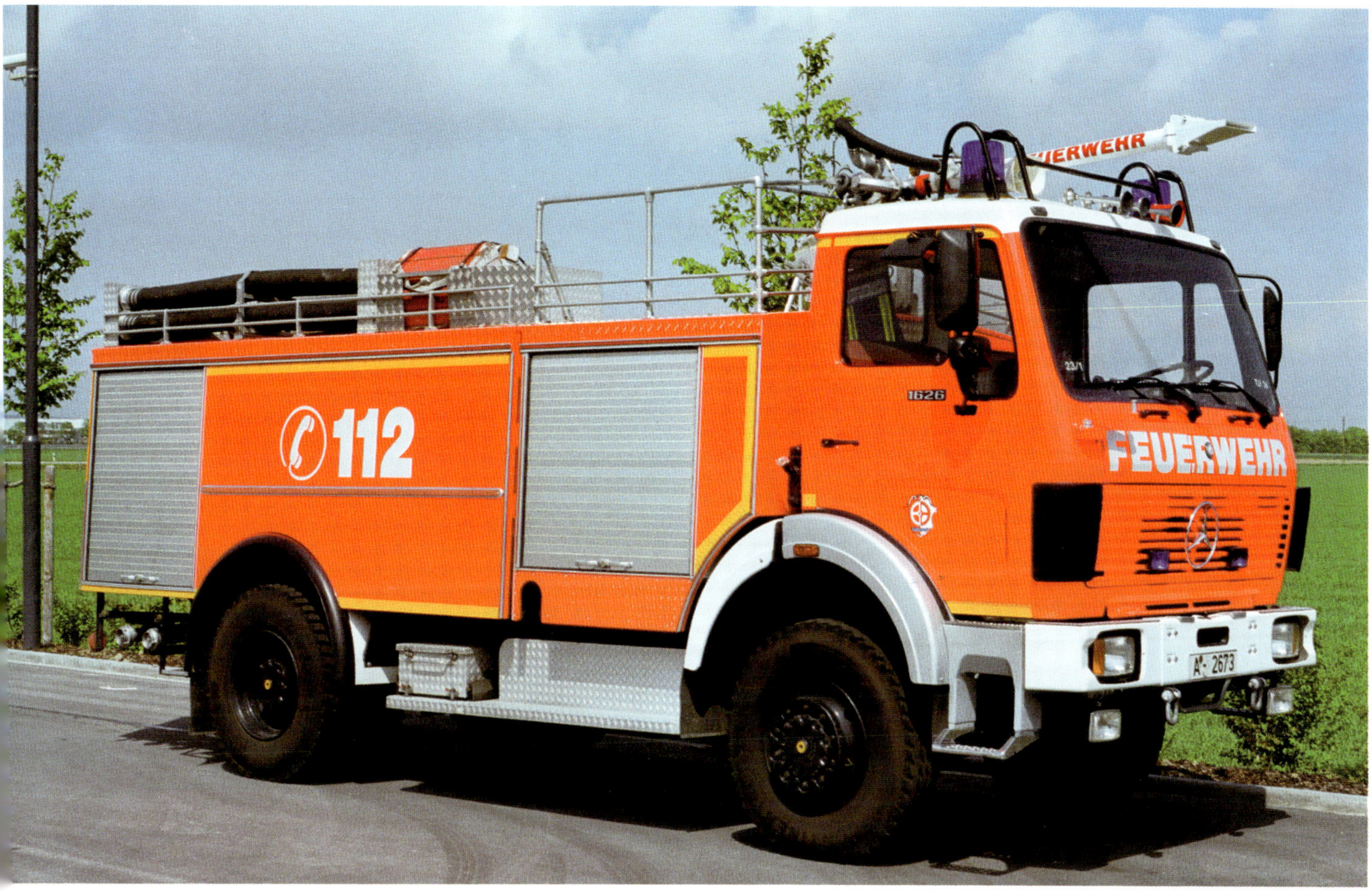
112
FEUERWEHR
1626

Feuerwehr
112
1726
Ziegler
Freiw. Feuerwehr
Stadt Kaufbeuren

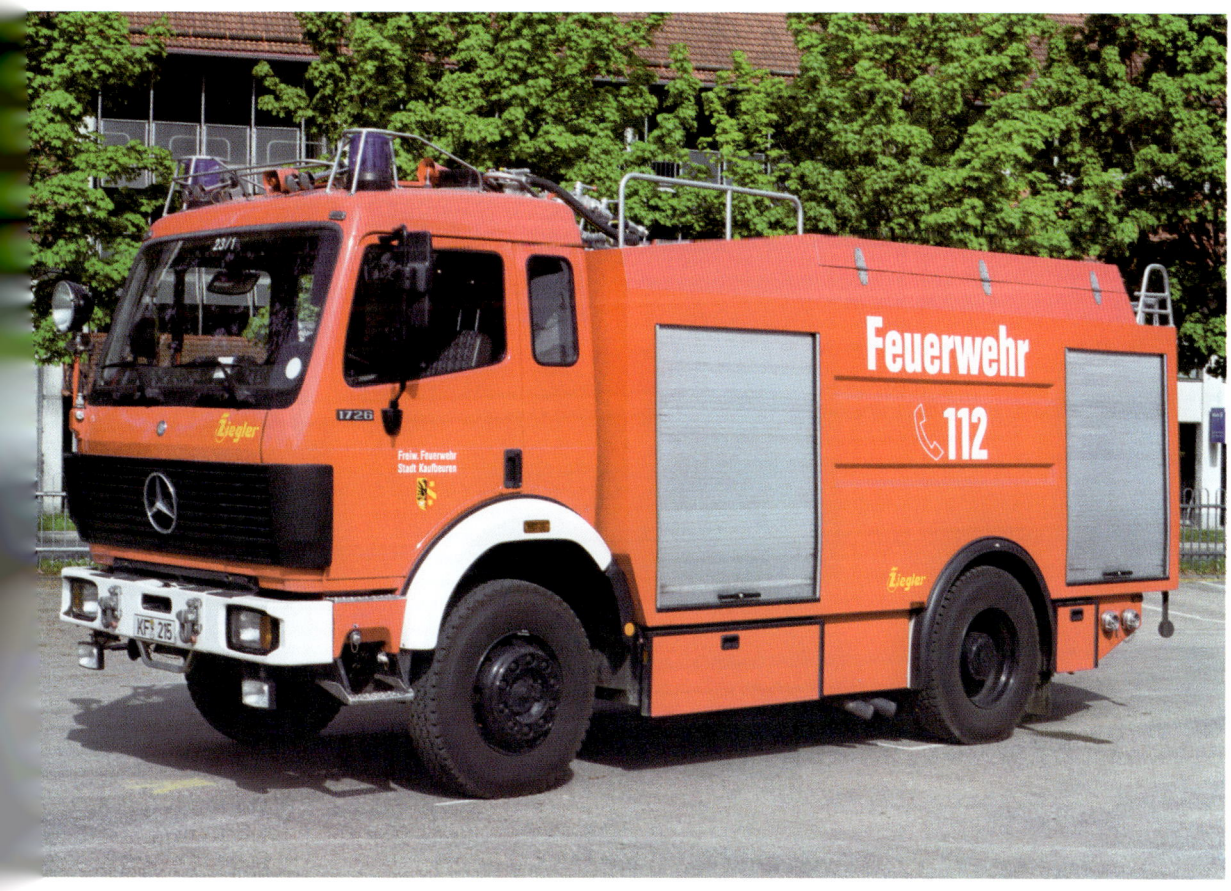

TLF
TLF 8
TLF 16 T
TLF 16
TLF 24/50
sonstige TLF

Freiwillige Feuerwehr Hagenow

▲ Selten entstehen Tanklöschfahrzeuge TLF 24/50 mit einer
großen Mannschaftskabine. Die Stützpunktwehr im Meck-
lenburgischen verzichtet dafür auf den eingebauten Schaummitteltank. 5000 Liter Wasser und zwei Schaummittelkanister
führt das 1997 von Schlingmann auf einem 260 PS starken
MAN 18.264 gebaute TLF 24/50 mit sich.

Freiwillige Feuerwehr Geiselbullach

▼ Zu 100 Prozent bezuschusste das Land Nordrhein-Westfalen die Anschaffung dieses Tanklöschfahrzeuges TLF 24/50, denn es war für den Einsatz auf der Autobahn vorgesehen. Die Berufsfeuerwehr Solingen stellte am 18. Mai 1976 den Magirus-Deutz 232 D 17 FA in Dienst. Am 28. Januar 1994 erfolgten die Außerdienststellung und der Verkauf nach Bayern. Von dort kam das TLF 24/50 im Jahr 2001 zur Feuerwehr Senden in Schwaben.

TLF
TLF 8
TLF 16 T
TLF 16
TLF 24/50
sonstige TLF

Werkfeuerwehr Romonta Amsdorf

▶ Höchste Anforderungen an die Geländegängigkeit stellt die Sicherung des Brandschutzes in einem Tagebaubetrieb. Um an allen Orten die Bagger, Förderbänder und Absetzer zu erreichen, beschaffte der mitteldeutsche Betrieb 1996 ein Tanklöschfahrzeug TLF 24/50 auf dem Mercedes-Benz Unimog U 2450 L 6×6.

Werkfeuerwehr MIBRAG Profen

▼ An der Stelle, an der 1999 das Foto des Tanklöschfahrzeuges TLF 30/45-5 entstand, erstreckt sich heute der Tagebau Schwerzau des Zeitz-Weißenfelser Braunkohlenreviers. Da das MAN-Militärfahrgestell 15.232 hervorragend für schweres Gelände geeignet ist, wählte es das Tagebauunternehmen

1994 zum Aufbau durch d Firma Rosenbauer mit 4 5(Litern Wasser und 500 Litern Schaummittel aus.

Werkfeuerwehr Romonta Amsdorf

Zum Schutz der Betriebsanlagen in den Braunkohlentagebauen importierte die DDR aus Russland zwischen 1974 und 1984 74 Tanklöschfahrzeuge TLF 24 auf IL-131. Da der 150-PS-Benzinmotor Unmengen an Kraftstoff in schwerem Gelände schluckte, tauschten viele Wehren Motor und Pumpe und setzten die Aggregate aus dem IFA W50-Tanklöschfahrzeug ein.

TLF
TLF 8
TLF 16 T
TLF 16
TLF 24/50
sonstige TLF

Freiwillige Feuerwehr Wörnitz

▼ Früher war es Milch, seit 1997 ist es Löschwasser, das der Mercedes-Benz 1624 transportiert. Die drei Kammern des 1981 von der Firma Schwarte in Ahlen/Westfalen gebauten Fahrzeuges fassen 11000 Liter.

reiwillige Feuerwehr Nieder-Wiesen

Zuerst lief dieser Magirus-Deutz in grüner Lackierung als Wasserwerfer beim Bundesgrenzschutz. 4000 Liter Wasser fasst der Tank des 1963 zugelassenen Fahrzeuges, das 990 zur Feuerwehr kam.

TLF
TLF 8
TLF 16 T
TLF 16
TLF 24/50
sonstige TLF

iwillige Feuerwehr Unterampfrach

Man nehme Chassis und Pumpe eines ausgemusterten Löschgruppenfahrzeuges LF 16 TS und einen Heizöltank 4700 Litern Fassungsvermögen. In Eigenbau entstand 1987 einem Magirus-Deutz 125 D 10A von 1965 ein Großtank-chfahrzeug, denn die Frankenhöhe ist eine wasserarme gion.

iwillige Feuerwehr Unterampfrach

Beim Umbau blieben hinten rechts die 2400 l/min leistende Pumpe und ihr Bedienstand erhalten. 1999 überholte die hr ihr Tanklöschfahrzeug TLF 16/47 von Grund auf und kleidete den Tank mit Gerätekästen.

Freiwillige Feuerwehr Süderhastedt

▼ Aus einem Heizölliefer-wagen entstand dieses behelfsmäßige Tanklösch-fahrzeug. Ein Tank für 2500 Liter Wasser und eine 200 l/min bei 5 bar leisten-de Pumpe sind auf der Lade-fläche des Mercedes-Benz 508 D von 1975 befestigt.

Werkfeuerwehr Hoechst, Frankfurt

▲ 12 000 Liter Wasser und 1200 Liter Schaummittel – um eine so große Menge zu transportieren, wählte man 1961 bei Magirus einen Sattelschlepper. Da die 2400 l/min leistende Pumpe im Auflieger montiert ist, der Antrieb jedoch vom 170 PS starken Motor der Magirus-Sattelzugmaschine kommt, musste die Antriebswelle durch die Sattelkupplung geführt werden.

Berufsfeuerwehr Frankfurt

▶ 9000 Liter Wasser und 1000 Liter Schaummittel passen in den Aufbau des Mercedes-Benz 2636 A 6×6, den Rosenbauer 1984 lieferte. Die Pumpe leistet 4000 l/min bei 10 bar oder 400 l/min bei 40 bar. Ein eigener 36 PS starker Dieselmotor treibt eine Pumpe an, die Schaummittel mit Überdruck an den Zugängen zumischt.

Berufsfeuerwehr Duisbur

▶ Zu den größten Tanklöschfahrzeugen bei ei deutschen kommunalen Fo erwehr gehört dieser Vier achser. Hinter dem Fahrer haus sitzt der 2500 Liter sende Schaummitteltank. Deshalb rückte der Mannschaftsraum nach hinten. Der von Bachert 1984 aur baute Mercedes-Benz 283 8×6 lief zuerst bei der Berufsfeuerwehr und dann einige Jahre bei der Freiw gen Feuerwehr im Stadtte Rumeln-Kaltenkirchen.

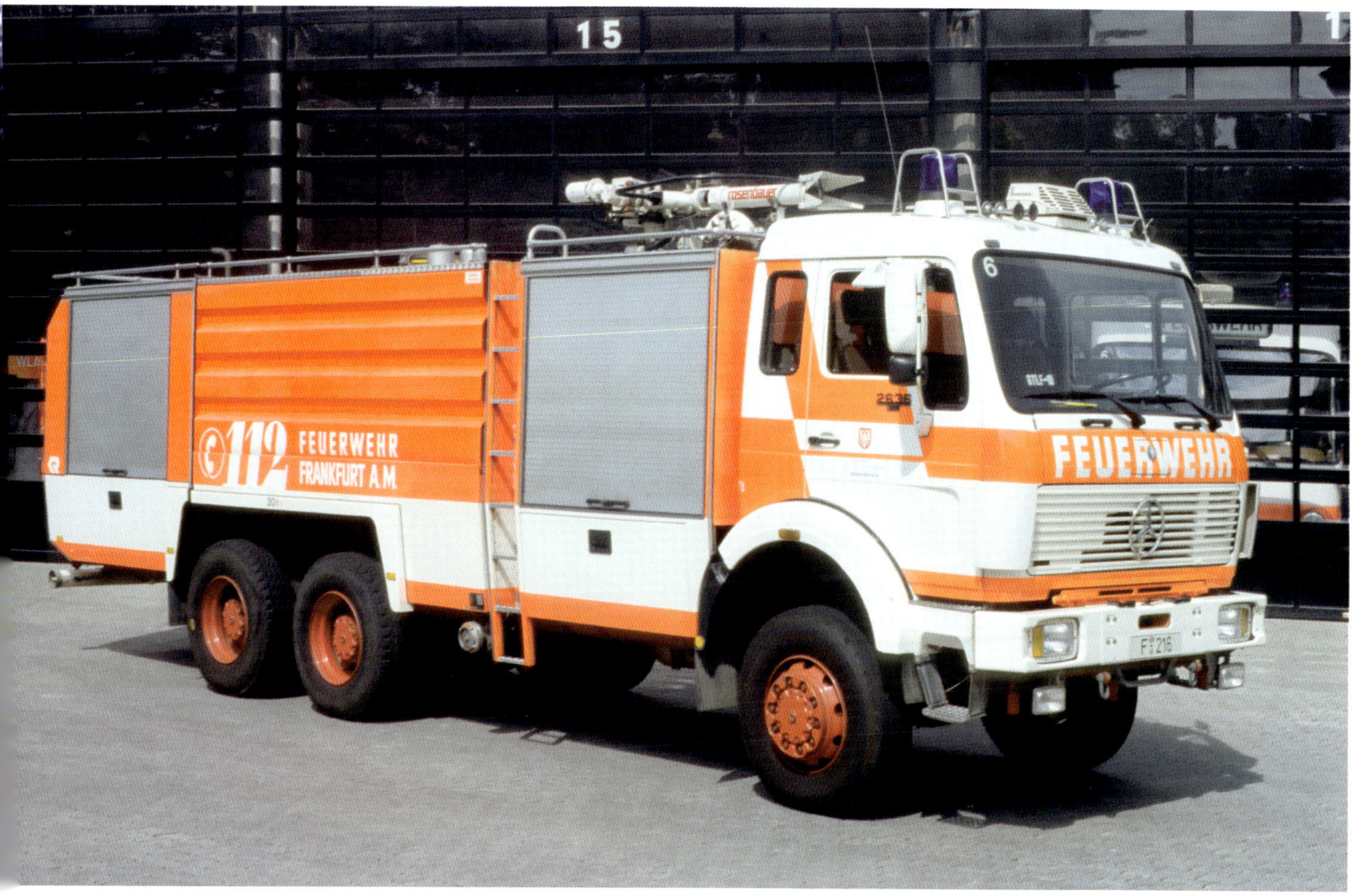
15
112
FEUERWEHR
FRANKFURT A.M.
FEUERWEHR

112

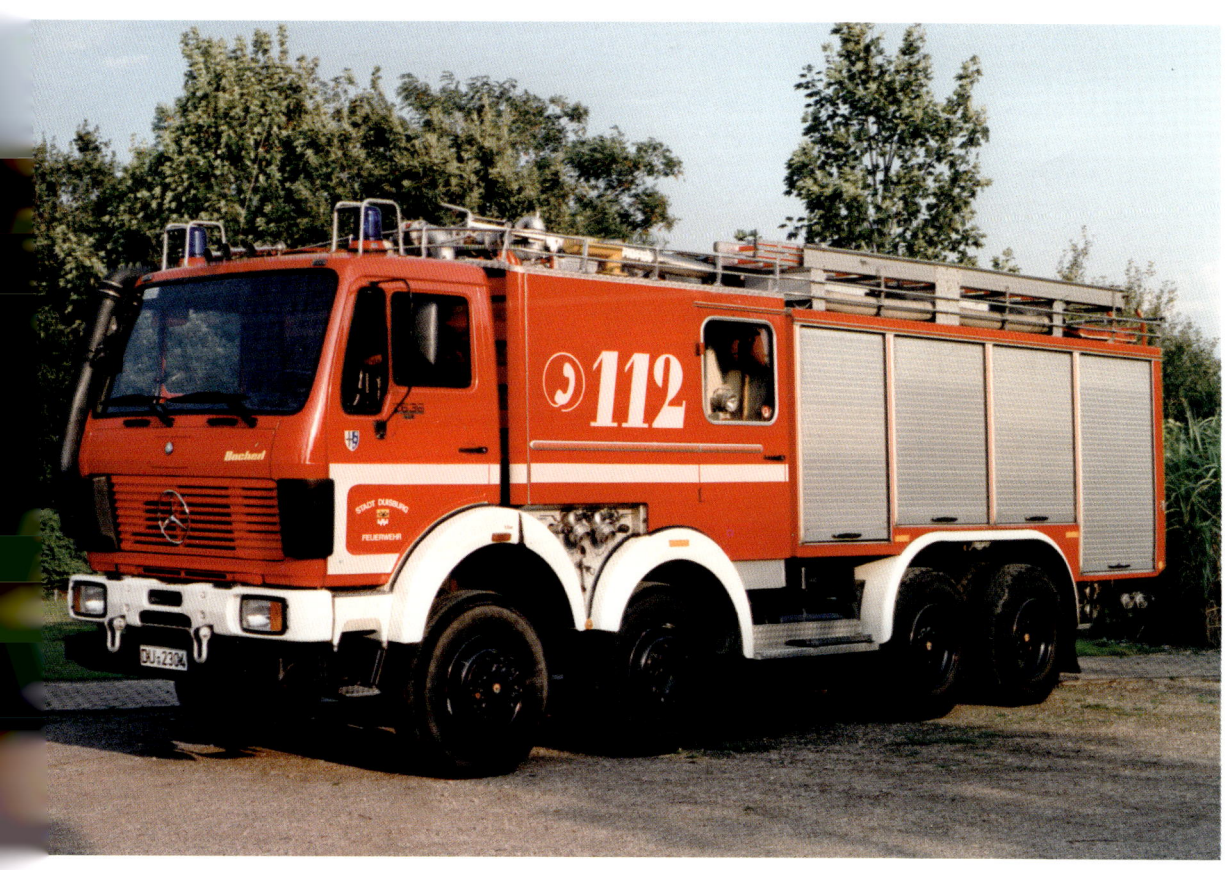

TLF
TLF 8
TLF 16 T
TLF 16
TLF 24/50
sonstige TLF

Freiwillige Feuerwehr Halle-Ammendorf

▲ Die Chemiekombinate der DDR erhielten zwischen 1973 und 1976 sechs Sonderlöschfahrzeuge SLF 8500 auf Tatra 148. Die Tanks des 1975 von Rosenbauer gefertigten Aufbaus fassten 5 500 Liter Schaummittel und 3 000 Liter Wasser. Nach der Ausmusterung im Buna-Werk Schkopau lief der Tatra von 1992 bis 1999 als Tanklöschfahrzeug mit 8 500 Litern Wasser in Halle-Ammendorf.

Freiwillige Feuerwehr Halle-Ammendorf

▼ Im Heck fand der Maschinist seinen Arbeitsplatz an der Pumpe. Diese leistete 3 200 l/min bei 10 bar.

Freiwillige Feuerwehr Steinhöring

Bei Steinhöring liegt an der Pipeline aus Triest ein Tanklager der OMV Deutschland für 240 000 Kubikmeter Rohöl. Deshalb konnte die Ortsfeuerwehr 1987 von der in Burghausen ansässigen Werkfeuerwehr ein Tanklöschfahrzeug TLF 32/50-5 übernehmen. Der 1967 von Metz auf einem Mercedes-Benz LAK 1920 hergestellte Aufbau sah im Lieferzustand anders aus, denn die Rollläden wurden später eingesetzt. Heute gehört der mächtige Hauber einer Privatperson, die ihn zum Wohnmobil umfunktionierte.

Womit löscht die Feuerwehr? Mit Wasser. Aber es gibt Situationen, bei denen Wasser auf keinen Fall verwendet werden darf. Brennt zum Beispiel ein Benzintankwagen, ist Wasser nicht geeignet. Benzin schwimmt auf dem Wasser davon und die Feuerwehr würde sogar für die Ausdehnung der Brandfläche sorgen. Daher greift man in diesen Fällen auf Pulver zum Ersticken der Flammen und auf Schaummittel zum Abdecken der brennenden Flüssigkeit zurück.

Brennen Gase, Metalle oder Chemikalien, ist der Einsatz eines Sonderlöschfahrzeuges erforderlich, das die seltener eingesetzten Löschmittel Pulver, Schaummittel oder Kohlendioxid zur Einsatzstelle bringt.

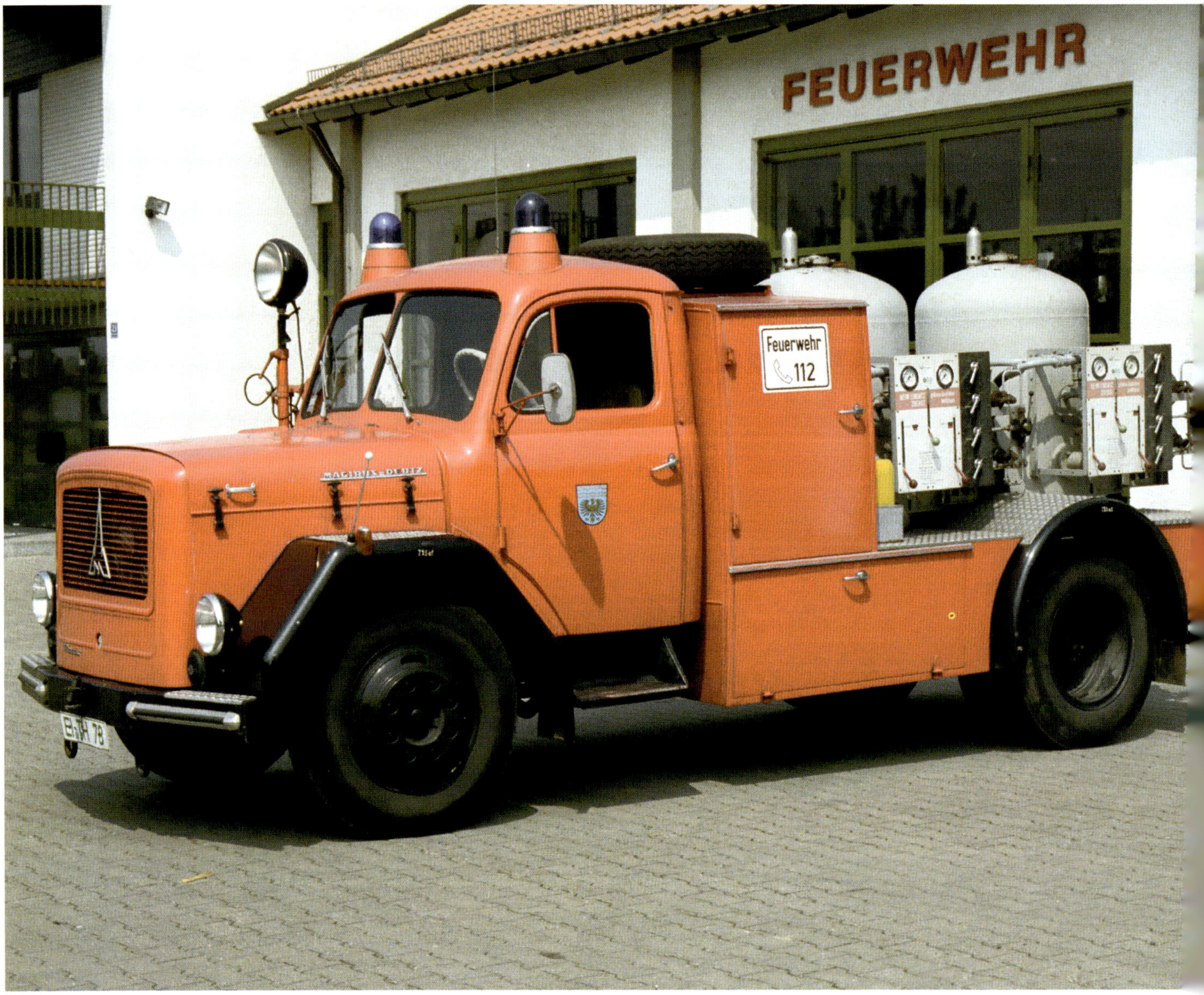

**Freiwillige Feuerwehr
Großmehring**

Von einer stillgelegten
Raffinerie übernahm die
~~W~~ehr zu Mitte der achtziger
~~Jah~~re für eine kurze Zeit ein
~~Tr~~ockenlöschfahrzeug mit
~~15~~00 Kilogramm Pulver
~~T~~LF 1500. Der Magirus
~~M~~ercur 125 hatte seinen
~~Auf~~bau 1963 bei Total er~~hal~~ten.

**Freiwillige Feuerwehr
Großmehring**

▲ Bestens zu erkennen ist
die Konstruktion eines
Trockenlöschfahrzeuges:
Weiß lackiert die zwei Kessel für das Pulver. Jeweils
dahinter sind die als Treib-
mittel dienenden Stickstoff-
flaschen angeordnet. Die
Bedientafeln befinden sich
linksseitig. In den unteren
Gerätekästen verbergen sich
die Schlauchleitungen. Ein
Schwerschaumrohr, das
rechts hinter dem Geräte-
kasten steht, ergänzt die
Beladung.

TroLF
TroTLF 16
SLF

Flugplatz Kempten-Durach

▼ Drei unterschiedlich große Trockenlöschfahrzeuge TroLF zeigt diese Doppelseite. Viele Flugplätze, Industriebetriebe und kommunale Feuerwehren wählten die Ausführung mit 750 Kilogramm Pulver. Der 1961 gebaute Opel Blitz mit einer Total-Löschanlage kam Mitte der achtziger Jahre auf den Flugplatz im Allgäu.

Werkfeuerwehr VSU Böhlen

▶ 1974 lieferte der österreichische Hersteller Rosenbauer zwei Pulverlöschfahrzeuge mit 6000 Kilogramm Pulver auf Tatra 148 in die DDR. Eines ging an das Petrochemische Kombinat in Böhlen. Im Heck ist eine leistungsfähige Pumpe von 3200 l/min eingebaut.

Flughafenfeuerwehr Stuttgart

▶ Kaelble – wer sich an diesen Hersteller aus Backnang erinnert, denkt an Muldenkipper und Schwerlastzüge. Lediglich der Stuttgarter Flughafen kaufte drei Flugfeldlöschfahrzeuge und 1979 dieses Trockenlöschfahrzeug mit 3000 Kilogramm Pulver. Im Heck sitzt ein 910 PS starker Achtzylinder-Motor von MTU, der das TroLF 3000 bei der Alarmfahrt auf 144 km/h beschleunigt.

Sonderlöschfahrzeuge

TroLF
TroTLF 16
SLF

Als am 17. Dezember 1960 mitten in der Münchner Innenstadt ein Passagierflugzeug abstürzte, verloren 52 Personen ihr Leben. Die Feuerwehren setzten die drei Löschmittel Wasser, Schaum und Pulver ein. In der Auswertung des Einsatzes zeigte sich, dass die sofortige Verfügbarkeit aller drei Löschmittel in einem Kombinationsfahrzeug sinnvoll wäre. Aus dem Tanklöschfahrzeug entstand mit einer Zusatzbeladung des „trockenen" Löschmittels Pulver das sogenannte Trockentanklöschfahrzeug TroTLF. 1800 Liter Wasser, 750 Kilogramm Pulver und 80 Liter Schaummittel in tragbaren Kanistern stellen die Löschmittelbeladung des TroTLF 16 dar. Die Feuerlöschkreiselpumpe leistet 1600 l/min bei 8 bar.

Freiwillige Feuerwehr Freising

◄ Zu den Feuerwehren, die das damals neue TroTLF 16 beschafften, gehörte die Kreisstadt Freising. Der Magirus-Deutz Mercur 150 A lief von 1964 bis 1992 in der Domstadt.

Freiwillige Feuerwehr Nürnberg

▲ Gut erkennbar sind im vorderen Geräteraum die Schalttafel für die Pulver-löschanlage und darunter die Schnellangriffshaspel. Die Nürnberger Feuerwehr gehörte zu den Wehren, die ihre Löschzüge mit TroTLF 16 anstelle von TLF 16 aus-rüsteten. Dieser 1981 von Metz gelieferte MAN 11.192 HA-LF lief später bei der Abteilung Worzeldorf der Freiwilligen Feuerwehr.

TroLF
TroTLF 16
SLF

Berufsfeuerwehr Kassel

▲ In der Stadt, in der der Lastwagenhersteller Henschel
ansässig war, fuhr die Feuerwehr natürlich die Hausmarke.
Im April 1963 ersetzte das neue Trockentanklöschfahrzeug
TroTLF 16 auf Henschel HS 11 HAL mit Aufbau von Metz ein
Tanklöschfahrzeug im Löschzug. Bis zum 28. August 1979
stand dieses TroTLF 16 im Einsatzdienst. Heute bereichert es
den historischen Henschel-Löschzug von Kassel.

Freiwillige Feuerwehr Dillingen/Saar

▼ An ihrem Trockentanklöschfahrzeug TroTLF 16 auf Magirus-Deutz 170 D 11 FA von 1972 änderte die Freiwillige Feuerwehr Dillingen/Saar die Beladung: Die selten benötigten Saugschläuche wanderten auf das Dach. Dafür liegt das Schwerschaumrohr griffbereit auf dem Trittbrett. Zudem montierten sie auf dem Aufbau einen Schaum-Wasser-Werfer.

TroLF
TroTLF 16
SLF

Freiwillige Feuerwehr Weiherhammer

▲ In den siebziger und achtziger Jahren beschaffte die Berliner Feuerwehr einige Trockentanklöschfahrzeuge TroTLF 16. Eines davon, ein 1971 von Bachert gebauter MAN 450 HA-LF, kam 1990 in die Oberpfalz. Nach zehn Dienstjahren löste es die Freiwillige Feuerwehr Weiherhammer durch ein Löschgruppenfahrzeug LF 16/12 ab.

Berufsfeuerwehr Göttingen

▶ Während der Aufbau des auf gleicher Doppelseite abgebildeten MAN mit Rollläden ausgeführt ist, weist dieses ebenfalls 1971 von Bachert gebaute Trockentanklöschfahrzeug TroTLF 16 Drehtüren auf. Nach der deutschen Wiedervereinigung gelangte dieser Mercedes-Benz LAF 1113 B zur Berufsfeuerwehr Wittenberg.

Berufsfeuerwehr Neumünster

▶ Ein Einzelstück in vielerlei Hinsicht steht seit 1986 in Neumünster im Einsatz: Es baute die 1990 erschiene Firma Meisner aus Rendsburg. Der Mercedes-Benz 1928 AK ist stärker und schwerer, als es die Norm vorsah. Es führt mehr Löschmittel mit als üblich: 2 500 Liter Wasser, 250 Liter Schaummittel und 75 Kilogramm Pulver. Und die Rosenbauer-Pumpe leistet 3 000 l/min bei 10 bar.

Werkfeuerwehr Merck, Darmstadt

▲ Alle vier gängigen Löschmittel finden sich auf diesem Sonderlöschfahrzeug. Die gelenkte Nachlaufachse erhöht die
Wendigkeit. Um das Unfallrisiko beim Ein- und Aussteigen zu
verringern, wurde das Fahrerhaus nach vorne unten versetzt.
Für die Werkfeuerwehr eines Chemieunternehmens war dieses Konzept eines Vierachsers effektiv. Denn wollte man die
Beladung auf genormten Fahrzeugen unterbringen, wären mindestens vier Fahrzeuge erforderlich gewesen.

Werkfeuerwehr Merck, Darmstadt	
Fahrzeugtyp	TroSLF 40/40-40-30
Hersteller	Mercedes Benz
Fahrgestell	3235 F/8x4
Motorleistung	354 PS
zulässiges Gesamtgewicht	35 300 kg
Aufbauhersteller	Rosenbauer
Pumpenleistung	6 000 l/min bei 10 bar
Löschmittel	4000 l Wasser
	4000 l Schaummittel
	3000 kg Pulver
	300 kg Kohlendioxid
Besatzung	6 Personen
Baujahr	1994

Werkfeuerwehr
BSL Schkopau

▼ Selten bei einer Industriefeuerwehr ist der Allradantrieb. Die Werkfeuerwehr BSL setzt einen Mercedes-Benz 2629 A 6×6 ein. Hinter dem verlängerten Fahrerhaus ist die 1500-Kilogramm-Pulverlöschanlage angeordnet. In den Tanks über der Hinterachse befinden sich je 3000 Liter Wasser und Schaummittel. Eine 6000 l/min leistende Pumpe arbeitet im Heck des 1993 von Ziegler gebauten Fahrzeuges.

TroLF
TroTLF 16
SLF

Freiwillige Feuerwehr Ismaning

▲ In der Gemeinde Ismaning am Stadtrand Münchens siedelten sich Unternehmen an, deren Anlagen der Elektro- und Fernsehtechnik nicht mit Wasser gelöscht werden dürfen. Daher ergänzte die Feuerwehr das geplante Tanklöschfahrzeug TLF 24/50 um eine Sonderlöschmittelbeladung. Im vorderen Geräteraum sind die Bedientableaus und Schlauchhaspeln für die Löschanlagen Pulver und Kohlendioxid erkennbar.

Werkfeuerwehr Röhm, Worms

◀ In der Schweiz kaufte die Werkfeuerwehr 2000 ein Sonderlöschfahrzeug mit 2000 Litern Wasser, 500 Litern Schaummittel und 500 Kilogramm Pulver. Die Firma Brändle fertigte nicht nur den Aluminium-Aufbau, sondern erweiterte das Fahrerhaus zur Mannschaftskabine. Die 5300 l/min leistende Brändle/Godiva-Pumpe ist mit einem elektronisch geregelten Schaumzumischsystem kombiniert.

Freiwillige Feuerwehr Ismaning

▲ Der im Jahr 2000 von Ziegler auf einem Mercedes-Benz Actros 3340 6x6 aufgesetzte Aufbau beinhaltet 6000 Liter Wasser, 500 Liter Schaummittel, 500 Kilogramm Pulver und 480 Kilogramm Kohlendioxid. Die im Heck eingebaute Kreiselpumpe mit einer Leistung von 4800 l/min bei 8 bar ist mit einer Druckluftschaumanlage CAFS gekoppelt.

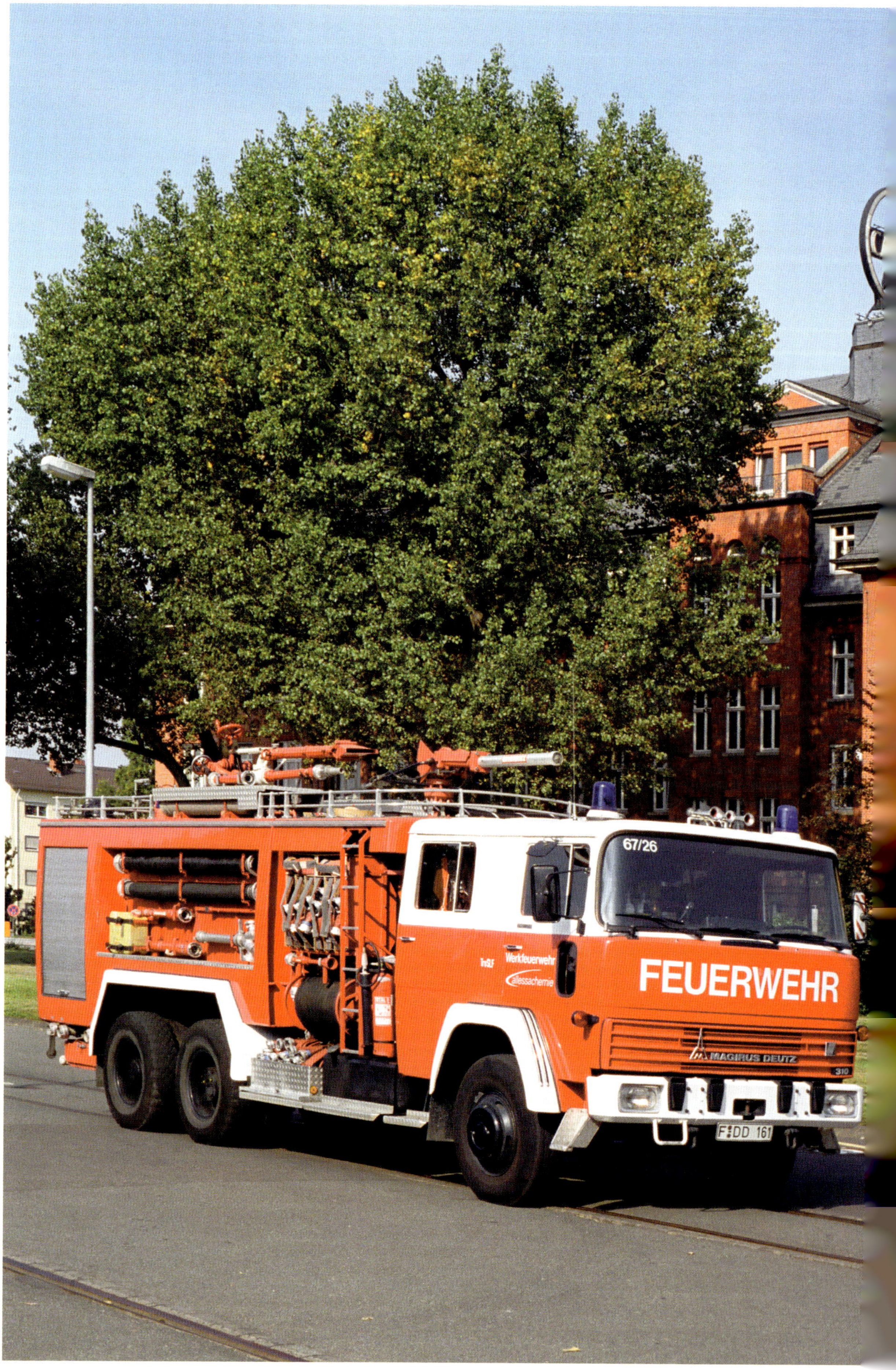
67/26
FEUERWEHR
Werkfeuerwehr
allessachemie
MAGIRUS DEUTZ
F DD 161

Werkfeuerwehr Hessachemie, Frankfurt

Alle vier gängigen Lösch-mittel transportiert die-s von Magirus gebaute dustrie-Löschfahrzeug: 000 Liter Wasser, 1500 ter Schaummittel, 1500 logramm Pulver und 120 logramm Kohlendioxid. it 1977 läuft dieser agirus 310 D 26 F mit er 4000 l/min leistenden mpe in dem Frankfurter hemiebetrieb.

Werkfeuerwehr Leuna

Mitte der neunziger Jahre erneuerte die Werkfeuerwehr am mittel-deutschen Chemiestandort Leuna ihren Fuhrpark. 1993 lieferte Rosenbauer ein Trocken-Sonderlöschfahr-zeug auf MAN 26.272 6x4. Es führt 2500 Liter Wasser, 2000 Liter Schaummittel und 3000 Kilogramm Pulver mit. Die Pumpe leistet 3200 l/min bei 8 bar und im Hochdruckbetrieb 350 l/min bei 40 bar.

TroLF
TroTLF 16
SLF

Werkfeuerwehr Raffinerie Holborn, Hamburg

◄ Über der Hinterachse des 1990 gebauten Mercedes-Benz 1929 sind die Löschmitteltanks für 3000 Liter Wasser und 2000 Liter Schaummittel platziert. Die Rosenbauer-Pumpe leistet 3000 l/min bei 10 bar.

Freiwillige Feuerwehr Kösching

◄ 4500 Liter Schaummittel transportierte dieser imposante Magirus Jupiter 6500, der 1963 an eine Raffinerie in Ingolstadt geliefert wurde. Die Vorbaupumpe leistet 2400 l/min.

Werkfeuerwehr Esso, Raffinerie Hamburg

▲ Auf Brandwache inmitten der Produktionsanlage stand dieses Zumischerlöschfahrzeug, als das Foto 1984 in der damaligen Esso-Raffinerie entstand. Der Tank des 1967 gebauten Magirus-Deutz 150 D 10 fasste 3000 Liter Wasser oder Proteinschaummittel.

TroLF
TroTLF 16
SLF

Werkfeuerwehr Bayernoil Ingolstadt

▲ Im Großraum Ingolstadt entstanden Mitte der sechziger Jahre mehrere Raffinerien, die durc
Pipelines aus Triest und Genua versorgt werden. Für die Brandbekämpfung lieferte Rosenba
er 1991 ein Sonderlöschfahrzeug auf Mercedes-Benz 2635 K 6x4, das 4 500 Liter Wasser und
7 500 Liter Schaummittel mitführt. Die Pumpe leistet 5 000 l/min bei 10 bar, die Schaummittel-
pumpe 440 l/min bei 16 bar.

Werkfeuerwehr Mider, Spergau

Brennt es in einer Raffinerie, werden große Schaummittel-
mengen benötigt. Die 1997 eröffnete Anlage besitzt drei
Auflieger mit jeweils 20 000 Litern Schaummittel. Dafür stehen
zwei MAN 19.343 Sattelzugmaschinen in der Feuerwache.

Berufsfeuerwehr München

Nicht nur in Raffinerien
ist es sinnvoll, Schaum-
mittel in ausreichender
Menge zu bevorraten. Das
Gefahrenpotenzial der
Industrieanlagen und der
Straßengütertransporte
bewog die Stadt München,
1987 bei der Firma Rosen-
bauer zwei Schaummittel-
fahrzeuge zu beschaffen.
Jeder der beiden MAN
22.192 FA-LF transportiert
1800 Liter Schaummittel.

TroLF
TroTLF
SLF

Flugplatz Halle-Oppin

▲ Zur Absicherung der Brandrisiken in der chemischen
Industrie importierte die DDR zahlreiche Sonderlöschfahr-
zeuge auf tschechischen Tatra-Fahrgestellen. Von 1983 bis
1996 stand dieser Tatra 148 mit Aufbau von Rosenbauer im
Chemiewerk Leuna, bevor er zur Flugplatzfeuerwehr kam.
Die beiden Tanks mit 3000 und 5500 Litern Fassungsvermö-
gen lassen sich wahlweise mit Wasser und Schaummittel füllen
Die Pumpe leistet 4800 l/min.

Werkfeuerwehr Leuna

▼ Eine Gefahrgutkennzeichnung trägt dieses 1994 gelieferte Sonderlöschfahrzeug auf MAN 19.322. Der Zahlencode erklärt, dass 4000 Kilogramm tiefkaltes flüssiges Kohlendioxid geladen sind. Hinter dem vorderen Rollladen befindet sich die 4800 l/min bei 10 bar leistende Feuerlöschkreiselpumpe der Firma Rosenbauer.

Flughafenlöschfahrzeuge

FLF

As sich am 9. Februar 1969 der Prototyp des weltgrößten Passagierflugzeuges Boeing Jumbo-Jet 747 in die Luft erhob, wuchsen auch die Feuerwehrfahrzeuge. Mehr Löschwasser, mehr Schaummittel, größere Pumpe und schneller am Einsatzort, so lauteten die Forderungen. Innerhalb von drei Minuten soll die Feuerwehr an jedem Punkt der Flugbetriebsfläche mit dem Löscheinsatz beginnen. Die Giganten der Luft werden geschützt von den Giganten der Löschfahrzeuge: 1000 PS, eine Beschleunigung von 0 auf 100 km/h in 25 Sekunden sowie Spitzengeschwindigkeit von 140 km/h sind heute Standard. Ergänzt werden die Löschriesen von schnellen Vorausfahrzeugen. Bei einem Absturz ersticken sie mit Pulver die Flammen des brennenden Kerosins. Ein Schaumteppich soll das Wiederentzünden der heißen Treibstoffdämpfe verhindern. Zum Glück sind diese tragischen Unglücksfälle äußerst selten. Die meisten Einsätze sind unspektakulär: Einige Liter Kerosin, die beim Betanken ausgelaufen sind, werden aufgenommen. Oder es sind bei der Landung heiß gelaufene Bremsen abzukühlen.

Wie viel Wasser, Schaummittel und Pulver und wie viele Fahrzeuge eine Flugplatzfeuerwehr in ständiger Einsatzbereitschaft halten sollte, schreibt die Internationale Zivile Luftfahrtorganisation (ICAO – International Civil Aviation Organization) vor. Sie teilt die Flughäfen nach der Größe der dort landenden Flugzeuge in zehn Kategorien ein. Die deutschen Flughäfen Düsseldorf, Frankfurt/Main, Hahn, Hamburg, Köln-Bonn und München sowie der Militärflugplatz Manching liegen in der zweithöchsten Kategorie.

Flughafen Magdeburg

▶ Zwei Tatras sichern den Brandschutz auf dem Magdeburger Flugplatz: vorne ein 1976 gebautes LF 32/60-6 auf Tatra 148 mit 6000 Liter Wasser und 00 Liter Schaummittel. dahinter steht ein modernes LF 32/48-8 auf dem Tatra 5-2. Den Aufbau fertigte 97 die Firma tht.

Flughafen Friedrichshafen

Kraftvolle 1000 PS beschleunigen das MAN-ghafenlöschfahrzeug, das 01 am Bodensee in Dienst stellt wurde. Auf 14 Meter sfahrbar ist der vom Auf-uhersteller Rosenbauer ontierte Löscharm. 4700 er Wasser je Minute leistet Wasserwerfer.

Flughafen Stuttgart

▲ Die Löschlanze am Teles-koparm bohrt sich durch den Flugzeugrumpf, um innen zu löschen. Auf das MAN-Chassis baute 2002 der Hersteller Ziegler ein Flughafenlöschfahrzeug FLF

mit 12500 Litern Wasser und 1500 Litern Schaummittel sowie 270 Kilogramm Kohlendioxid auf. 1000 PS leistet der Fahrmotor und 305 PS stark ist der MAN-Motor, der die 6000 l/min leistende Pumpe antreibt.

FLF

Feuerwehrmuseum Eisenhüttenstadt

▼ In den dreißiger Jahren entwickelten das Reichsluftministerium und die Firma Metz für die Fliegerhorste eine Tankspritze mit 2 500 Litern Wasser und 300 Litern Schaummittel auf einem Henschel-Fahrgestell. Gefordert war, dass innerhalb von fünf Sekunden nach dem Anhalten die drei Schaumrohre in Aktion treten. Dieses Fahrzeug wurde 1941 gebaut.

Flughafen München

▶ Zur Olympiade 1972 in München stellte der damals im Stadtteil Riem gelegene Flughafen zwei 52 Tonnen schwere Löschfahrzeuge in Dienst. Die 1 000 PS starken Faun LF 1412/52 V 8x8 transportierten 18 000 Liter Wasser und 2 000 Liter Schaummittel. Die beiden von Magirus eingebauten Pumpen leisteten je 4 800 l/min bei 12 bar.

Segelflugplatz Cham

▼ Mitte der achtziger Jahre stand auf dem Flugplatz ein 1973 gebauter polnischer Kleintransporter der Marke Nysa, den ein Unternehmer gestiftet hatte. Mit ihm wurden die vorgeschriebenen Pulverlöscher, Krankentrage, Verbandskasten und Einreißhaken transportiert.

FLF

Flughafen Bayreuth

▲ Für Verkehrslandeplätze konzipierte die Firma Minimax das Sonderlöschfahrzeug SLF 1200/500. In dem einen Behälter befinden sich 500 Kilogramm Pulver, in dem anderen 1200 Liter vorgemischte Wasser-Schaummittel-Lösung. Eine Pumpe ist nicht eingebaut. Der Ausstoß erfolgt mittels der drei im Heck gelagerten Stickstoff-Druckgasflaschen. 19 SLF baute Minimax in dieser Form zwischen 1980 und 1989 auf dem Mercedes-Benz Unimog U 1300 L auf.

Flughafen Hof-Plauen

▼ Von 1974 bis 2002 stellte den Brandschutz auf dem Flughafen Hof-Pirk – heutiger Name Hof-Plauen – ein Mercedes-
Benz LAF 1113 B sicher. Vorne ist die 1000-Kilogramm-Pulver-
anlage zu erkennen. Der Gerätekoffer von Bachert umschließt
die Tanks für 2000 Liter Wasser und 500 Liter Schaummittel
sowie die 1600 l/min leistende Pumpe.

FLF

Flughafen Halle-Leipzig

▶ Tiernamen bevorzugt der österreichische Hersteller Rosenbauer für seine Flughafenlöschfahrzeuge. Unter der futuristisch gestylten GFK-Hülle des „Panthers" steckt ein geländegängiges MAN-Lastwagenchassis. Das Trockenlöschfahrzeug transportiert 3 000 Kilogramm Pulver, der dahinter stehende Vierachser 10 000 Liter Wasser, 1 300 Liter Schaummittel und 500 Kilogramm Pulver.

Flughafen Schwerin-Parchim

▼ Zwei Fahrzeuge von Rosenbauer stehen auf dem Flughafen in Mecklenburg-Vorpommern: Seit 1996 ist dort ein Mercedes-Benz 1831 AK mit 4 000 Litern Wasser, 300 Litern Schaummittel, 250 Kilo-

gramm Pulver sowie 60 Kilogramm Kohlendioxid stationiert. Ein Jahr später folgte der „Puma" auf Kronenburg-Fahrgestell. Die 6 000 Liter leistende Pumpe fördert in

kurzer Zeit die 10 000 Liter Wasser und 1 000 Liter Schaummittel. Zudem sind 250 Kilogramm Pulver an Bord.

lughafen Hahn

1993 kaufte der Frankfurter Flughafen fünf „Simbas" bei Rosenbauer. Einer lief auf dem früheren Militärflugplatz Hahn in der Pfalz. In dem Fahrgestell der Eisenwerke Kaiserslautern EWK) sitzt ein 816 PS starker Motor. 8 500 Liter Wasser und 1000 Liter Schaummittel transortiert das FLF 60/85-10.

FLF

Fliegerhorst Erding

▲ Für den Schutz auf den Landeplätzen von Heer, Luftwaffe und Marine unterhält die Bundeswehr eigene Feuerwehren mit einem vereinheitlichten Fuhrpark. Eine Rettungsbühne ist auf der Motorhaube des FlKFZ 1000 genannten Mercedes-Benz Unimog U 1300 L montiert. In dem Aufbau der Firma Metz sind 1000 Liter Wasser, 100 Liter Schaummittel und zwei 50-Kilogramm-Pulverlöscher untergebracht.

Fliegerhorst Erding

▶ Einen markanten Eindruck hinterlassen die beiden FlKFZ 3500 mit ihrer ungewöhnlichen Achsanordnung. Über den Vorderachsen des Faun ist die 750-Kilogramm-Pulverlöschanlage eingebaut. Zur Beladung zählen des Weiteren 3500 Liter Wasser, 280 Liter Schaummittel, ein 5-kVA-Stromerzeuger, hydraulischer Rettungssatz, Motorkettensäge und ein Lichtmast am Heck. Die Aufbauten fertigte 1987 und 1988 die Arbeitsgemeinschaft Bachert-Ziegler.

Heeresflugplatz Laupheim

Wieder in rot lackiert ist dieses FlKFZ 8000 seit der zweiten Hauptinstandsetzung im Jahr 1999. Bei der Auslieferung im Jahr 1978 war es rot gewesen, anschließend olivgrün. Zur besseren Erkennbarkeit versah die Wehr den Faun mit gelben Streifen.

Heeresflugplatz Laupheim	
Fahrzeugtyp	FlKFZ 8000
Hersteller	Faun
Fahrgestell	LF 40.30x2/48 V 8x8
Motorleistung	2 Motoren je 320 PS
zulässiges Gesamtgewicht	32 800 kg
Aufbauhersteller	Kronenburg
Pumpenleistung	5 400 l/min bei 10 bar
Löschmittel	8 000 l Wasser
	800 l Schaummittel
Besatzung	4 Personen
Baujahr	1978

FLF

Flughafen Berlin-Tempelhof

▲ Den Namen des spurtstarken Geparden lieh sich die Firma
Rosenbauer für ihre Vorauslöschfahrzeuge aus: Auf
130 km/h kommt der 1982 gebaute Prototyp des „Jumbo
Cheetah". 2000 Liter Wasser, 200 Liter Schaummittel und
100 Kilogramm Halon transportiert der hoch geländegängige
ÖAF 14.440.

US Army Ansbach-Katterbach	
Fahrzeugtyp	FLF
Hersteller	Amertek
Fahrgestell	2500 L
Motorleistung	350 PS
zulässiges Gesamtgewicht	13 295 kg
Aufbauhersteller	Amertek
Pumpenleistung	3790 l/min bei 10 bar
Löschmittel	2500 Wasser
	273 l Schaummittel
Besatzung	4 Personen
Baujahr	1989

**US Army
Ansbach-Katterbach**

▶ Gute Übersicht über di
Einsatzstelle hat der
Maschinist, der die Pumpe
auf dem Podium hinter der
Kabine bedient. Die US
Army stationierte Ende de
achtziger Jahre auf vielen
ihrer Standorte in Deutsch
land die in Kanada gebaute
Amertek 2500 L.

Flughafen Berlin-Tempelhof

Mitten in der Stadt Berlin liegt der Flughafen Tempelhof. 1975 nahmen dort zwei Faun mit Aufbauten des niederländischen Herstellers Saval-Kronenburg ihren Dienst auf. Sie transportierten jeweils 10000 Liter Wasser und 1000 Liter Schaummittel.

Drehleitern

DL
DL bis 18 m
DL bis 25 m
DL bis 30 m
DL über 30 m
LB

Am 4. Juli 2004 feierte New York die Grundsteinlegung für den 541 Meter hohen Freedom Tower an der Stelle des am 11. September 2001 zerstörten World Trade Centers. Aber so hoch reicht keine Drehleiter. 62 Meter Leiterlänge sind das Längste, was bislang für China gebaut worden ist. In Deutschland sind 30 Meter Leiterlänge Standard. Das liegt an den Bauvorschriften, die oberhalb des 8. Stockwerkes zwei baulich getrennte Treppenhäuser vorschreiben.

Das Erscheinungsbild der Drehleiter hat sich über die Jahrzehnte nicht verändert. Sie besteht aus einem Lastwagenchassis, einem Drehstuhl mit Aufrichtehydraulik und dem Leiterpark. Dieser war früher aus Holz. In den dreißiger Jahren kam die Stahlleiter auf den Markt. Erst der an der Leiterspitze befestigte Rettungskorb machte die Drehleiter zu einem vielseitigen Arbeitsgerät. Die Sprossen hinauf- und hinabzusteigen, das ist heute fast nicht mehr erforderlich. Der Rettungskorb bringt den Feuerwehrmann und die gefährdeten Personen sicher hinunter. Mit einer am Korb zu befestigenden Krankentrage können verletzte Personen liegend und schonend transportiert werden.

Made in Germany – auf allen Kontinenten: Weltweit verbreitet sind die in den deutschen Werken der berühmten Feuerwehrpioniere Carl Metz und Conrad D. Magirus gefertigten Drehleitern.

Berufsfeuerwehr München

 Ausgefahren reicht der hölzerne Leiterpark 28 Meter hoch. Magirus montierte 1921 die Leiter auf ein 45 PS starkes MAN/Saurer-Fahrgestell mit damals üblicher Vollgummibereifung.

eiwillige Feuerwehr Ottobrunn

Am 21. August 1988 brannte in Unterschleißheim eine Lagerhalle. Eine der zahlreichen Drehleitern, die bei den scharbeiten zum Einsatz kamen, war die DL 30 der Otto-unner Feuerwehr, ein Magirus-Deutz 170 D 12 F von 1971.

Freiwillige Feuerwehr Rautenkranz

Eine kleine Drehleiter sei sicherer im Betrieb als eine Steck- oder Schieb-leiter, sagte sich die Wehr im Erzgebirge. Aus der Kon-kursmasse eines Betriebes kaufte sie 1995 eine Drehlei-ter DL 10 und baute sie neu auf. Ein 15 PS starker 2-Zylinder-Dieselmotor treibt den Multicar M22D von 1966 an.

Freiwillige Feuerwehr Bardowick

Aufrichten, Absenken, Drehen, Ausfahren oder Einziehen. Jede Leiterbewe-gung musste die Besatzung dieser Drehleiter DL 10 von Hand kurbeln. Den 10 Meter langen Holzleitersatz baute die Firma Meyer-Hagen und setzte ihn 1962 auf einen VW-Transporter mit 34 PS Motorleistung auf.

DL
DL bis 18 m
DL bis 25 m
DL bis 30 m
DL über 30 m
LB

DL
DL bis 18 m
DL bis 25 m
DL bis 30 m
DL über 30 m
LB

Freiwillige Feuerwehr Neusweiler

◀ Diese Drehleiter DL 18 ist typisch für die Fahrzeugbeschaffungen in den fünfziger Jahren im Saarland. Das Fahrgestell kam aus Frankreich, der Aufbau von einem im Saarland ansässigen Betrieb. Von 1959 bis 1997 verfügte die Wehr über den Renault 2168 mit Leiter der Firma Moll & Steinmann aus Walsheim/Saar.

Freiwillige Feuerwehr Zwenkau

◀ Auch die Drehleitern wurden in den dreißiger Jahren einer reichseinheitlichen Typisierung unterworfen. Diese Leichte Drehleiter mit 17 Metern Leiterlänge LDL baute Metz 1939 auf einem Opel Blitz auf. Erst 1996 endete ihr aktiver Einsatzdienst.

Freiwillige Feuerwehr Rednitzhembach

▲ Nicht im Einsatzdienst, sondern für den Freileitungsbau nutzte die Nürnberger Feuerwehr eine Drehleiter DL 14 auf Hanomag Garant von 1963. Bachert baute für kommunale Zwecke Leitern mit Elektroantrieb. Die Gelblichter tauschte die Feuerwehr Rednitzhembach gegen Blaulichter, als sie 1977 die DL 14 kaufte. Heute gehört sie dem Förderverein des Nürnberger Feuerwehrmuseums.

DL
DL bis 18 m
DL bis 25 m
DL bis 30 m
DL über 30 m
LB

**Freiwillige Feuerwehr
Bensheim**

▼ Das schwere Mercedes-
Benz-Lastwagenchassis
LF 3500 wählte die Benshei-
mer Feuerwehr 1951 für
ihre Drehleiter DL 17. Der
90 PS starke Motor wurde
auch zum Antrieb der
Metz-Vorbaupumpe mit
800 l/min benötigt.

**Freiwillige Feuerwehr
Bayreuth**

▶ Eine Drehleiter DL 18 ab
Mitte der sechziger
Jahre auf eigenem Fahrge-
stell anzubieten, war
Magirus erst möglich, als sie
einen Kleinlastwagen ins Lie-
ferprogramm aufnahmen.
Allerdings bezog ihn
Magirus vom Traktorenher-
steller Eicher. Die mecha-
nisch zu bedienende DL 18
der Feuerwehr Bayreuth
wurde 1971 auf einem
Magirus-Deutz 80 D 6 F
ausgeliefert.

Freiwillige Feuerwehr Oy

Ein Einzelstück blieb die Drehleiter DL 18, die Metz 1985 auf einem MAN-VW 8.136 aufbaute.

DL
DL bis 18 m
DL bis 25 m
DL bis 30 m
DL über 30 m
LB

Freiwillige Feuerwehr Marktredwitz

▲ Das Reichsluftministerium beschaffte um 1943 eine Serie Drehleitern DL 22. Aufgebaut wurde der Magirus-Leitersatz auf einem 100 PS starken Mercedes-Benz L 4500 F. Eine dieser DL 22 kam zur Freiwilligen Feuerwehr Marktredwitz. Eine Sitzbank für Einsatzkräfte hinter dem Fahrerhaus war Serie. Die Montage der zweiten Gartenbank erfolgte nachträglich.

Freiwillige Feuerwehr Ludwigsburg

▶ Eine damals äußerst seltene Kombination stellte eine Drehleiter DL 25 von Magirus auf einem Mercedes-Benz LF 311-Fahrgestell dar. 1959 konnte die Stadt Ludwigsburg eine solche DL 25 erwerben, denn üblicherweise baute Magirus für deutsche Wehren nur auf Magirus-Deutz auf.

**reiwillige Feuerwehr
1emmingen**

In über 1500 Stunden
restauriert, feierte die
rehleiter DL 25 von Metz
uf Mercedes-Benz LF 3500
n Frühjahr 2004 ihren 50.
eburtstag. Der Sechszylin-
er-Dieselmotor entwickelt
us 4580 ccm Hubraum
0 PS.

DL
DL bis 18 m
DL bis 25 m
DL bis 30 m
DL über 30 m
LB

**Freiwillige Feuerwehr
Schwabach**

▲ Als sie 1990 beim
Löschzug Unterreichen-
bach der Schwabacher Feu-
erwehr fotografiert wurde,
stand die Drehleiter DL 22
schon kurz vor der Ausmusterung.

Freiwillige Feuerwehr Schwabach	
Fahrzeugtyp	DL 22
Hersteller	Magirus-Deutz
Fahrgestell	S 3500
Motorleistung	85 PS
zulässiges Gesamtgewicht	7 200 kg
Aufbauhersteller	Magirus
Leiterlänge	22 m + 2 m Handauszug
Besatzung	6 Personen
Baujahr	1950

Freiwillige Feuerwehr Dachau

Seit 1959 steht diese Drehleiter DL 25 auf Magirus-Deutz
Mercur 125 im Einsatz und hat so ihren Nachfolger in der
Dienstzeit überholt. Als Extra ist an der Front eine Rotzler-Seil-
winde von 4,5 t Zugkraft montiert.

**Freiwillige Feuerwehr
Teterow**

▲ Eine wechselvolle
Geschichte hat diese
Drehleiter DL 22 hinter
sich. Der Magirus-Leiterpark
stammt von 1942. Aus Man-
gel an eigener Leiterproduk-
tion in der DDR setzte man
in der Zentralwerkstatt der
Feuerwehr in Borkheide die
überholte Leiter auf ein
1964 gebautes IFA-Nieder-
rahmenchassis S 4000-1 T.
Heute pflegt der Feuer-
wehrverein Teterow in
Mecklenburg-Vorpommern
diese DL 22.

Freiwillige Feuerwehr Bous

▼ Aus Frankreich kommt das Fahrgestell. Auf einem Unic
GFA ZU 53 baute die Firma Magirus 1954 eine Drehleiter
DL 25 auf. Die ungewöhnliche Herstellerkombination zeigt es,
der Einsatzort der DL 25 lag im Saarland.

DL
DL bis 18 m
DL bis 25 m
DL bis 30 m
DL über 30 m
LB

Freiwillige Feuerwehr Oberalting-Seefeld

◀ Ein ungewohntes Leiterkonzept verwirklichte Metz mit der Drehleiter DLK 12-9 SE. Die Buchstaben SE stehen für „Sofort-Einstieg", denn ohne Rüstzeiten kann die Besatzung sofort in den Korb einsteigen. Der 18 Meter lange Leiterpark wurde üblicherweise auf Mercedes-Benz-Fahrgestellen montiert. Nur in einem Fall wählte eine deutsche Wehr einen MAN 9.136 LC aus. Geliefert wurde die DLK 12-9 SE im Jahr 1996.

Freiwillige Feuerwehr Büdelsdorf

▼ Drehleiter mit Korb und 18 Metern Rettungshöhe bei 12 Metern seitlicher Ausladung. Das bedeutet die Abkürzung DLK 18-12. Früher hätte man nach der Leiterlänge DL 24 gesagt. Die Freiwillige Feuerwehr Büdelsdorf stellte 1998 eine DLK 18-12 von Metz auf Mercedes-Benz 1124 F in Dienst.

Berufsfeuerwehr Köln

▼ Wuchtig wirken diese beiden von Metz aufgebauten Drehleitern, die die Kölner Feuerwehr 1934 in Dienst stellte. Das liegt daran, dass für 32 Meter Leiterlänge ein fünfteiliger Leiterpark gewählt wurde. Aufgebaut wurden die DL 32 auf Mercedes-Benz-Niederrahmenchassis LoD 4000, die ein 95 PS starker Vergasermotor antreibt.

euerlöschpolizei Obersalzberg

„Feuerlöschpolizei Obersalzberg" steht auf der Tür des
Fahrerhauses der Kraftfahrleiter KL 26. Der 120 PS starke
agirus-Deutz F 145 begann dort 1942 seinen Einsatzdienst
m Schutz der Anlagen am Obersalzberg. Nach Kriegsende
herte die KL 26 den Schutz der Bad Reichenhaller Bevölke-
ng. 1977 erwarb sie ein Oldtimerfreund und restaurierte sie
ginalgetreu. Dabei erhielt die KL 26 wieder die grüne Farbe
s Lieferzustandes.

DL
DL bis 18 m
DL bis 25 m
DL bis 30 m
DL über 30 m
LB

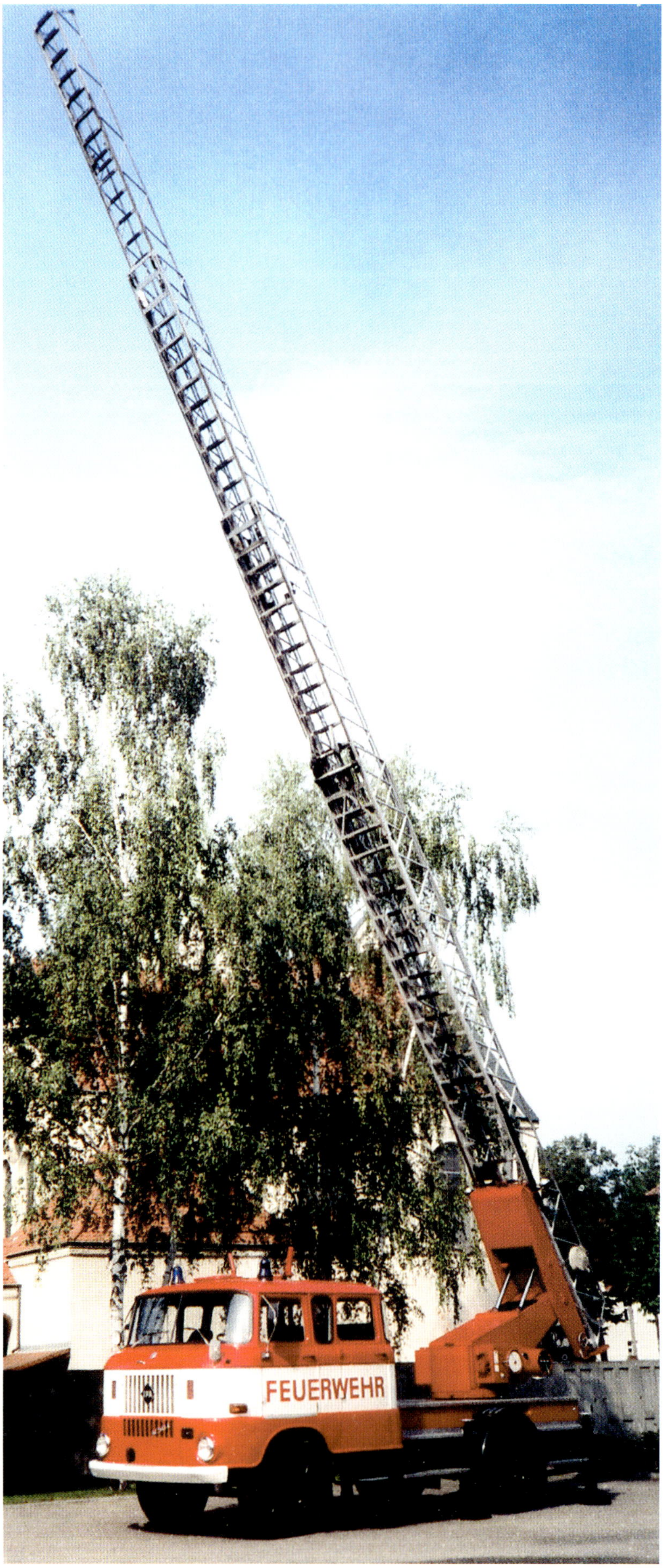

Freiwillige Feuerwehr Torgau

◀ Der VEB Feuerlöschgerätewerk Luckenwalde entwickelte eine Drehleiter DL 30, die ab 1968 in 684 Exemplaren für die Feuerwehren der DDR und für den Export gebaut wurde. Fahrgestell ist der IFA W 50 L. Die Abstützung erfolgte bei der 1972 gebauten DL 30 der Torgauer Wehr mit Fallspindeln.

Freiwillige Feuerwehr Limburgerhof

▶ Die Nachfrage nach 30-Meter-Leitern Drehleite DL 30 war in den fünfziger Jahren noch gering. Die Stadt Ludwigshafen kaufte 1956 bei Metz eine DL 30 auf Mercedes-Benz L 325. Unter der mächtigen Haub des 11,3 Tonnen schweren Fahrzeuges arbeitet ein 12 PS starker Motor. Mitte de siebziger Jahre übernahm die Feuerwehr Limburgerh die DL 30.

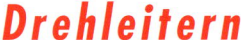

Freiwillige Feuerwehr Hegge

1966 brachte Metz einen stehenden Rettungskorb, der bei der Fahrt unter dem Leiterpark hängt. Für eine breitere Abstützung des Fahrzeuges ersetzte Metz die Spindel durch eine hydraulische Schrägabstützung. Beide Elemente zeigt die Drehleiter DLK 30, die 1968 an die Berufsfeuerwehr Freiburg geliefert wurde. 1992 übernahm die Freiwillige Feuerwehr Hegge den Mercedes-Benz LF 1113.

Drehleitern

DL
DL bis 18 m
DL bis 25 m
DL bis 30 m
DL über 30 m
LB

Die Norm änderte 1980 die Typbezeichnung. Die Angabe der Leiterlänge in Metern wurde ersetzt durch die Beschreibung des Arbeitsbereichs. Die Nennrettungshöhe bei der zugeordneten Nenn-Ausladung geben die Zahlen an. Aus der DL 30 wurde die Drehleiter mit Korb DLK 23-12. 23 Meter Höhe entsprechen der in Deutschland festgelegten Hochhausgrenze.

Berufsfeuerwehr Darmstadt

◄ Für die kommunale Branche entwickelte Mercedes-Benz die Baureihe Econic. Am häufigsten sieht man sie als Müllsammelfahrzeug. Die erste Drehleiter DLK 23-12 ließ die Darmstädter Feuerwehr 1999 durch die Firma Metz auf Econic 1828 aufsetzen. Ergänzt wurde das Chassis um eine Nachlauflenkachse, um die Wendigkeit zu erhöhen.

Freiwillige Feuerwehr Naila

▲ Mitte der siebziger Jahre setzte sich bei Metz die hydraulische Waagrecht-Senkrecht-Abstützung durch. Damit können Höhenunterschiede oder Straßengefälle ausgeglichen werden. Die erste Drehleiter DLK 23-12, die auf einem MAN-Frontlenker-Chassis 14.192 F aufgebaut wurde, ging 1979 an die Feuerwehr in Nordbayern. Die Ausschreibung für ihre Ersatzbeschaffung wurde im Sommer 2004 veröffentlicht.

Freiwillige Feuerwehr Holzkirchen

▼ Acht Zylinder arbeiten unter der mächtigen Motorhaube des Magirus-Deutz S 6500 und leisten 170 PS. 1955 war dieses die erste Drehleiter mit 30 m Steighöhe, die die Münchner Berufsfeuerwehr nach dem Krieg kaufte. 1972 kam die DL 30 nach Holzkirchen. Längst durch einen modernen Nachfolger ersetzt, wird sie liebevoll von der Feuerwehr gepflegt.

Berufsfeuerwehr Wiesbaden

▼ Prächtig restauriert in typisch hessischer Rot-Weiß-Lackie-
rung zeigt sich die Magirus-Drehleiter DL 30h, die die
Wiesbadener Feuerwehr bis 1992 auf der Südwache einsetzte.
Der Magirus 150 D 10 war 1965 die erste hydraulische Drehleiter in der hessischen Landeshauptstadt.

**Freiwillige Feuerwehr
Kaltenkirchen**

▲ Bei dieser 1982 in
Dienst gestellten, von
Magirus gebauten Drehleiter
auf Magirus-Deutz 192
D 13 F handelt es sich um
eine DLK 23-12.

DL
DL bis 18 m
DL bis 25 m
DL bis 30 m
DL über 30 m
LB

Freiwillige Feuerwehr Dachau

▲ Auf der Fachmesse „Interschutz" 1994 überraschte Magirus die Besucher mit einer Gelenkdrehleiter DLK 23-12 CC GL. Das oberste, 3,5 Meter lange Leiterteil lässt sich bis zu 75 Grad abwinkeln, um hinter Vorsprünge zu gelangen. Der 2003 nach Dachau gelieferte MAN LE 14.280 ist zur Erhöhung der Wendigkeit mit einer Hinterachszusatzlenkung ausgestattet.

Berliner Feuerwehr

▶ Um eine Fahrzeughöhe von unter drei Metern zu erreichen, ist die Kabine am MAN 14.225 LC Fahrgestell leicht nach vorne und unten versetzt montiert. Der fünfteilige Leiterpark der DLK 23-12 – anstelle des üblichen vierteiligen – baut kürzer und erhöht die Wendigkeit. Nachdem die Münchner Feuerwehr 13 dieser DLK 23-12 beschafft hatte, kaufte unter anderem die Berliner Feuerwehr 2001 zwei Stück.

Freiwillige Feuerwehr Braunlage

▶ Ständig an der Leiterspitze eingehängt ist der Rettungskorb bei dieser von Magirus gebauten DLK 23-12. Seit 1986 rückt die Wehr im Oberharz mit dem Iveco 140-25 A aus. Der Korb hat eine maximale Tragfähigkeit von 180 Kilogramm.

MAGIRUS
FEUERWEHR
Berliner
Feuerwehr
MAN

FEUERWEHR
25-31
112
IVECO

Freiwillige Feuerwehr Meißen

▲ Ein großer Wurf glückte Magirus mit der Drehleiter DLK 23-12 nB. nB steht für niedrige Bauart. Angeregt von der Forderung der Münchner Feuerwehr, eine Drehleiter für enge und niedrige Durchfahrten zu entwickeln, kam Magirus 1979 mit einem 2,85 Meter hohen und 2,35 Meter breiten Prototypen. Die Lösung war, das Fahrerhaus vor dem Rahmen zu montieren. Vor dem Meißner Dom steht am Elbufer die 1994 gebaute DLK 23-12 nB auf Iveco 120-25 AN.

Freiwillige Feuerwehr Aschaffenburg

▲ Die dritte Generation der Magirus-Niederbauleiter geriet 10,0 Meter lang, 2,40 Meter breit und 2,96 Meter hoch. Das zweite gebaute Fahrzeug dieser Bauart ging 2003 an die Ständige Wache der Aschaffenburger Feuerwehr. Der Iveco 150 E 28 wurde in weiß geliefert und mit leuchtroten und gelben Folien beklebt.

eiwillige Feuerwehr lingen an der Donau

Die zweite Generation der DLK 23-12 nB folgte 6. Äußerlich ist sie an großen Gerätekästen en dem Motorraum zu ennen. Die Dillinger erwehr wählte für ihren 9 gebauten Iveco 150 E lie Ausführung mit nkter Mittelachse.

**Berufsfeuerwehr
Würzburg**

▼ Um eine niedrige Fahr-
zeughöhe zu erreichen,
wählte Metz bei dieser
Drehleiter DLK 23-12 den
Weg, die Kabine vor dem
Rahmen zu platzieren. Die
Firma Eller baute 1994 den
Mercedes-Benz 1524 F um.
Am unteren Leiterpark ist
eine Kraneinrichtung mit
3 Tonnen Hubkraft ange-
bracht.

Berufsfeuerwehr Regensburg

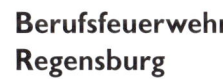 Auf den weltweit großen Erfolg der Niederbaudrehleiter von Magirus musste Metz kontern. Der eine Weg war der Umbau der Kabine. Sie wurde vom Platz über dem Motor vor den Rahmen gesetzt. Der andere Weg war die Ausführung Drehleiter DLK 23-12 SE. In den Korb des nach hinten abgelegten Leiterparks kann ohne Zeitverzögerung eingestiegen werden. Beide Konzepte fanden keine nennenswerte Kundenresonanz.

Die Regensburger Feuerwehr stellte beide Ausführungen in Dienst: vorne DLK 23-12 SE auf Mercedes-Benz 1419 F von 1982. Dahinter DLK 23-12 auf Mercedes-Benz 1422 F von 1991.

DL
DL bis 18 m
DL bis 25 m
DL bis 30 m
DL über 30 m
LB

Wer an Drehleitern denkt, denkt an die weltbekannten Firmen Magirus und Metz. Trotzdem konnten drei andere Hersteller in geringer Stückzahl ihre Produkte an deutsche Wehren verkaufen.

Freiwillige Feuerwehr Vechta

▲ In Frankreich zu Hause ist die Firma Camiva. Den Vertrieb in Deutschland betreut Ziegler. Ein ein Jahr altes Vorführfahrzeug beschaffte 1999 der Landkreis Vechta. Bedient wird die Drehleiter DLK 23-12 auf MAN 15.264 von den Einsatzkräften der Freiwilligen Feuerwehr Vechta.

Freiwillige Feuerwehr Homburg/Saar

▶ Zwischen 1991 und 199 gelang es dem französischen Hersteller Riffaud, vie Drehleitern bei deutschen Feuerwehren abzusetzen. 1993 stellte die Homburger Feuerwehr eine DLK 23-12 auf dem 272 PS starken Mercedes-Benz 1427 F-Fah gestell in Dienst.

Freiwillige Feuerwehr Spremberg

Nach der Wiedervereinigung versuchte der ehemalige Leiterhersteller der DDR unter dem neuen Namen FGL seine Produkte anzubieten und konstruierte eine neue, computergesteuerte DLK 23-12. Bevor der Betrieb vom Mitbewerber Metz übernommen wurde, verließen 17 Fahrzeuge die Luckenwalder Werkshallen. Die einzige 2,90 Meter hohe Niederbauausführung entstand 1994 auf einem Mercedes-Benz 1524 F-Chassis.

Berliner Feuerwehr

▲ 46 Meter – das war 1937 die höchste gebaute Leiter. Das Reichsluftministerium bestellte vier Kraftfahrleitern KL 46, die zwischen 1937 und 1939 an die Städte Berlin, Hamburg, Nürnberg und München geliefert wurden. Nach dem Krieg erhielt die Berliner KL 46 eine gelbe Motorhaube. Diese signalisierte den alliierten Besatzungstruppen, dass Feuerwehrfahrzeuge ausnahmsweise vor den Militärfahrzeugen Vorfahrt haben.

Berliner Feuerwehr	
Fahrzeugtyp	KL 46
Hersteller	Mercedes-Benz
Fahrgestell	LD 6500
Motorleistung	150 PS
zulässiges Gesamtgewicht	14 000 kg
Aufbauhersteller	Metz
Leiterlänge	46 m
Besatzung	6 Personen
Baujahr	1937

Freiwillige Feuerwehr Marktheidenfeld

▶ Zu den wenigen deutschen Städten, die Drehleitern DL 37 beschafften, gehörte 1960 Karlsruhe. Es handelte sich um die erste DL 37 von Metz mit hydraulischem Antrieb der Leiterbewegungen. Zugleich war es die letzte DL 37 auf einem Mercedes-Benz-Langhauber. Nach etwa 20 Dienstjahren kam der Mercedes-Benz Lko 331 nach Unterfranken. Beim Fototermin zusammen mit dem am 2. Mai 1986 aufgestellten Maibaum lief bereits die Beschaffung für das Ersatzfahrzeug.

DL
DL bis 18 m
DL bis 25 m
DL bis 30 m
DL über 30 m
LB

**Berufsfeuerwehr
Magdeburg**

▼ Da die DDR Hochhäuser gebaut hatte, die nicht den in Westdeutschland üblichen baulichen Standards entsprechen, kauften einige Feuerwehren in den neuen Bundesländern Drehleitern mit 37 oder 44 Metern Steighöhe. Für eine DLK 37 von Magirus auf Mercedes-Benz 1524 F entschied sich 1996 die Magdeburger Feuerwehr.

**Berliner
Feuerwehr**

▶ Die größte Drehleiter Berlins steht auf der Feuerwache Marzahn. In diesem Ausrückebereich liegen Plattenbausiedlungen, die mit einer DLK 23-12 nicht an jeder Stelle betreut werden können. Metz baute 2003 die DLK 37 mit fünfteiligem Leitersatz auf einem MAN LE 15.280 auf.

**Berufsfeuerwehr
Mannheim**

▶ Ende der sechziger Jahre erkannten Magirus und Metz einen Bedarf für Drehleitern mit einem fest montierten, großen Korb. Tragfähigkeit von 400 Kilogramm, Wasserwerfer und Scheinwerfer lauteten die Anforderungen. Magirus entwickelte die Leiterbühne LB, Metz nannte sein Produkt Telebühne. Auf einem 210 PS starken Faun-Kranfahrgestell baute Metz 1971 die erste Telebühne.

FEUERWEHR
Marzahn
L59
112
Berliner Feuerwehr
MAN
B 2309

FAUN
Notruf 112
STADT MANNHEIM
FEUERWEHR UND
KATASTROPHENSCHUTZ

DL
DL bis 18 m
DL bis 25 m
DL bis 30 m
DL über 30 m
LB

Freiwillige Feuerwehr Neu-Isenburg

▲ Wegen der Größe des Fahrzeuges baute Metz alle weiteren Telebühnen mit dem 30 Meter langen Leiterpark auf dreiachsigen Fahrgestellen auf. 1975 stellte die Neu-Isenburger Feuerwehr einen Mercedes-Benz L 2624 6x4 in Dienst. 240 PS bewegten das 22 Tonnen schwere Fahrzeug.

Freiwillige Feuerwehr Langen

▼ Die Magirus-Leiterbüh-
nen der Baujahre 1977
bis 1985 verfügten über
einen fünfteiligen Leiterpark
und einen für 360 Kilo-
gramm Nutzlast ausgelegten
Korb. 19 dieser Dreiachser
310 D 21 F 6x4 konnte
Magirus in Deutschland
absetzen. Seit 1979 rückt
die Feuerwehr Langen bei
Frankfurt mit der Leiterbühne im 1. Löschzug aus. Auf
der rechten Seite des Dreh-
stuhls ist ein 13-kVA-Gene-
rator befestigt, der vier
Halogenscheinwerfer am
Korb speist.

Gelenkmastbühnen

In den sechziger Jahren tauchte von Amerika und Großbritannien kommend eine Alternative zur klassischen Drehleiter auf: die Gelenkmastbühne GMB, oft auch „Snorkel" genannt. Sie konnte jahrzehntelang nicht bei deutschen Feuerwehren Fuß fassen. Zu schwer, zu schwerfällig und wegen fehlender Leiter nicht für die Rettung einer größeren Personenzahl geeignet, lauteten damals die ablehnenden Argumente. Daran arbeiteten die Hersteller und seit den neunziger Jah-

ren nimmt ihre Anzahl in Deutschland zu. Einer der Unterschiede zur Drehleiter: durch die Gelenkarme kann die Bühne über Vorsprünge hinwegreichen. Eine am teleskopierbaren Mast seitlich angebrachte Leiter stellt nun auch bei der Gelenkmastbühne den kontinuierlichen Rettungsweg sicher.

**Werkfeuerwehr
Bezirkskrankenhaus Haar**

▶ Auf 32 Meter lässt sich der Teleskoparm ausfahren. 400 Kilogramm beträgt die Korblast. Diese Daten beschreiben das 1989 von dem deutschen Hersteller Wumag in Krefeld auf einem Mercedes-Benz 2222 6x4 aufgebaute Fahrzeug.

**Freiwillige Feuerwehr
Weiler im Allgäu**

▲ Der vermutlich
erste Gelenkmast
bei einer bayerischen
Freiwilligen Feuerwehr
lief von 1983 bis 1992
im Allgäu. Den zehn
Jahre alten Magirus-
Deutz 120 D 11 F kauf-
te die Wehr von einem
Hebebühnenverleih. Für
den Feuerwehrdienst
rüsteten sie den 18
Meter hoch reichenden
Mast des finnischen
Herstellers Nummela
mit einer Wasserleitung
nach.

GMB
Rettungs-
treppe

**Freiwillige Feuerwehr
Rödermark**

◀ Der finnische Hersteller
Bronto Skylift Oy zählt
zu den bekanntesten Anbie-
tern von Gelenkmasten.
Seine bis in 88 Meter Höhe
reichenden Bühnen finden
sich bei Hebebühnenbetrei-
bern und Feuerwehren in
allen Kontinenten. 32 Meter
Mastlänge weist diese 1998
beschaffte Gelenkmastbühne
GMB auf MAN 18.264 LC
auf.
Rechtsseitig sind am Mast
die teleskopierbare Leiter
und ein Stromerzeuger
angebaut.

**Freiwillige Feuerwehr
Babenhausen**

▼ 1996 lautet das Baujahr
der Gelenkmastbühne
GMB 22, die Wumag auf
einem MAN 12.222 aufbau-
te. Der Rettungskorb ist mit
250 Kilogramm belastbar
und mit Wasserwerfer,
Strom- und Pressluftan-
schluss, zwei 1000-Watt-
Scheinwerfern sowie Was-
sernebeldüsen ausgestattet.

Freiwillige Feuerwehr Coswig/Anhalt

**GMB
Rettungs
treppe**

▲ Für eine nordische Kombination entschied sich diese Wehr: Der Chassishersteller Scania ist in Schweden ansässig, der Gelenkmasthersteller Bronto Skylift in Finnland. 1996 entstand diese Kombination als Gelenkmastbühne mit 24 Metern Arbeitshöhe auf einem Scania 94D 220.

Nach der Landung docken die Flugzeuge an der Fluggastbrücke an. Wie aber kommt die Feuerwehr in ein notgelandetes Flugzeug, das auf der Piste steht? Für diesen Fall setzen einige Flughafenfeuerwehren Rettungstreppen ein. Zur Anpassung an die verschiedenen Flugzeugtypen lässt sich die Treppe ausfahren und in der Neigung verstellen.

eiwillige Feuerwehr ünster

1999 stellte die in Südhessen ansässige Wehr nen 32 Meter-Gelenkmast Dienst. Auf dem für den mmunaleinsatz konstruten Fahrgestell Mercedesnz Econic 1818 setzte die ma Wumag den Mast mit er seitlich angebauten Leiauf.

Flughafenfeuerwehr Stuttgart

Auf ein gebraucht erworbenes geländegängiges MAN-Fahrgestell wurde 1997 eine Fahrtreppe aufgebaut. Sie ist auf 5,7 Meter ausfahrbar.

Rüstwagen

RW
RW 1
RW 2
RW 3

Als „fahrbare Werkstatt" wird der Rüstwagen RW ganz zutreffend bezeichnet. Schläuche, Strahlrohre oder Pumpe sucht man vergebens im RW. Sein Aufgabenfeld ist die technische Hilfeleistung wie Verkehrsunfall, Gebäudeeinsturz oder Sturmschaden. 53 Prozent der Einsätze (ohne Rettungsdienstaufgaben) erfasst die Statistik des Deutschen Feuerwehrverbandes unter dem Begriff „technische Hilfeleistung", während auf die Brandbekämpfung nur 17 Prozent entfallen. Zehn Jahre zuvor, im Jahr 1992, lautete das Verhältnis noch 47 zu 21 Prozent. Den Rüstwagen unterscheiden vom Gerätewagen – der im nächsten Kapitel vorgestellt wird – der Allradantrieb, der vom Motor angetriebene Stromerzeuger, die eingebaute Seilwinde und der Lichtmast. Die Besatzung beträgt drei Einsatzkräfte. Die Norm unterschied drei Größen: RW 1, RW 2 und RW 3, wobei sich den großen RW 3 nur wenige Berufsfeuerwehren leisteten. Deshalb verschwand dieser Typ mangels Nachfrage Mitte der achtziger Jahre aus dem Normverzeichnis.

Freiwillige Feuerwehr Bergham

◀ Einen kleinen Teil der Beladung dieses 1999 von Magirus auf einem Iveco EuroFire 135 E 24 4x4 aufgebauten Rüstwagens RW 2 zeigen die Fotos (von vorne nach hinten): An der Stoßstange das Seilmaul der 50-kN-Winde, an der Stirnwand des Aufbaues der Lichtmast mit zwei 1500-Watt-Scheinwerfern. Im Aufbau Hebekissen, 3,5-Tonnen-Greifzug, 15-Tonnen-Hebesatz, hydraulisches Rettungsgerät, Bedientafel des 20-kVA-Generators, Schneidbrenner, Pulverlöscher.

▲ Weitere Teile der Beladung: Motorsäge, Trennschleifer, Handscheinwerfer, Kabeltrommeln, tragbarer 5-kVA-Generator, Pressluftatmer, Ölumfüllpumpe, Lüfter. Im Heck Baustützen und Rüstholz, auf dem Dach das Schlauchboot und vier Steckleiterteile.

Freiwillige Feuerwehr Babenhausen

 Im Rahmen des Katastrophenschutzes beschaffte der Bund ab 1981 757 Rüstwagen RW 1 auf Mercedes-Benz Unimog-, Magirus-Deutz- und MAN-VW-Fahrgestellen. Dieser Magirus-Deutz 130 M 7 FAL erhielt 1984 bei der Firma Voll den Gerätekoffer eines RW 1.

Freiwillige Feuerwehr Rödermark

▶ Im Sommer 1985 übergab die Firma Metz dem Land Hessen den 50. Rüstwagen RW 1 aus einer einheitlichen Beschaffungsaktion. Alle sind auf Mercedes-Benz LAF 911 B aufgebaut und verfügen über einen 10-kVA-Generator und eine 50-kN-Seilwinde. Der RW 1 für Rödermark wurde 1979 gebaut.

Freiwillige Feuerwehr Ober-Ramstadt

▶ Im Rahmen einer Landesbeschaffungsaktion erhielt die Wehr 1996 eine Rüstwagen RW 1. Das Lan Hessen stellte das Mercede Benz 917 AF-Fahrgestell m 12-kVA-Generator und 50 kN-Winde zur Verfügung. Ausrüstung und Aufbau vo Lentner finanzierte die Sta

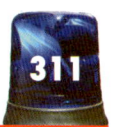

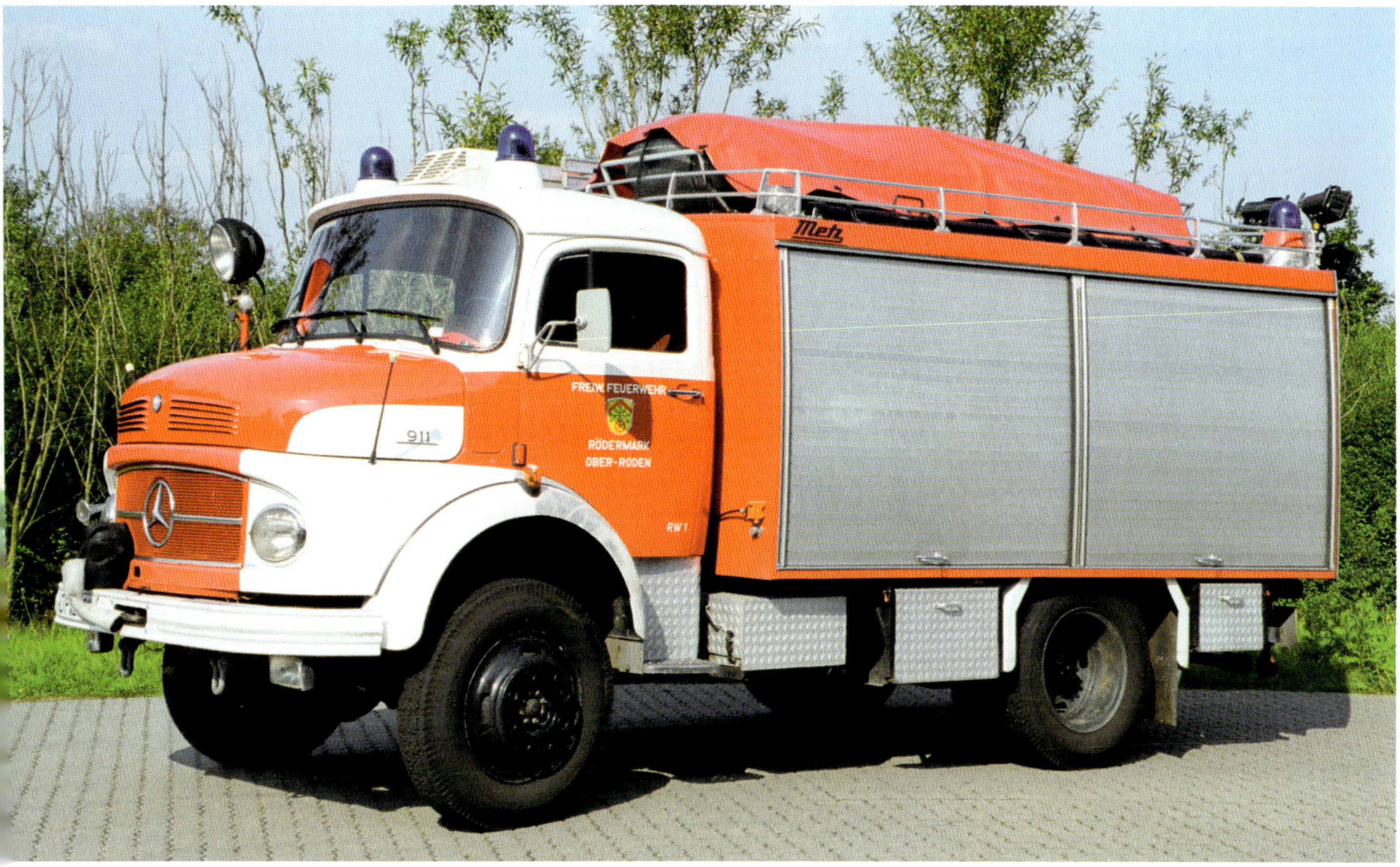
Metz
FREIW. FEUERWEHR
RÖDERMARK
OBER-RODEN
RW 1
911

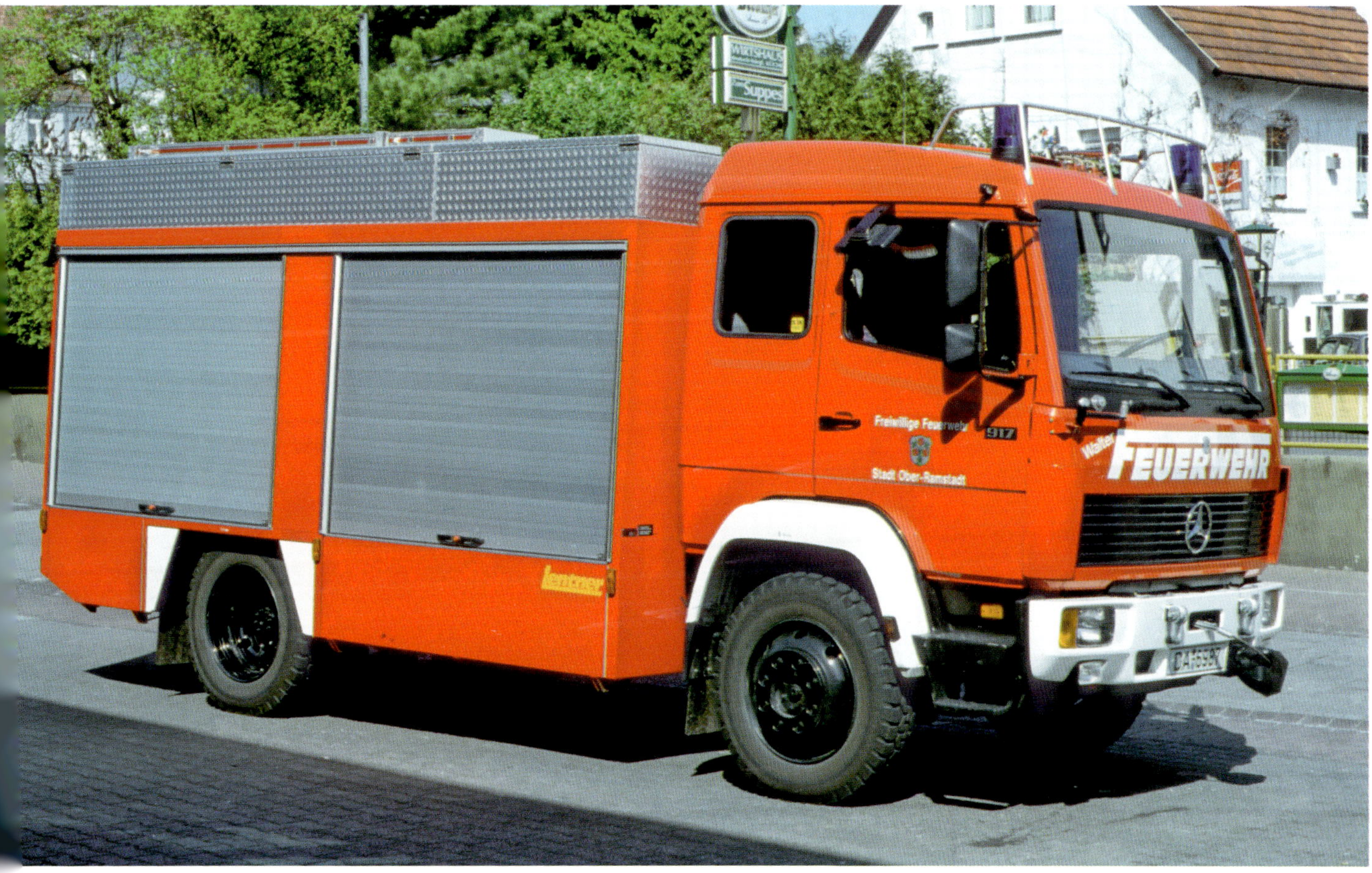
FEUERWEHR
Freiwillige Feuerwehr
Stadt Ober-Ramstadt
917
Lentner

RW
RW 1
RW 2
RW 3

Freiwillige Feuerwehr Geretsried

 Von 1974 bis 1998 lief in Geretsried ein Rüstwagen RW 1 auf Magirus-Deutz 120 D 7 FA-Fahrgestell. Die Winde mit einer Zugkraft von 50 kN baute der bekannte Hersteller Rotzler ein, der 10-kVA-Generator ist von der Firma Knurz.

**Freiwillige Feuerwehr
Elzach**

▲ Eine Zusatzbeladung für
Ölwehr erhielt der Rüst-
wagen RW 1 der Elzacher
Feuerwehr. Der Iveco Euro-
Fire 95 E 18 4x4 wurde
1994 mit Aufbau von
Magirus ausgellefert.

Freiwillige Feuerwehr Elzach	
Fahrzeugtyp	RW 1
Hersteller	Iveco
Fahrgestell	95 E 18 W
Motorleistung	177 PS
zulässiges Gesamtgewicht	9 000 kg
Aufbauhersteller	Magirus
Generatorleistung	12,5 kVA
Seilwinde Zugkraft	50 kN
Besatzung	3 Personen
Baujahr	1994

RW
RW 1
RW 2
RW 3

Landesfeuerwehrschule Warendorf

▲ Ende der fünfziger Jahre stellten die Landkreise in Nordrhein-Westfalen einige Rüstwagen in Dienst. Als Fahrgestell wählte man ein einheimisches Produkt: den in Köln gebauten Ford-Lastwagen FK 3500. Allerdings stellte sich der Typ mit 100 PS als wenig kräftig motorisiert heraus.

Freiwillige Feuerwehr Frechen

▶ Fahrzeuge mit Aufbauten von Heines finden sich vor allem in Nordrhein-Westfalen. Die 1932 in Wuppertal gegründete Firma baute 1980 für die Feuerwehr Frechen einen Rüstwagen RW 2 auf dem 168 PS starken Mercedes-Benz LAF 1113 B-Fahrgestell.

Berufsfeuerwehr Augsburg

◀ Bevor die Norm für die Rüstwagen 1974 veröffentlicht wurde, stellte die Augsburger Berufsfeuerwehr bereits 1972 einen RW 2 auf Magirus-Deutz 150 D 10 A in Dienst. Nach Wissensstand des Autors baute Magirus 1972 drei dieser RW 2 auf Magirus-Deutz-Eckhauber-Fahrgestellen.

**Freiwillige Feuerwehr
Itzehoe**

▲ Tief heruntergezogen
hat Schlingmann den
Aufbau des Rüstwagens
RW 2. Die geringe Ent-
nahmehöhe erleichtert der
dreiköpfigen Besatzung die
Arbeit. Der mit einem Automatikgetriebe ausgerüstete
Mercedes-Benz 1224 AF
wurde 1999 in Dienst
gestellt.

Freiwillige Feuerwehr Neubiberg

▼ Im Einsatzgebiet der Feuerwehr am Stadtrand Münchens
liegt auch die Universität der Bundeswehr. Im Jahr 2000
erneuerte die Wehr ihren Fuhrpark mit zwei MAN-Fahrzeugen
vom Typ 14.254 MA-LF und Ziegler-Aufbauten. Neben einem
Löschgruppenfahrzeug LF 16/12 konnte ein Rüstwagen RW 2
in Dienst gestellt werden. Der Stromerzeuger der Firma GTS
leistet 20 kVA, die Seilwinde ist von Rotzler.

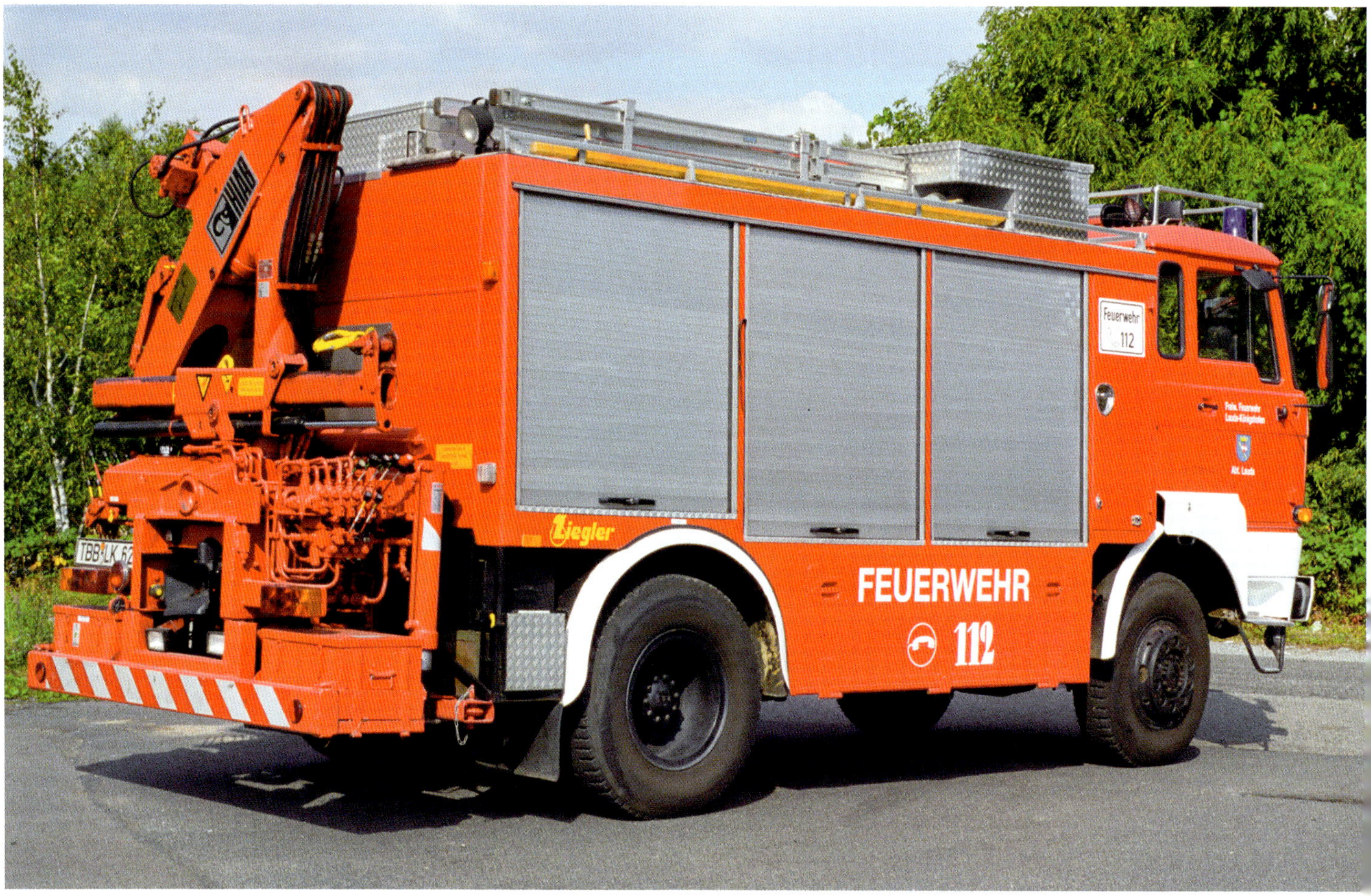
Ziegler
FEUERWEHR
112
TBB-LK 62
Feuerwehr
112

FEUERWEHR
Ziegler
Ziegler
Freiw. Feuerwehr
Lauda-Königshofen
Abt. Lauda
Feuerwehr
112
FEUERWEHR
112
TBB-LK 62

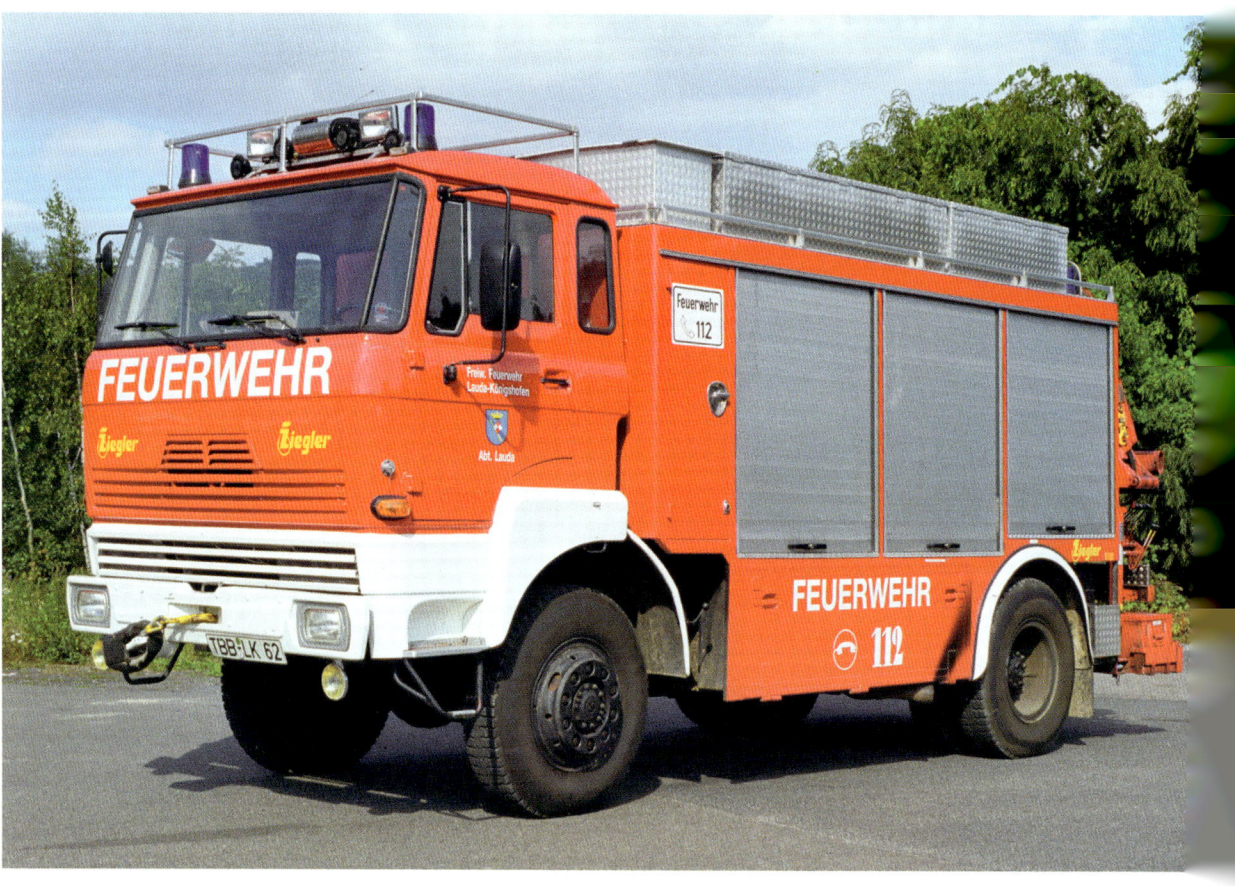

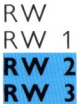

Freiwillige Feuerwehr Lauda-Königshofen

Ein in den Niederlanden gebauter DAF bei einer deutschen Feuerwehr? Über einen Gebrauchtfahrzeughändler für Feuerwehrfahrzeuge kam 1994 dieser Rüstwagen mit Heckkran zur Abteilung Lauda der Wehr im Taubertal. Der DAF FAV 1800 DT 360 erhielt 1978 einen Ziegler-Aufbau und lief vermutlich im RISC-Feuerwehrtrainingszentrum in Rotterdam.

In anderen Ländern sieht man die Kombination Rüst-wagen mit Heckkran oft - in Deutschland ist es die Ausnahme. Kranhersteller war die Firma Hiab-Foco.

Freiwillige Feuerwehr Penzberg

Die 16 Tonnen schweren Rüstwagen RW 3 sieht man nur selten bei Freiwilligen Feuerwehren – in Bayern gab es als Neufahrzeuge vier Stück. Eine Häufung schwerer Verkehrsunfälle bewog den Landkreis Weilheim-Schongau Mitte der siebziger Jahre, drei RW 3 bei Stützpunktwehren zu stationieren. Zwei baugleiche RW 3 auf MAN 16.240 HAK lieferte Bachert 1975 aus. Der Generator leistet 20 kVA, die Rotzler-Winde ist mit 160 kN jedoch stärker als bei einem RW 2.

RW
RW 1
RW 2
RW 3

Berufsfeuerwehr Darmstadt

▲ Gewaltige Abmessungen weist der Rüstwagen RW 3 mit Staffelbesatzung auf, den die Darmstädter Feuerwehr ab 1974 einsetzte. Heute gehört das Fahrzeug einem Sammler. Ziegler baute ihn 1974 auf einem 240 PS starken Mercedes-Benz LA 1924. Die Zugkraft der Winde beträgt 150 kN.

Berufsfeuerwehr München

▼ 1984 erhielt die Münchner Feuerwehr den ersten von neun Rüstwagen RW 3 in der äußerst seltenen Kombination aus Iveco-Chassis mit Ziegler-Aufbau. 15-Tonnen-Spill-Seilwinde und 28-kVA-Generator wurden aus den Vorgängerfahrzeugen übernommen. Der Lichtmast am Heck lässt sich auf 7 Meter Höhe hochkurbeln.

Berufsfeuerwehr München	
Fahrzeugtyp	RW 3
Hersteller	Iveco Magirus
Fahrgestell	256 M 19 FAK
Motorleistung	256 PS
zulässiges Gesamtgewicht	16 000 kg
Aufbauhersteller	Ziegler
Generatorleistung	28 kVA
Seilwinde Zugkraft	150 kN
Besatzung	3 Personen
Baujahr	1984

Gerätewagen

Der abwehrende Brandschutz und der technische Hilfsdienst werden durch gemeindliche Feuerwehren ... und durch Werkfeuerwehren besorgt – so beschreibt das Bayerische Feuerwehrgesetz die Aufgaben der Feuerwehren in Artikel 4. Daher stehen in vielen Gerätehäusern neben den Löschfahrzeugen und Drehleitern auch Gerätewagen, die für die technische Hilfeleistung ausgerüstet sind. Im Gegensatz zu den im vorhergehenden Kapitel beschriebenen Rüstwagen dienen die Gerätewagen GW lediglich dem Transport der Geräte. In der Nachkriegszeit wuchs die Variantenvielfalt stark an. Ging es zuerst nur um die technische Hilfeleistung bei Verkehrsunfall oder Sturmschaden, so kamen bald weitere Aufgaben hinzu: Aus der Ölwehr wurden die Gefahrguteinsätze. Die Nutzung der Atomenergie war Anlass zur Entwicklung von Gerätewagen-Strahlenschutz.

Berufsfeuerwehr Karlsruhe

◀ Der Sattelauflieger eines Gefahrguttransporters t umgestürzt. Öl und Diesel uf der Fahrbahn wurden ereits mit Ölbinder abge- reut. Nun wird die Bergung rbereitet. Der Kranwagen W 16 ist eingetroffen, ein erätewagen GW, ein Rüst- agen RW 2 und ein Rüst- agen mit Ölwehrausrüstung W-Öl sind bereits seit eini- r Zeit vor Ort. Da eine gere Einsatzdauer zu warten ist, werden Stative t Beleuchtung aufgestellt d zur Brandabsicherung t ein Schaumrohr bereit.

Berufsfeuerwehr Hamburg

▲ Für die technische Hilfe- leistung in größerem Umfang hielt die Hamburger Feuerwehr von 1963 bis 1976 einen „Gerätezug" auf Mercedes-Benz LPF 311 bereit. Den Aufbau fertigte die Hamburger Firma Schlee- de. Die Beladung bestand unter anderem aus einem großen Be- und Entlüftungs- gerät, Beleuchtung, techni- schem Rettungsgerät und Mischgasatemschutzgeräten für Einsätze im Elbtunnel. Im Anhänger war ein Stromer- zeuger eingebaut.

GW
KLAF
VGW/VRW
GW-A
GW-Öl
GW-G
GW-Dekon
GW-Licht
GW-W
GW-Schiene

Berufsfeuerwehr Dresden

▲ Magirus lieferte 1931 zwei baugleiche Pionierwagen in die Elbestadt. Der lange Vorbau, unter dem ein 100 PS starker Maybach-Motor arbeitete, und der lange Radstand von über fünf Metern forderten den Maschinisten bei der Fahrt in der Innenstadt besonders. Die Servolenkung, die den Fahrer unterstützt, war damals noch nicht erfunden.

Freiwillige Feuerwehr Schongau

▶ Den Einsatzzweck „Gerätewagen" schrieb die Feuerwehr unter das Stadtwappen auf ihren VW-Transporter von 1965. Darunter steht der Name des Spenders, ein ortsansässiger Holzverarbeitungsbetrieb.

Freiwillige Feuerwehr Wilster

▶ Die 1975 erlassene und 1990 wieder zurückgezogene Norm für den Gerätewagen GW sah einen handelsüblichen Kastenwagen oder Kofferaufbau von maximal 6 000 Kilogramm Gesamtgewicht vor. Dieser 1978 von Meisner ausgebaute Mercedes-Benz L 409 orientiert sich an diesen Vorgaben. Ergänzt wurde die 15-kN-Vorbauwinde.

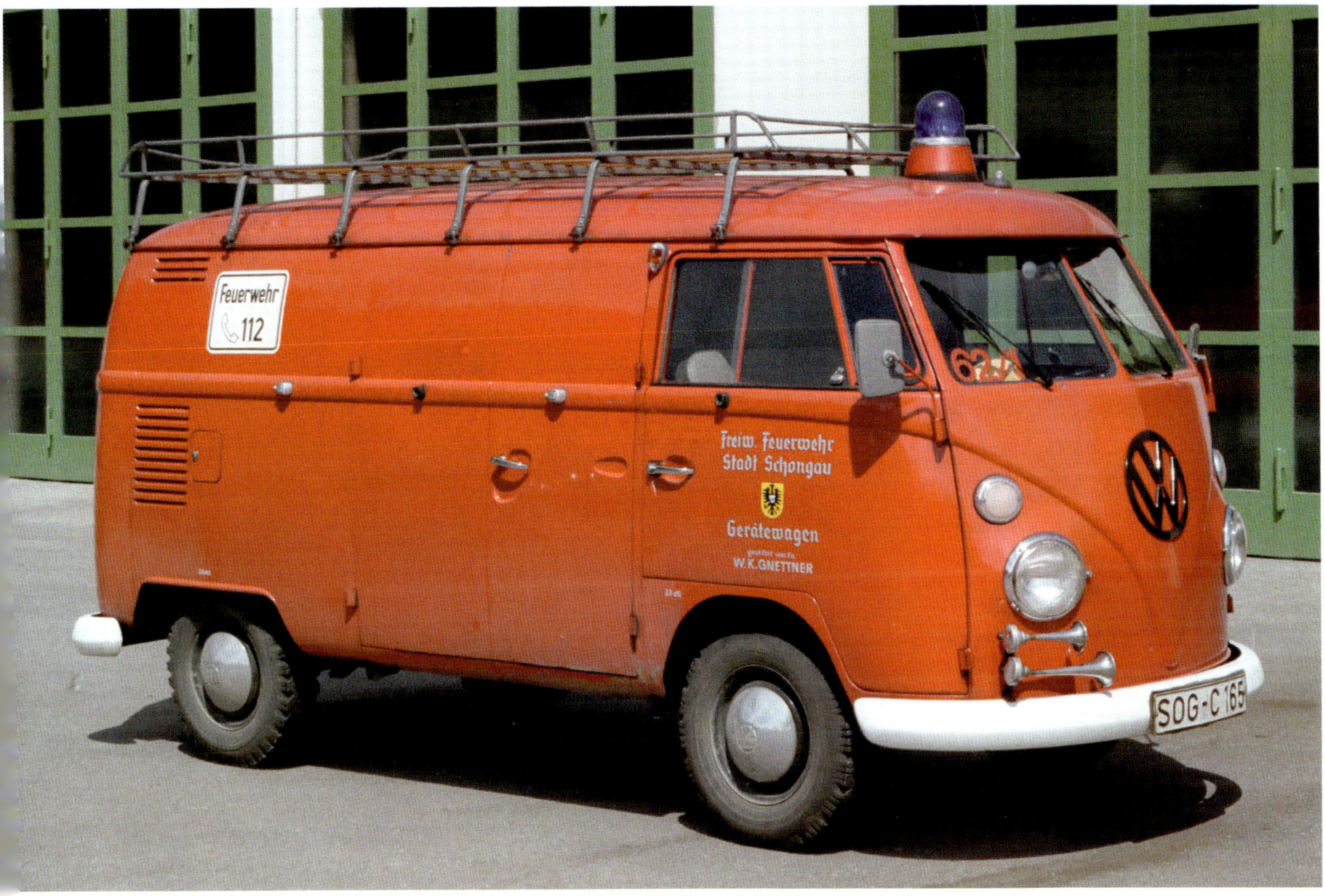
Feuerwehr
112
Freiw. Feuerwehr
Stadt Schongau
Gerätewagen
W.K.GNETTNER
SOG-C 165

FEUERWEHR
NOTRUF
112
Freiwillige Feuerwehr
WILSTER

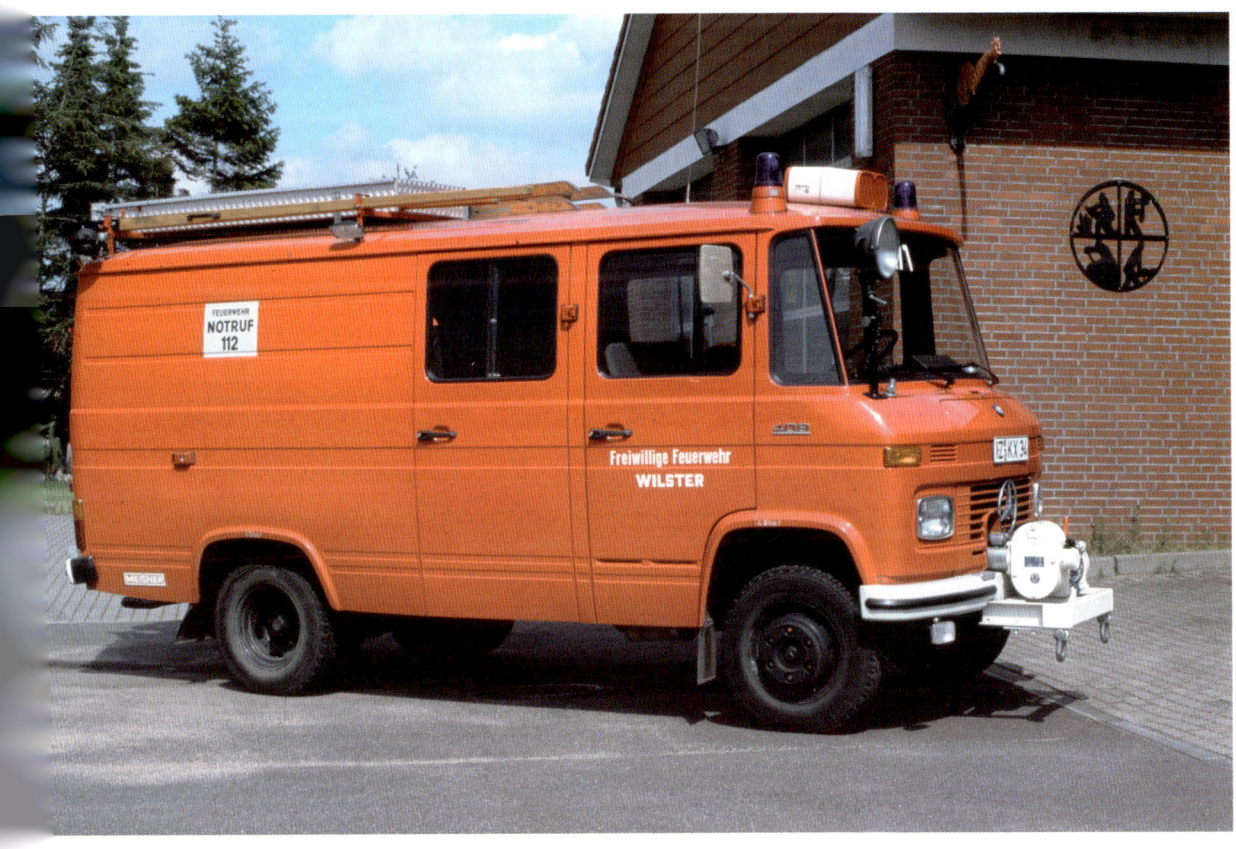

Freiwillige Feuerwehr Nussloch

▲ Von 1959 stammt das Magirus-Deutz-Fahrgestell A 4500. Es lief als Löschgruppenfahrzeug LF 16 TS des Katastrophenschutzes bis 1982. Dann beauftragte die Wehr die Firma Ziegler, einen Kofferaufbau mit Ausbau als Gerätewagen GW aufzusetzen.

**Freiwillige Feuerwehr
Braunlage**

▼ Das Land Niedersachsen
schuf einen eigenen
Fahrzeugtyp: den Gerätewagen mit Zusatzbeladung
GW-Z. Sie transportieren
technische Geräte, die aus
Platz- und Gewichtsgründen
nicht mehr auf Löschfahr-
zeugen unterzubringen sind
und sie sind vornehmlich für
Feuerwehrstützpunkte
bestimmt. So führt es die
Technische Weisung des
Landes aus. Ein typischer
Vertreter ist der 1981 von
Schlingmann gebaute GW-Z
auf Mercedes-Benz L 608 D.

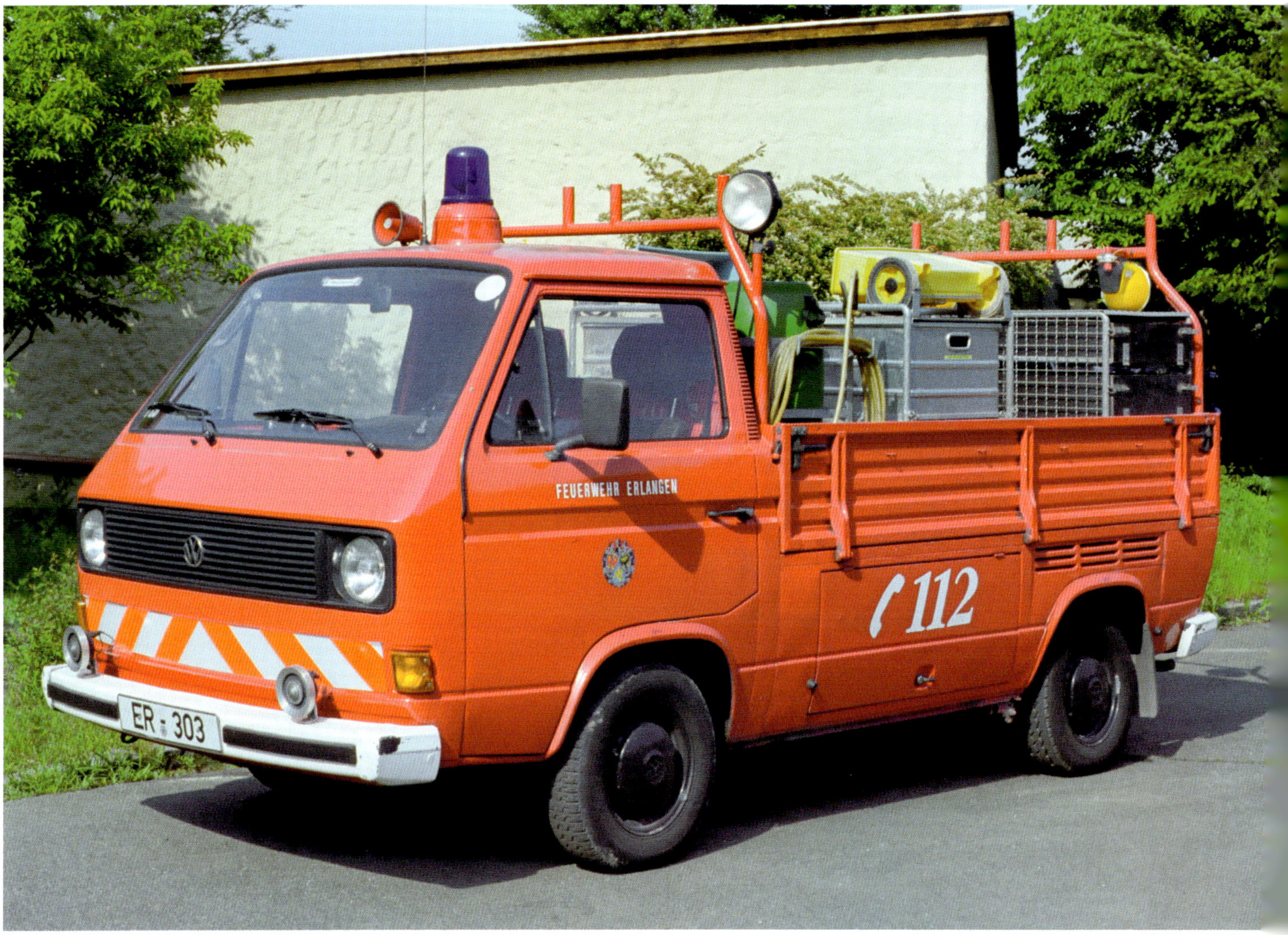

GW
KLAF
VGW/VRW
GW-A
GW-Öl
GW-G
GW-Dekon
GW-Licht
GW-W
GW-Schiene

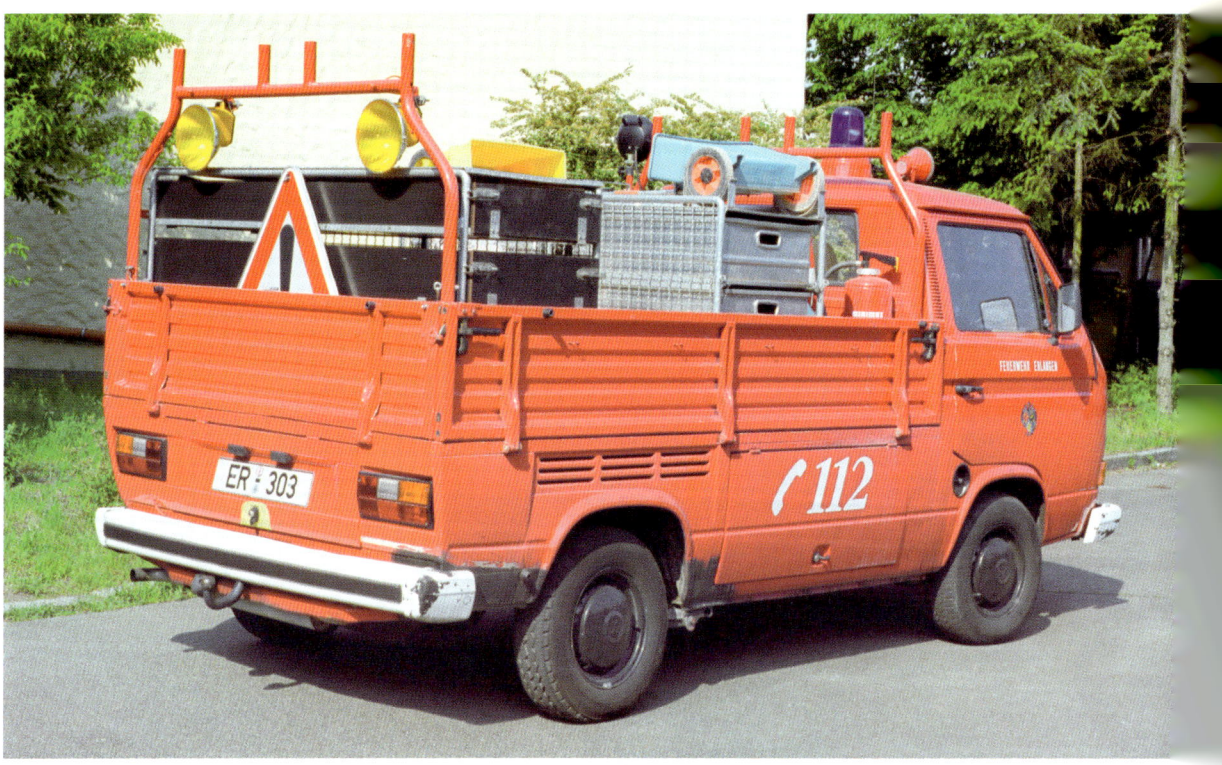

**Freiwillige Feuerwehr
Erlangen**

◀ Vornehmlich mit Geräten zum Abstreuen von Ölspuren belud die Erlanger Feuerwehr einen VW-Transporter von 1990.

**Flughafenfeuerwehr
Dresden**

▼ In den fünfziger Jahren entwickelte der VEB Fahrzeugwerk „Ernst Grube" in Werdau den dreiachsigen G5. Er war vornehmlich für den Einsatz in der Nationalen Volksarmee vorgesehen. Neben Tanklöschfahrzeugen entstanden für die Feuerwehren einige

Werkstattwagen und Gerätewagen mit Kofferaufbauten. Ein 1955 gebauter G5 lief bis 1990 bei der Feuerwehr auf dem Flughafen Dresden-Klotzsche. Die Beladung bestand unter anderem aus 3-kVA-Stromaggregat, Beleuchtung, Motorkettensäge, Drahtseile, Schäkel, Werkbank, Werkzeugkästen und Brennschneidgerät.

**Freiwillige Feuerwehr
Ottobrunn**

🔺 Wasserschäden, Tiereinsätze, Sperrdienste und Einsätze zur technischen Hilfeleistung in kleinerem Umfang sind die hauptsächlichen Aufgaben eines Kleinalarmfahrzeuges KLAF. Mit vier Einsatzkräften besetzt, kann es Einsätze eigenständig bearbeiten. 1993 ließ sich die Ottobrunner Feuerwehr einen Mercedes-Benz-Kastenwagen 310 D von der Firma Geidobler ausbauen.

▶ Ein Elektrosauger, der bei Wasserschäden zum Einsatz kommt, steht griffbereit im Laderaum des Kleinalarmfahrzeuges KLAF. Schaufel und Besen sind

ebenfalls im Heck untergebracht. Auf dem Einbau lagern eine Mehrzweckleiter, Wasserschieber und eine

Abdeckplane. Zugleich dient das KLAF als Zugfahrzeug für den Verkehrssicherungsanhänger.

Berufsfeuerwehr Augsburg

▲ Um die Aufgabenvielfalt mit je einem Kleinalarmfahrzeug KLAF je Feuerwache abzudecken, entwickelte die Augsburger Feuerwehr ein flexibles Beladesystem. Im Heck werden über eine Rampe Rollwägen eingeladen, die mit Geräten für verschiedene Alarmstichworte bestückt sind. Im Jahr 2000 wurde der Mercedes-Benz Sprinter 310 D in Dienst gestellt.

GW
KLAF
VGW / VRW
GW-A
GW-Öl
GW-G
GW-Dekon
GW-Licht
GW-W
GW-Schiene

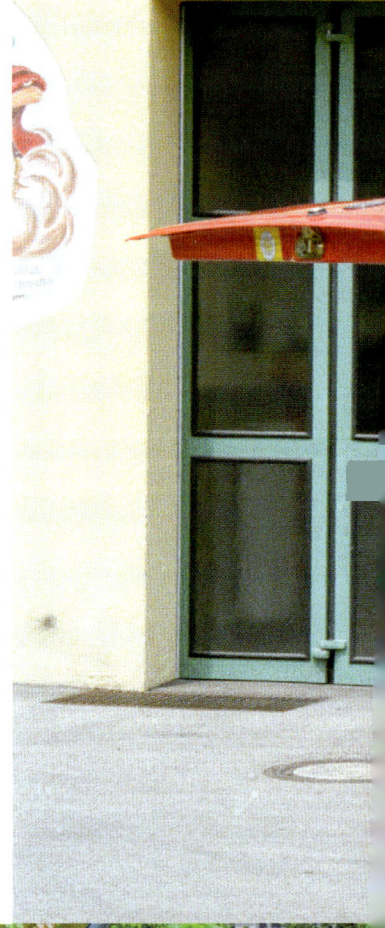

Vor 30 Jahren tauchten die ersten „Schnellbergungswagen" bei baden-württembergischen Feuerwehren auf. Die Idee war, mit einem wendigen und geländegängigen Fahrzeug schnell zur Unfallstelle zu kommen. Die großen Rüstwagen und Löschfahrzeuge müssen sich mühsam durch den Verkehrsstau kämpfen. Die kompakten Kastenwägen und Geländewägen finden einfacher eine Lücke – und wenn es sein muss mit Allradantrieb neben der Autobahn. Man spricht von Vorausgerätewagen VGW bei Straßenantrieb und von Vorausrüstwagen VRW bei Allradantrieb und fest eingebautem Stromerzeuger.

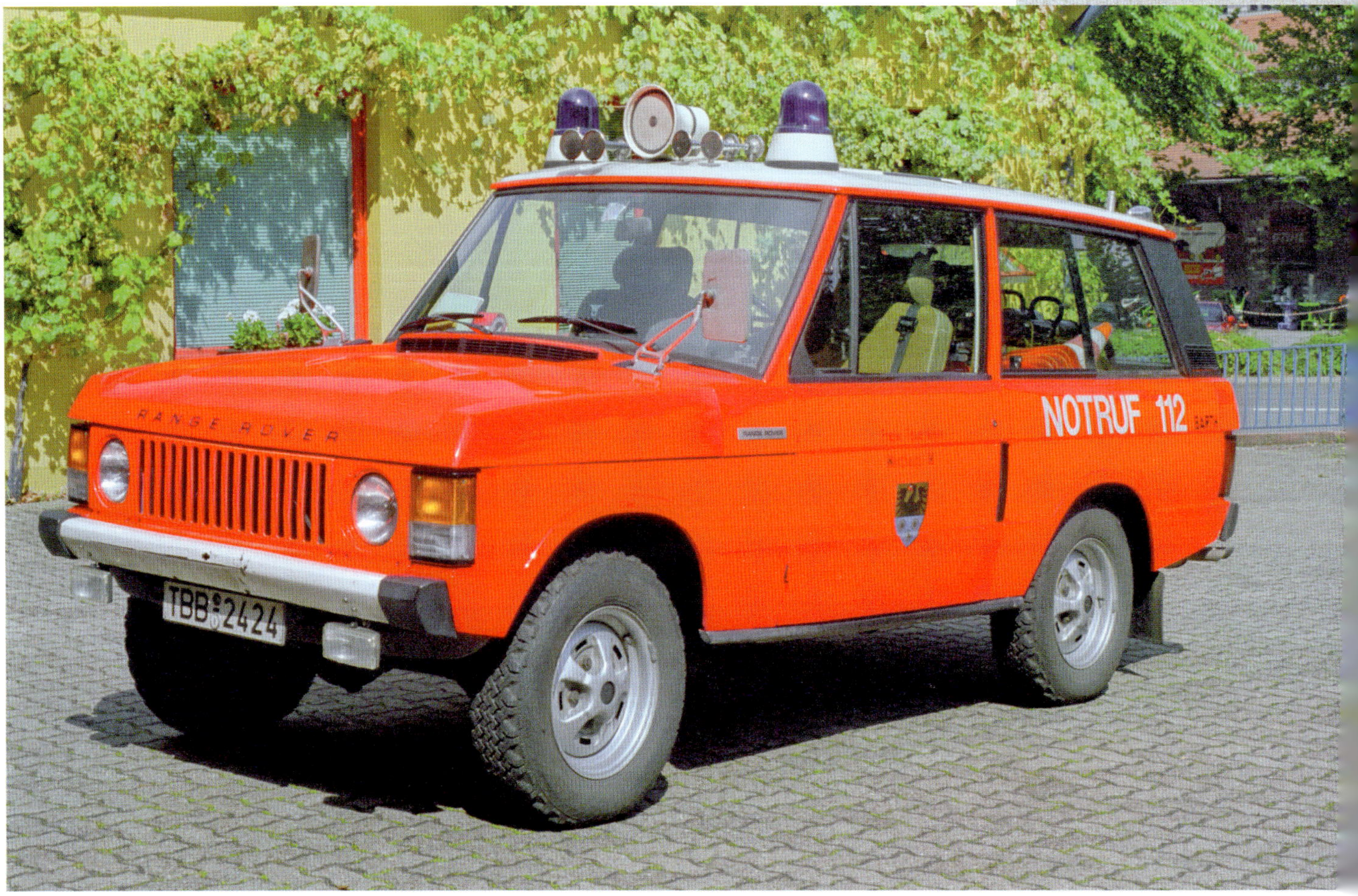

Freiwillige Feuerwehr Wertheim

◀ Deutsche Hersteller hatten in den siebziger Jahren keinen geeigneten Geländewagen im Angebot. Das Mercedes G-Modell kam erst 1979 in den Handel. Besonders in Baden-Württemberg fanden die 130 PS starken Range Rover mit V8-Motor weite Verbreitung. Dieser lief von 1979 bis 2001 mit Ausbau von Barth im Tauberland.

Freiwillige Feuerwehr Sonthofen

▲ Die Beladung eines Vorausgerätewagens besteht aus dem hydraulischen Rettungssatz zur Befreiung eingeklemmter Personen aus dem Unfallwrack. Rettungsschere (links) und Rettungsspreizer (rechts) sind griffbereit auf dem Auszug befestigt. Dahinter lagert der tragbare Stromerzeuger zum Antrieb der Hydraulikpumpe.

GW
KLAF
VGW / VRW
GW-A
GW-Öl
GW-G
GW-Dekon
GW-Licht
GW-W
GW-Schiene

Freiwillige Feuerwehr Miesbach

▲ Die Mercedes-Benz-G-Baureihe eignet sich für den Ausbau als Vorausrüstwagen VRW durch den langen Radstand. Die Besatzung des 1982 in Dienst gestellten Mercedes 280 GE mit Ausbau von Ziegler besteht aus drei Einsatzkräften. 156 PS leistet der 6-Zylinder-Motor. Strom liefert ein fest eingebauter 5-kVA-Generator. Auf dem Dach ist ein Lichtmast zur Ausleuchtung der Einsatzstelle montiert.

Freiwillige Feuerwehr Biberach

▲ 195 PS aus 5 Litern Hubraum entwickelt der Chevrolet Suburban. Einige Wehren in Baden-Württenberg ersetzten ihre VRW auf Range Rover durch den voluminösen amerikanischen Geländewagen. Den Ausbau nahm 1990 die Feuerwehr-Kreisgerätewerkstatt Biberach vor.

Freiwillige Feuerwehr Reinsdorf

Der Kofferaufbau ist gleich mit dem eines Tragkraftspritzenfahrzeuges. Die Beladung zeigt aber, dass dieser Mercedes-Benz Sprinter 312 D als Vorausgerätewagen beschafft wurde. Schlingmann lieferte in 1996.

GW
KLAF
VGW / VRW
GW-A
GW-Öl
GW-G
GW-Dekon
GW-Licht
GW-W
GW-Schiene

Brandrauch ist ein giftiger Cocktail: Salzsäure, Blausäure oder nitrose Gase sind einige der gesundheitsschädlichen Ingredienzen. Daher schützen sich die Einsatzkräfte mit Atemschutzgeräten vor dem Rauch. Bei Großbränden werden oft viele Pressluftatmer benötigt. Der Gerätewagen Atemschutz GW-A hat die Aufgabe, zusätzliche Geräte zur Einsatzstelle zu bringen. In größeren Fahrzeugen können vor Ort Wartungsarbeiten vorgenommen werden, damit die Geräte zum nächsten Einsatz bereitstehen.

Freiwillige Feuerwehr Aue

▲ Der Landkreis Aue beschaffte 1994 einen Gerätewagen Atemschutz GW-A. Stationiert ist der Mercedes-Benz 410 D mit Ausbau von Schmitz bei der Wehr in der Kreisstadt.

Freiwillige Feuerwehr Traunstein

▲▼ Das Magirus-Deutz-Fahrgestell 110 D 7 FA gehörte zu einem Rüstwagen RW 1 von 1969. Daher ist der 1976 mit neuem Aufbau in Dienst gestellte Gerätewagen Atem-Strahlenschutz GW-AS mit einer Seilwinde ausgestattet. Die Karosseriefirma Geidobler aus Soyen lieferte den Kofferaufbau, in dem die Geräte und Schutzkleidungen gewartet und ausgegeben werden können.

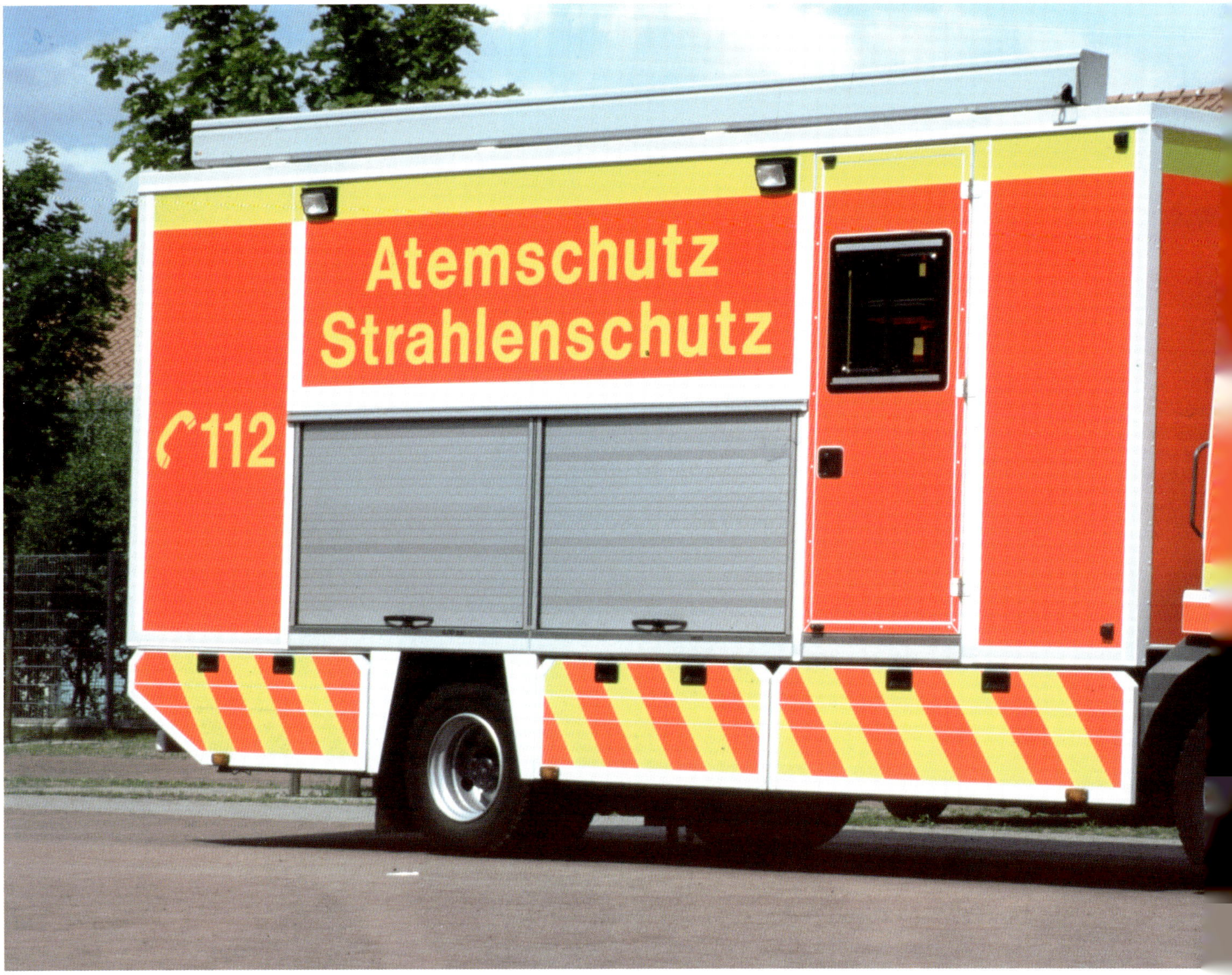

GW
KLAF
VGW / VRW
GW-A
GW-Öl
GW-G
GW-Dekon
GW-Licht
GW-W
GW-Schiene

Berufsfeuerwehr Mainz

▲ Die Firma Schmitz lieferte 1999 einen Gerätewagen-Atem-Strahlenschutz GW-AS an die Mainzer Berufsfeuerwehr. Das Fahrgestell Atego 917 F kommt von Mercedes.

Freiwillige Feuerwehr Alzey

▼ Im Bundesland Rheinland-Pfalz stationierten die Kreise einige Gerätewagen Strahlen- und Atemschutz GW-AS. 1982 wurden bei der Firma Schmitz in Siegen 10 Mercedes-Benz-Kastenwagen L 608 D in breiter Ausführung ausgebaut. Hinter dem Fahrersitz befindet sich ein Arbeitstisch. Im Laderaum werden die Meß- und Schutzgeräte transportiert.

GW
KLAF
VGW / VRW
GW-A
GW-Öl
GW-G
GW-Dekon
GW-Licht
GW-W
GW-Schiene

Ein Liter Mineralöl verseucht 1 Million Liter Trinkwasser! Diese Tatsache rüttelte die deutschen Feuerwehren Anfang der sechziger Jahre auf und die Bundesländer stationierten Spezialausrüstungen bei Stützpunktwehren. Die Berufsfeuerwehr Karlsruhe berichtete 1964, dass sie im Jahr zuvor zu 45 Ölwehreinsätzen ausrückte. Die Spanne reichte von wenigen Litern Heizöl, die im Keller ausgelaufen waren, bis zum umgestürzten Tankwagen. Bei dem Rüstwagen RW 2 gehört die Ölwehr zur Beladung. Die 1976 erlassene Norm „Gerätewagen-Öl" GW-Öl wandelte sich bis in die neunziger Jahre zur Norm des „Gerätewagen-Gefahrgut".

Freiwillige Feuerwehr Idstein

▼ Das Land Hessen beschaffte Anfang der siebziger Jahre eine größere Anzahl an Gerätewagen GW-Öl auf Opel-Blitz-Fahrgestell, die bei Stützpunktwehren stationiert wurden. Den Ausbau nahm die Firma Ziegler vor.

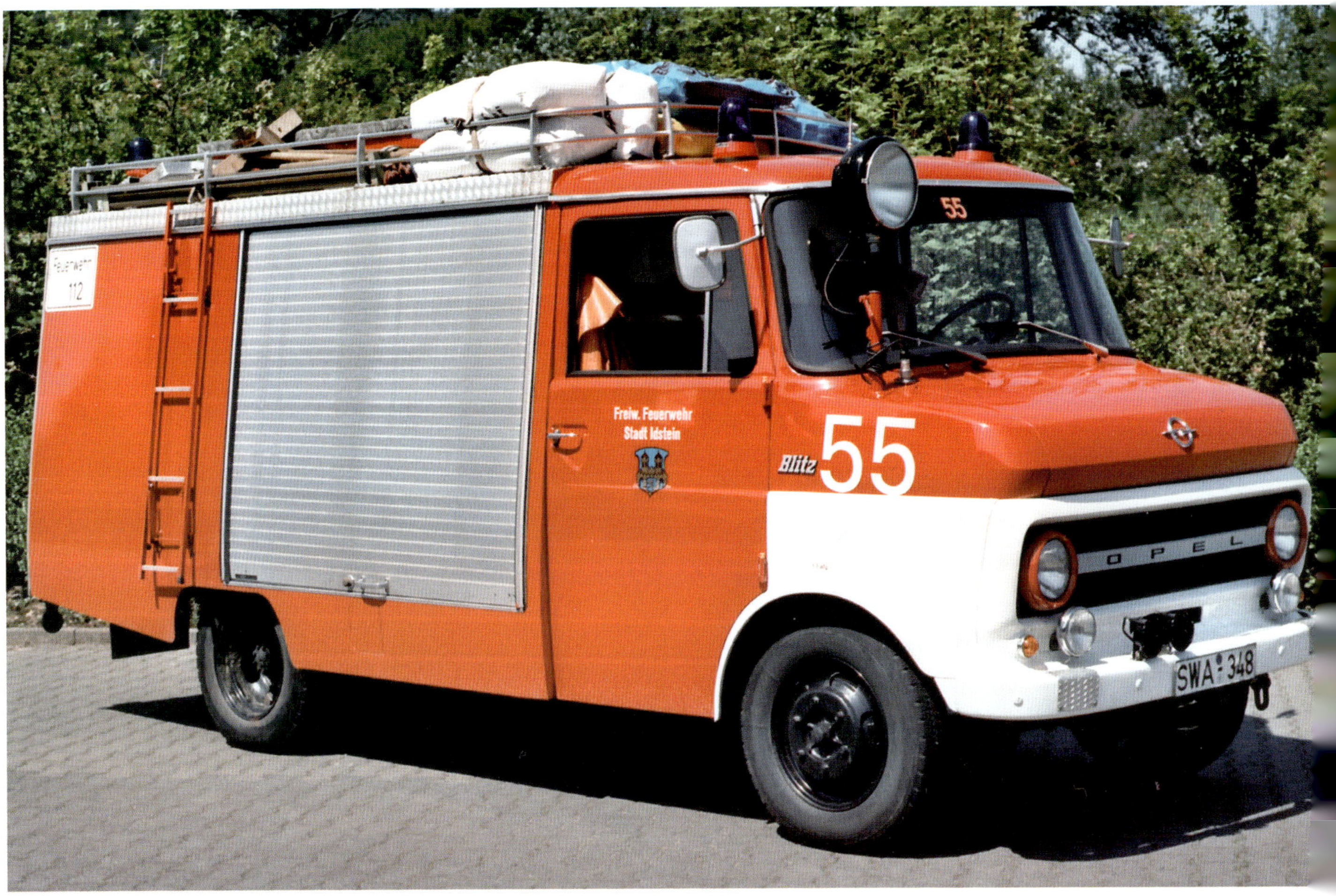

Feuerwehr Hanau

▼ Eine Ölspur nur mit Ölbinder und Besen abzukehren, führt nicht immer zum gewünschten Erfolg. Die Feuerwehr Hanau setzt ein 1990 von der Firma Schörling gebautes Spezialfahrzeug ein. Wasser und Reiniger werden über Sprühdüsen aufgebracht, lösen das Öl an und ein unter dem Fahrzeug angebrachter Sauger nimmt das Gemisch wieder auf.

Ölunfall!

▲ Ein Ölschlängel wird quer über den Fluss gezogen, um die Ausbreitung des Ölfilmes zu begrenzen. Weitere Elemente für die Sperre liegen auf der Uferwiese bereit. Den Notfall übten Feuerwehren aus dem Burgenlandkreis an der Saale.

GW
KLAF
VGW / VRW
GW-A
GW-Öl
GW-G
GW-Dekon
GW-Licht
GW-W
GW-Schiene

Berufsfeuerwehr Frankfurt

▲ Herzstück des Rüstwagen-Umweltschutz genannten Fahrzeuges ist eine Saug-Druck-Tankanlage der Stuttgarter Firma Haller. Die Kessel fassen 1900 Liter. Im Heck ist zum Abstreuen von Ölspuren eine Streuanlage eingebaut. Der Mercedes-Benz 1222 AF wurde 1990 in Dienst gestellt.

Freiwillige Feuerwehr Konstanz

▶ Der Bodensee ist der größte Trinkwasserspeicher Süddeutschlands. Bis nach Stuttgart reicht das Versorgungsgebiet. Daher sind die Feuerwehren rund um den See bestens für die Bekämpfung von Ölunfällen vorbereitet. In Konstanz steht ein Rüstwagen-See genannter Magirus-Deutz 170 D 11 FA mit Ölsperrenanhänger (rechts oben). Auf dem Lastwagen, einem Iveco Magirus 160-30 AHW von 1988, ist in Gitterboxen weiteres Material verladen. Angehängt ist ein Mehrzweckboot.

FEUERWEHR
ATLAS
ÖLWEHR
FEUERWEHR
KONSTANZ

FEUERWEHR
IVECO
MAGIRUS
FEUER · 112
FEUERWEHR KN 2

Deine Feuerwehr auch im Umweltschutz! So lautete 1987 das Motto der Brandschutzwoche. Die Feuerwehren greifen ein, wenn Menschen, Tiere und Umwelt vor Schäden bewahrt werden müssen und sofortiges Handeln erforderlich ist.

Mehr als 1000 Geräte sind in einem großen Gerätewagen zur Bekämpfung eines Gefahrgut-unfalles untergebracht:

- Schutzkleidung: Giftige und ätzende Stoffe gefährden die Gesundheit des Feuerwehrmannes. Spezielle Anzüge schützen ihn.
- Messgeräte: Welcher Stoff wird freigesetzt? In welcher Konzentration? Die Messgeräte helfen, die Gefahr einzuschätzen.
- Absperrgeräte: Die Gefahrenzone wird gekennzeichnet, damit dort niemand zu Schaden kommt.
- Abdichtmaterial: Um das Austreten von Gasen oder Flüssigkeiten einzudämmen, arbeitet die Feuerwehr daran, die Leckage abzudichten.
- Pumpen: Das Gefahrgut wird in einen geeigneten Auffangbehälter oder Tank umgepumpt.
- Auffangbehälter: Behälter in verschiedenen Größen sind auf dem GW-G verladen.

Berufsfeuerwehr Weimar

▼ Übersichtlich verstaut und leicht zu entnehmen ist die umfangreiche Beladung dieses 1995 gelieferten Gerätewagens-Gefahrgut GW-G. Schmitz baute ihn auf einem MAN 9.153 auf

Berufsfeuerwehr Leipzig

▲ Großer Nachholbedarf herrschte nach der Wiedervereinigung bei den ehemaligen DDR-Feuerwehren

an Ausrüstungen zur Gefahrgutabwehr. 1991 lieferte die Firma Schmitz einen GW-G auf Mercedes-Benz 308 D.

▼ Griffbereit in Rollwägen ist die Beladung in diesem Gerätewagen-Gefahrgut verstaut. In den Wannen darüber liegen die Chemikalienvollschutzanzüge

Freiwillige Feuerwehr Rathenow

▲ Aus einer zentralen Beschaffungsaktion des Landes Brandenburg stammt der seit 1994 im Havelland stationierte Gerätewagen-Gefahrgut GW-G. Basis für den Schmitz-Aufbau ist ein Iveco 120 E 23.

Werkfeuerwehr Henkel, Düsseldorf

▶ Einen reichhaltig bestückten Gerätewagen-Umweltschutz ließ sich im Jahr 2000 der Chemiebetrieb bei dem Schweizer Hersteller Brändle auf einem MAN FE 19.414 aufbauen. Integriert sind eine 80-kN-Winde, ein 30-kVA-Generator, ein Lichtmast und ein Kompressor. Ein Teil der Ausrüstung lagert in Rollcontainern, die über die heckseitige Ladebordwand entnommen werden.

Freiwillige Feuerwehr Velbert

▶ Die 1932 in Wuppertal gegründete Firma Heines hat sich den letzten Jahren auf Abrollbehälter und Gefahrgut-Fahrzeuge spezialisiert. Sie baute 1993 einen großen Gerätewagen-Gefahrgut GW-G auf einem Mercedes-Benz 1422 F-Fahrgestell auf.

Wir fahren für den Umweltschutz
TUIS 0211-797 3350
3/31
FEUERWEHR
MAN
Werkfeuerwehr Henkel
Düsseldorf

FEUERWEHR
1422
FEUERWEHR
STADT VELBERT
112
GERATEWAGEN
GEFAHRGUT
ME 2470

GW
KLAF
VGW / VRW
GW-A
GW-Öl
GW-G
GW-Dekon
GW-Licht
GW-W
GW-Schiene

Im Katastrophenschutz hatte der ABC-Zug die Aufgabe, Gefahren von atomaren, biologischen und chemischen Stoffen festzustellen und nach Möglichkeit zu beseitigen. Mit der Zuordnung der ABC-Züge zu den Feuerwehren verstärkten diese ihre Leistungsfähigkeit im Gefahrguteinsatz. Das in den achtziger Jahren beschaffte Dekontaminations-Mehrzweckfahrzeug DMF führt 1500 Liter Wasser mit sich. Ein Durchlauferhitzer spendet warmes Wasser, damit 60 Personen je Stunde in einem Duschzelt dekontaminiert werden können. Die Nachfolge des DMF tritt seit 1999 der Gerätewagen Dekontamination Personen GW-Dekon P an.

Freiwillige Feuerwehr Eisleben

▼ Das einzige Dekontaminations-Mehrzweckfahrzeug DMF auf MAN 11.168 HA in den neuen Bundesländern steht im Mansfelder Land. Es war zuvor als Ausbildungsfahrzeug an der Brand- und Katastrophenschutzschule Heyrothsberge stationiert gewesen.

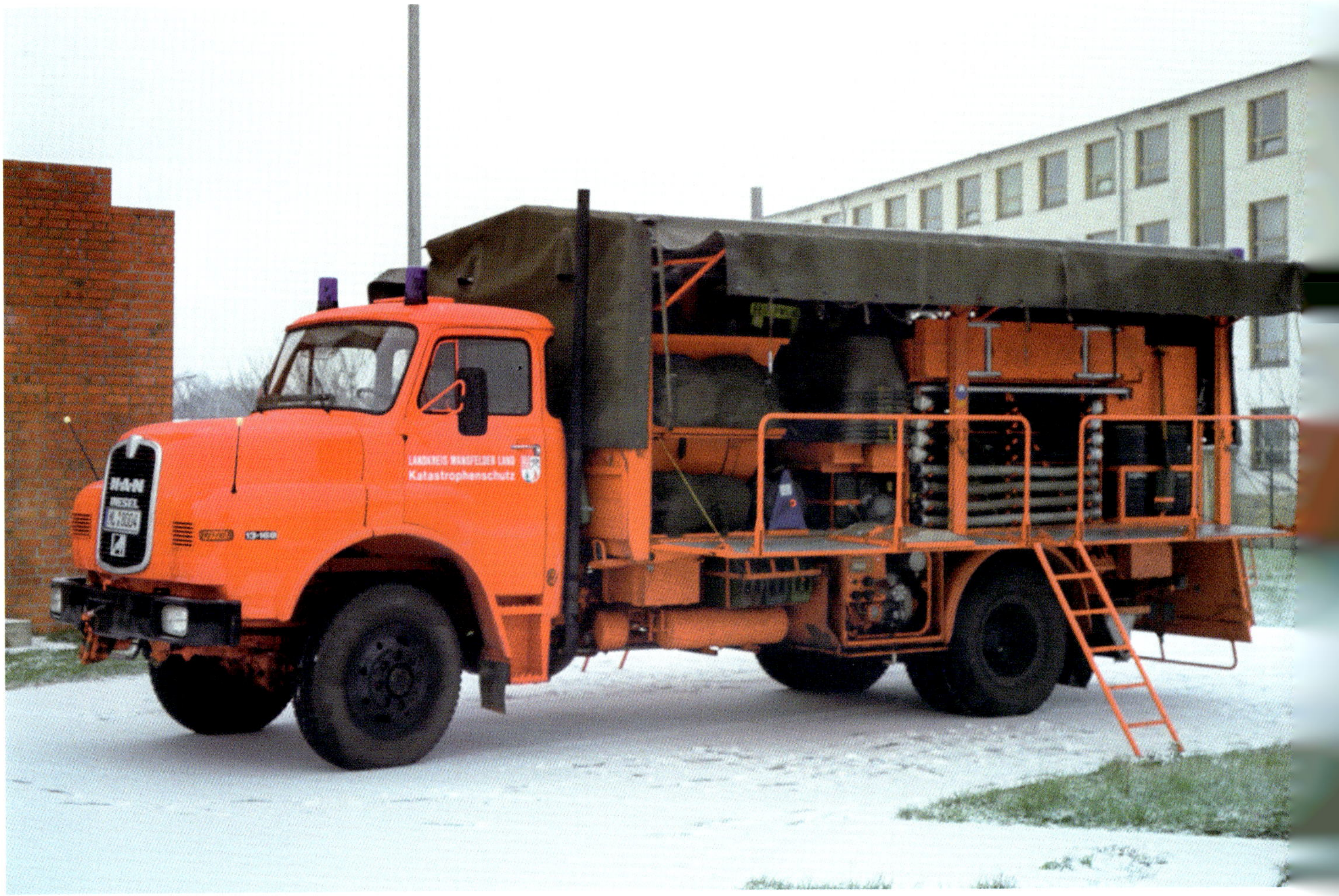

Freiwillige Feuerwehr Eisleben

▲ Aufgebaut für eine Übung lassen sich unter dem hochklappbaren Planenverdeck Teile der Ausrüstung erkennen. Unter der Ladefläche ist ein 5 kVA leistender Stromerzeuger verstaut.

Freiwillige Feuerwehr Kaufbeuren

► Die Beladung des Gerätewagens Dekontamination Personen GW-Dekon P ist auf Paletten auf der Ladefläche verstaut. Der Aufbauersteller Empl baute in seinem sachsen-anhaltinischen Werk in Klöden zwischen 1999 und 2001 eine größere Serie auf MAN 10.163 AEC mit serienmäßiger Doppelkabine auf.

Gerätewagen

Wer gut sieht, der sicher arbeitet. Eine großflächige Ausleuchtung der Einsatzstelle erleichtert die Arbeit und verringert Unfallgefahren. Bei einigen Stützpunktwehren sind Gerätewagen-Licht stationiert. Ihr Aufbau besteht aus einem 20 kVA starken Stromerzeuger und einem hydraulisch ausfahrbaren Teleskopmast mit 1000 Watt starken Flutlichtstrahlern.

Freiwillige Feuerwehr Hofheim

▶ Der Landkreis Haßberge beschaffte 1979 ein Lichtmastfahrzeug auf Mercedes-Benz 308. Das Einstellen der sechs Scheinwerfer nimmt ein Feuerwehrmann auf der hochgeklappten Bühne vor, bevor der Mast ausgefahren wird.

Freiwillige Feuerwehr Ellwangen

◀ Der auf Lichtgiraffen spezialisierte Hersteller Polyma aus Kassel präsentierte 1988 auf der internationalen Feuerwehrfachmesse Interschutz vor dem Hannoveraner Messeturm einen Gerätewagen-Licht auf Mercedes-Benz 711 D.

Freiwillige Feuerwehr Straß

▶ Sie nahmen den Aufbau ihres früheren Gerätewagens-Licht und setzten ihn auf das Fahrgestell eines Iveco 40.10 VM 4x4. So entstand 2003 in Eigenarbeit der Feuerwehrmitglieder ein Einzelstück, denn das Chassis stellt die militärische Ausführung der Iveco Daily-Transporterbaureihe dar.

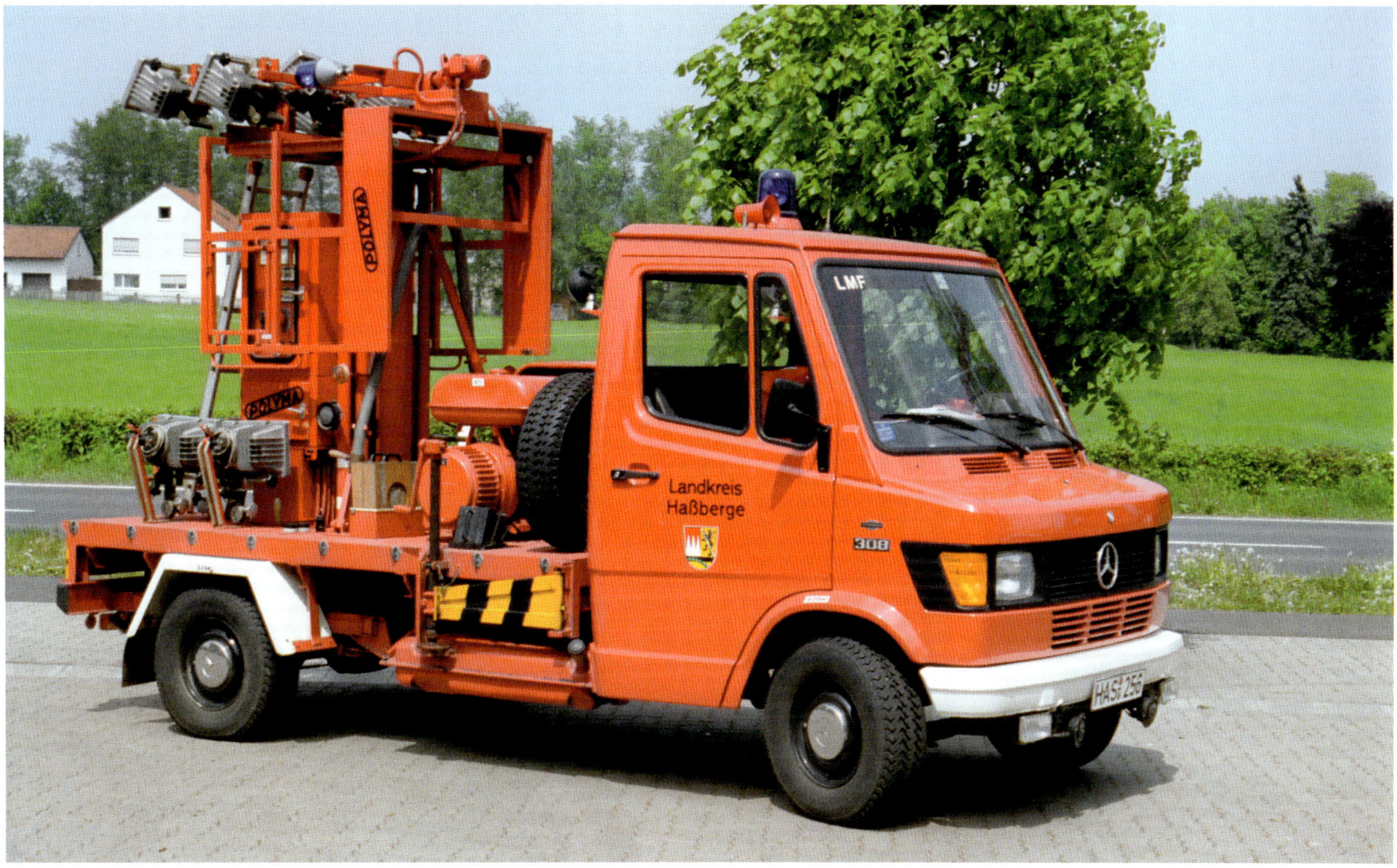

POLYMA
LMF
Landkreis
Haßberge
308

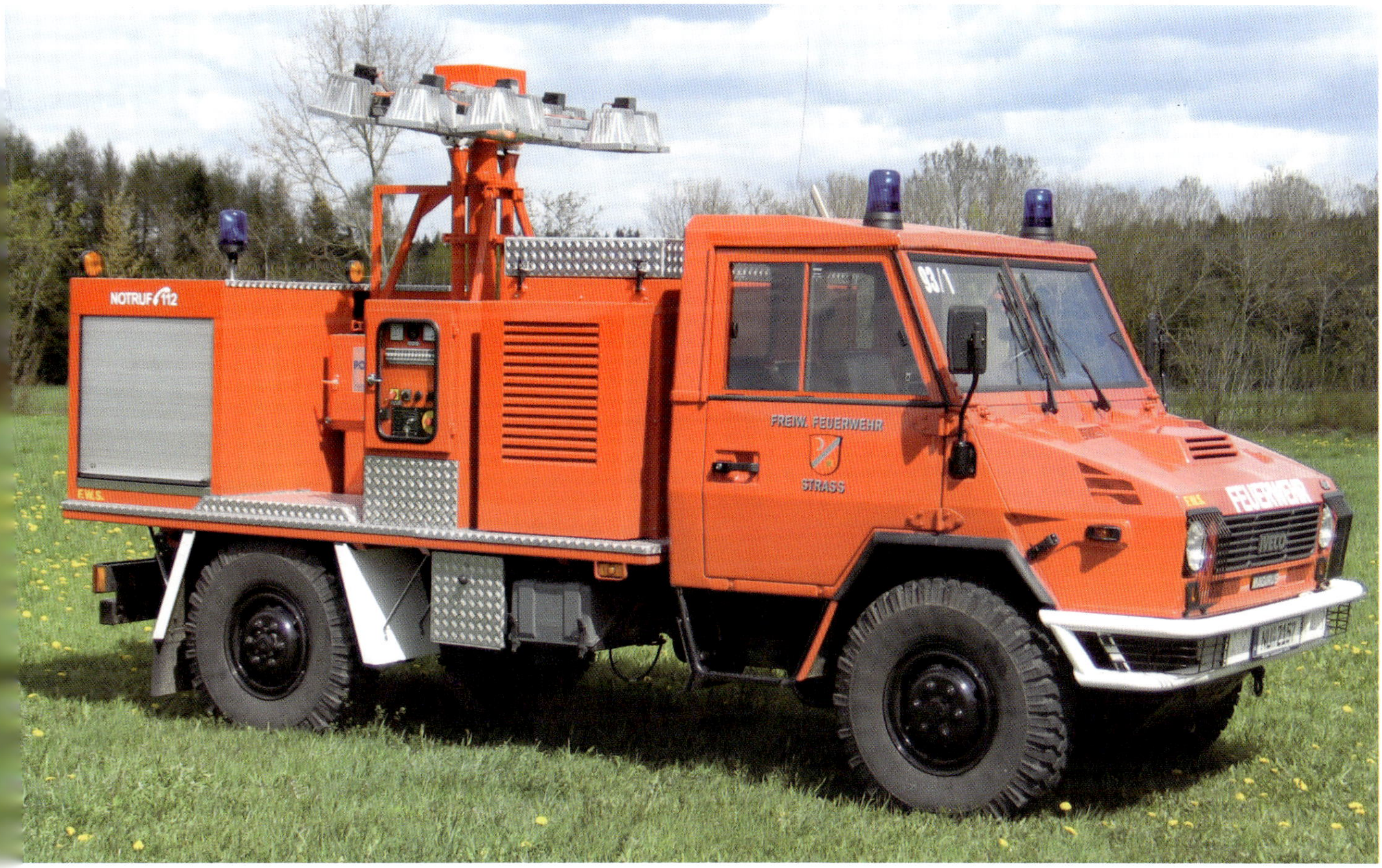

NOTRUF 112
FREIW. FEUERWEHR
STRASS
FEUERWEHR

GW
KLAF
VGW / VRW
GW-A
GW-Öl
GW-G
GW-Dekon
GW-Licht
GW-W
GW-Schiene

Berufsfeuerwehr Berlin

▲ Bei den Alarmstichworten „Person im Wasser", „Fahrzeug im Wasser" oder sonstigen Notfällen an Gewässern rückt der Gerätewagen-Wasserrettung aus. Um die Zeit bis zum Eintreffen an der Einsatzstelle zu nutzen, legen die Taucher in der großen Mannschaftskabine während der Anfahrt die Tauchanzüge an. Links ein MAN 14.192 FA mit Aufbau von Metz von 1987, rechts ein Magirus-Deutz 170 D 11 FA von 1975 mit Aufbau der Berliner Firma Glasenapp. Beide transportieren das Rettungsboot auf dem Aufbau.

Freiwillige Feuerwehr Itzehoe

▼ Der Verwendungszweck „Rettungstaucher" steht gut lesbar auf diesem Iveco Zeta 79-12 von 1990.

Berufsfeuerwehr Halle

◤ Einen 1983 gebauten
IFA W 50 LA, der als
Werkstattwagen genutzt
wurde, baute die Berufsfeu-
erwehr Halle 1990 zu einem
Wasserrettungsfahrzeug um.

Berufsfeuerwehr München

Am Tag der offenen Tür
präsentierte die Wehr
die Ausrüstung für die Was-
serrettung. Verschiedene
Tauchanzüge und eine
schwimmfähige Plattform
wurden für die Besucher
aufgebaut.

GW
KLAF
VGW / VRW
GW-A
GW-Öl
GW-G
GW-Dekon
GW-Licht
GW-W
GW-Schiene

Auf der Straße und auf der Schiene unterwegs – das ist nur möglich mit Zweiwegefahrzeugen. Ausgelöst durch den U-Bahnbau entstand Ende der sechziger Jahre bei der Frankfurter Feuerwehr die Idee, ein Einsatzfahrzeug um einen Schienenfahrsatz zu ergänzen. Bei Alarm fährt der Gerätewagen auf der Straße zur nächstgelegenen Eingleisstelle und von dort auf der Schiene weiter.

Berufsfeuerwehr Frankfurt

▲ 1985 stellte die Frankfurter Feuerwehr die zweite Generation ihres Rüstwagens-Schiene in Dienst. Unter dem Fahrgestell des Iveco Magirus 190-32 A ist der absenkbare Schienenfahrsatz von Schörling zu erkennen. Um innerhalb des engen Tunnels an die Geräte zu kommen, baute Magirus den Aufbau schmaler. Die Besatzung verlässt die Kabine an der Rückseite durch eine schmale Tür.

Berufsfeuerwehr Dresden

▼ Die DresdnerVerkehrsBetriebe AG stationierte 1998 bei
der Feuerwehr einen Gerätewagen-Schiene. Die Rosenhei-
mer Firma Zweiweg stattete den Mercedes-Benz 1124 mit
einem Gleisspursatz aus. Dazu wurde die Spurweite der Räder
den Gleisanlagen angepasst. Den Gerätekoffer lieferte Magirus.

Kranwagen

KW

Wie bekommt man ein Auto aus dem Bach, nachdem es das Brückengeländer durchbrochen hat? Wie hebt man einen umgestürzten Lastzug, unter dessen Kabine der Fahrer eingeklemmt ist? Wie räumt man einen vom Sturm geknickten Baum vom Dachfirst? Drei Beispiele, bei denen ein Feuerwehrkran schnelle Hilfe leistet. Die Zeiten, als städtische Feuerwehren mit dem Kran ausrückten, um auf dem Kopfsteinpflaster gestürzte Pferde zu bergen, sind schon viele Jahrzehnte vorbei. Mitte des letzten Jahrhunderts kombinierten die Hersteller Rüstwagen und Krananlage zu einem Rüstkranwagen RKW. Ab den siebziger Jahren nahm die Anzahl der Automobilkrane zu, die die Kranhersteller für den Feuerwehrdienst modifizierten: Sie montierten zusätzliche Seilwinden für Bergungen und bauten Stauräume für Anschlagmittel an.

▼ Der 250 PS starke Eckhauber von Magirus lässt sich so schnell nicht aufhalten. Souverän meistert der Uranus A als Kranwagen KW 16 die Wasserdurchfahrt auf dem Erprobungsgelände von Magirus.

Berufsfeuerwehr Nürnberg

▶ ▼ Ein Unikat ist der Rüstkranwagen RKW auf MAN 758. Er lief von 1955 bis 1978 im Einsatzdienst und blieb als ein Dokument Nürnberger Industriegeschichte erhalten. Metz fertigte den Aufbau, die Krananlage mit 10 Tonnen maximaler Hubkraft kam von Demag.

KW

Freiwillige Feuerwehr Saarlouis

▼ Eine wuchtige Erscheinung stellt der Rüstkranwagen RKW 7 dar, den Magirus 1950 ins Saarland lieferte. Unter der langen Haube werkelte ein 125 PS starker Reihensechszylinder.

Freiwillige Feuerwehr Naumburg

▲ Als Zeichen der Partnerschaft der Wehren Aachen und Naumburg kam 1990 der Rüstkranwagen RKW 10 vom Dreiländereck an die mitteldeutsche Saale. 1960 hatte Magirus-Deutz den Jupiter A mit dem formschönen Aufbau als Rüstkranwagen RKW 10 ausgeliefert.

KW

Berusfeuerwehr Offenbach

▲ Für den Antrieb des schwersten Lastwagenmodells LAKo
315 von Mercedes Benz reichten 1957 noch 145 PS. Metz
lieferte den Kranwagen KW 10, Demag fertigte dafür den elek-
tromotorisch angetriebenen Kran mit 10 Tonnen Hubkraft.
Früher in Offenbach und anschließend in Alsfeld eingesetzt,
gehört der KW 10 heute zur Sammlung des Deutschen Feuerwehrmuseums in Fulda.

Berufsfeuerwehr Hannover
◀ Drei Generationen Hannoveraner Kranwagen begrüßten
im Juni 1994 auf dem Messegelände ihren neuen Kollegen:
von links
der KW 12 Mercedes-Benz LAKo 315 Aufbau Metz
von 1958,
KW 24 Aufbau Wilhag auf MAN 22.230 HAK von 1969,
KW 25 von Krupp Typ 25 GMT von 1978,
neu der KW 40 auf Liebherr LTM 1040-3.

KW

Freiwillige Feuerwehr Garmisch-Partenkirchen

▼ Seit 1956 verfügt die Feuerwehr im Werdenfelser Land über Kranwagen. Zuerst war es ein Rüstkranwagen RKW 10 auf Mercedes-Benz. Ihn löste 1976 der abgebildete, 1974 gebaute 250 PS starke Krupp 25 GMT ab. Dieser wies eine maximale Hubkraft von 25 Tonnen auf. Der Kranmast ließ sich 25 Meter hoch ausfahren. Seit 1999 steht ein moderner Kranwagen KW 50 von Liebherr im Gerätehaus.

Freiwillige Feuerwehr Alsfeld

▶ Von Offenbach nach Alsfeld: Nach dem KW 10 kaufte die nordhessische Wehr 1989 wieder einen gebrauchten Kranwagen in Offenbach. Der Kranwagen mit 20 Tonnen Hubkraft KW 20 auf einem Faun-Chassis mit Kranaufbau von Gottwald wurde 1970 gebaut.

Berufsfeuerwehr Karlsruhe

▲ Viele deutsche Feuerwehren setzen auf die All-Terrain-Mobilkrane von Liebherr, die dank 6x6-Antrieb geländegängig und mit ihrer Allradlenkung sehr wendig sind. Im Sommer 2002 stellte die Karlsruher Feuerwehr einen Liebherr LTM 1055/1 als Kranwagen KW 50 mit 50 Tonnen Hubkraft in Dienst. Für Berge- und Abschleppaufgaben ist eine hydraulische Seilwinde mit 80 kN Zugkraft eingebaut.

KW   **Berufsfeuerwehr Halle**

▲ Einige größere Kommandos der Feuerwehr, wie die Berufsfeuerwehren in der DDR bezeichnet wurden, bekamen einen Kranwagen mit 12,5 Tonnen Hubkraft zugeteilt. Hersteller war der VEB Maschinenbau „Karl Marx" in Potsdam-Babelsberg. Sein 9 840 ccm großer Vierzylinder-Motor leistete 190 PS. Das 1986 gebaute und in Halle stationierte Fahrzeug stammt aus der letzten Bauserie, denn es weist die leicht erhöhte Tragkraft von 13 Tonnen auf.

Berufsfeuerwehr Leipzig

▼ 1990 stellten die beiden
ostdeutschen Berufsfeu-
erwehren Berlin und Leipzig
Kranwagen mit 28 Tonnen
Tragfähigkeit in Dienst.
Gebaut hatte sie der tsche-
chische Hersteller Tatra.
Der Berliner KW 28 wurde
Mitte der neunziger Jahre
ausgemustert. Den Leipziger
KW 28 pflegt die AG
„Feuerwehrhistorik" in
Riesa.

Berufsfeuerwehr Leipzig	
Fahrzeugtyp	KW 28
Hersteller	Tatra
Fahrgestell	815 AD 28 6x6
Motorleistung	230 PS
zulässiges Gesamtgewicht	28 800 kg
Aufbauhersteller	Tatra
Baujahr	1989
Ausmusterung	2003

Schlauchwagen

SW 1000
SW 2000

Großbrand eines Bauernhofes. Die Feuerwehren richten schon drei B-Strahlrohre auf die brennende Scheune. Weitere Strahlrohre und das Wenderohr einer Drehleiter sollen eingesetzt werden, um die Nachbargebäude vor den Flammen zu schützen. Die Wasserversorgung aus dem Hydrantennetz des Ortes reicht dafür nicht aus. Ein Fluss ist etwa 400 Meter entfernt. Das ist die typische Situation, in der der Einsatzleiter einen Schlauchwagen SW benötigt. Dieser legt in kurzer Zeit die B-Leitungen und setzt an der Wasserentnahmestelle seine Pumpe ab. Oder er baut sie als Verstärkerpumpe in der Schlauchleitung ein.

Damit die Schläuche bei langsamer Fahrt ausgelegt werden können, liegen sie gekuppelt im Heck. Die Zahlenangabe im Typnamen nennt die im Fahrzeug mitgeführte Schlauchlänge. Alternativ zum Schlauchwagen beschaffen die Feuerwehren oft Wechsellader mit Wechselaufbau Schlauch.

Berufsfeuerwehr Berlin

▼ Der Beifahrer weist den Schlauchwagen SW 2000 auf Magirus-Deutz 150 D 10 A von 1967 ein. Auf dem Dach lagert das Gestänge für die Schlauchüberführung. Es wird aufgestellt, wenn die Leitung eine viel befahrene Straße kreuzt.

Freiwillige Feuerwehr Rödermark

▶ Von Rosenbauer ließ sich 1994 die hessische Feuerwehr einen Schlauchwagen SW 2000 bauen. Basis ist ein allradangetriebener Kastenwagen Mercedes-Benz 814 DA.

Freiwillige Feuerwehr Rödermark

▶ Die Beladung eines Schlauchwagens ist auf den ersten Blick zu erkennen. Im Heck lagern in Buchten die 2000 Meter B-Schlauch. Im vorderen Geräteraum ist eine Tragkraftspritze eingeschoben.

FEUERWEHR
112
OF 2645

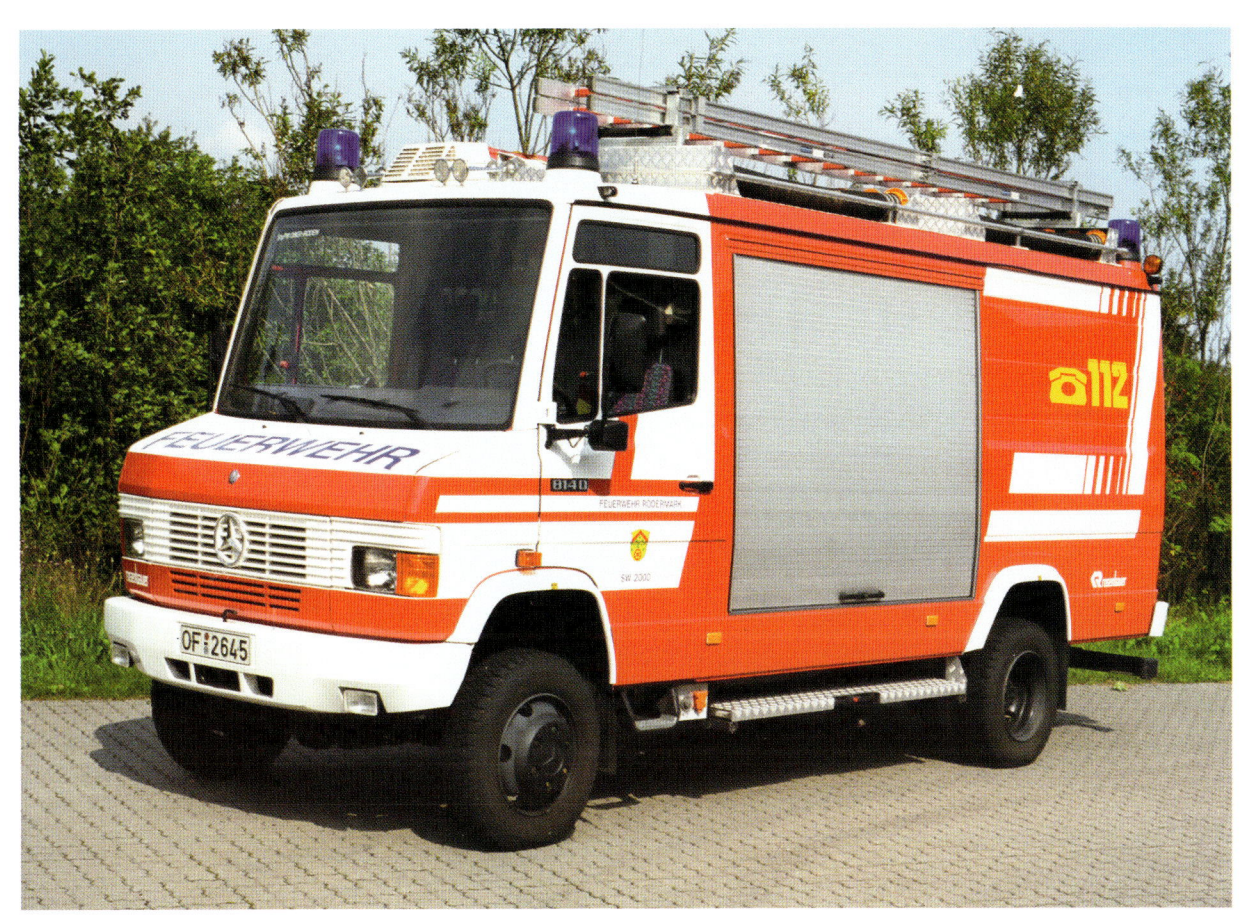

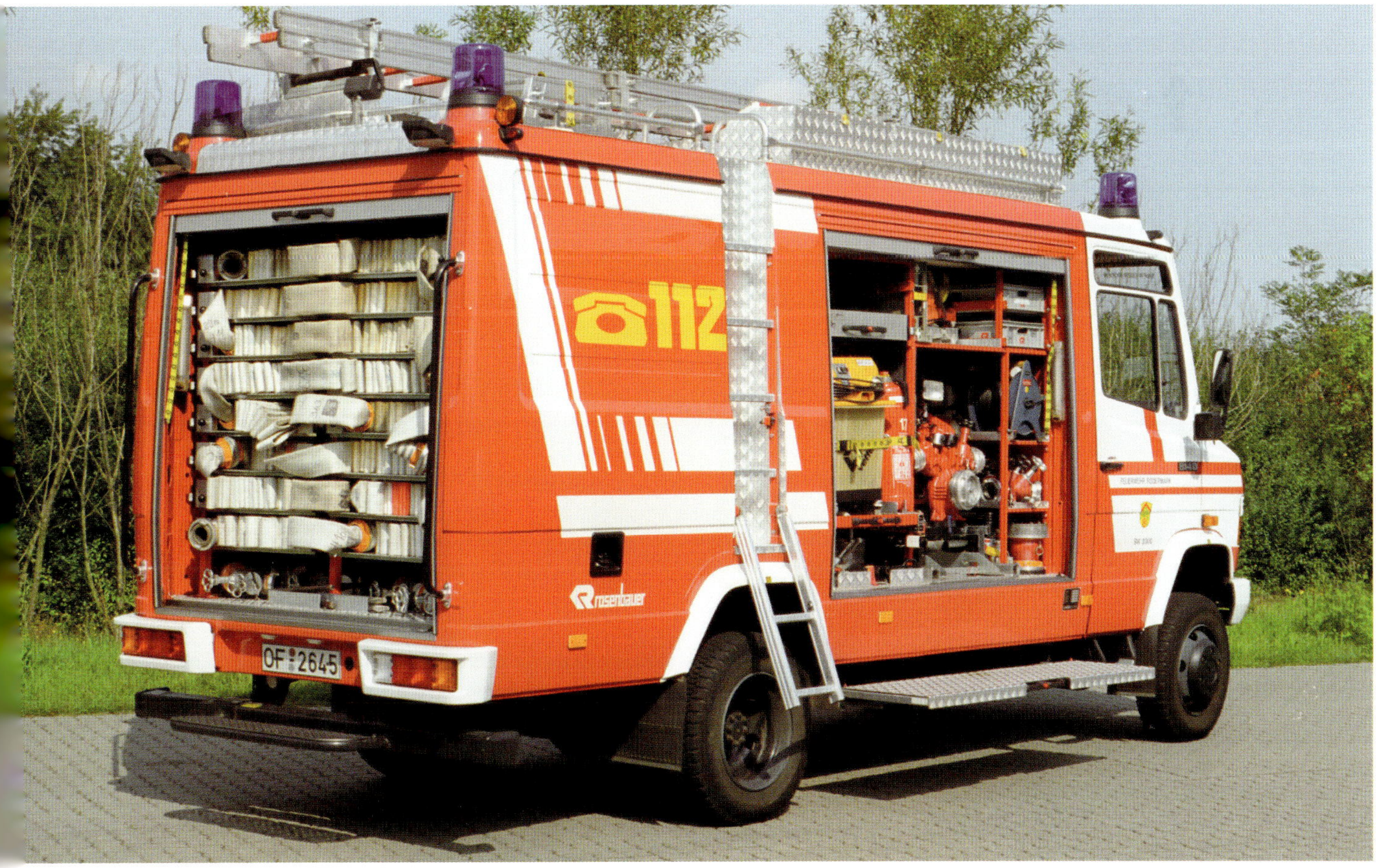
112
OF 2645

Freiwillige Feuerwehr Singen

SW
SW 1000
SW 2000

▲ Ungewöhnlich bei deutschen Feuerwehren ist es, die Schläuche auf großen Haspeln zu transportieren. Etwa 1000 Meter kann dieser aus den sechziger Jahren stammende Mercedes-Benz verlegen. Das Foto entstand 1983 und dieser SW ist längst ersetzt.

Staatliche Feuerwehrschule Regensburg

▲ Legendär sind die Geländefahreigenschaf-
en des Mercedes-Benz
Unimog U 1300 L. Deshalb
eignet er sich bestens als
Schlauchwagen. 1989 liefer-
e Metz diesen SW 1000 an
ie in Lappersdorf bei
Regensburg ansässige
euerwehrschule.

Freiwillige Feuerwehr Kirchhain

▲ Das Land Hessen
beschaffte eine größere
Anzahl baugleicher Schlauchwagen SW 1000 für Stütz-
punktfeuerwehren. Dieser
Mercedes-Benz 408 mit
Ausbau von Ziegler läuft seit
1976 bei der Feuerwehr. Im
Lieferzustand waren lediglich Schläuche unterge-
bracht. Die Wehr baute sich
seitlich eine Halterung für
eine Tragkraftspritze ein.

Freiwillige Feuerwehr Geretsried

▼ Für den Einsatz im Katastrophenschutz beschaffte das Bundesamt für Zivilschutz 329 Schlauchkraftwagen SKW auf Magirus-Deutz-Eckhauber-Fahrgestellen. Seitlich war eine Tragkraftspritze mit 1600 l/min Förderleistung eingeschoben. 1580 Meter B-Druckschlauch lagern gekuppelt im Heck. Das in Geretsried stationierte Fahrzeug war ein Magirus-Deutz Mercur 125 A mit Aufbau von Thiele, Baujahr 1963.

Freiwillige Feuerwehr Naumburg

▲ Die Nachfolge der robusten Magirus-Eck-hauber traten in den neunzi-ger Jahren 171 Iveco 95 E 18 4x4 und 141 Merce-des-Benz Unimog U 1550 L an. Die Schläuche befinden sich in tragbaren Körben auf der Ladefläche. Im Geräte-kasten sind die Tragkraft-spritze, Saugschläuche und Armaturen verstaut. Diesen SW 2000 baute Lentner 1994.

SW
SW 1000
SW 2000

Freiwillige Feuerwehr Donauwörth

▲ 1955 stellte die Berufsfeuerwehr Wiesbaden
einen Schlauchwagen SW
2000 in Dienst, der sechs
Einsatzkräften Platz bot und
mit einer 1500 l/min leistenden Vorbaupumpe aus-
gerüstet war. Den Magirus-
Deutz A 3500 kaufte 1976
die Stadt Donauwörth und
setzte ihn bis Ende der achtziger Jahre im Stadt-
teil Zirgesheim ein.

Berufsfeuerwehr München

▶ Bei einem Lagerhallen-
großbrand in Hochbrück
am 20. Juli 1988 unterstütz-
te die Münchner Feuerwehr
die Einsatzkräfte aus dem
Landkreis München mit
einem ihrer beiden baugleichen Schlauchwagen SW
2000.

Freiwillige Feuerwehr Alsfeld

▶ In geringer Anzahl
beschaffte das Land
Hessen bei Magirus
Schlauchwagen SW 2000
mit Vorbaupumpe und Staf-
felkabine für sechs Einsatzkräfte. Der 150 PS starke
Magirus-Deutz 150 D 10 A
steht seit 1967 bei der
Wehr in Nordhessen.

Berufsfeuerwehr München	
Fahrzeugtyp	SW 2000
Hersteller	MAN
Fahrgestell	12.192 FA
Motorleistung	192 PS
zulässiges Gesamtgewicht	12 000 kg
Aufbauhersteller	Ziegler
Tragkraftspritze	800 l/min bei 8 bar
Schlauchbeladung	6 A-Saugschläuche
	2020 m B-Druckschlauch
	210 m C-Druckschlauch
	25 m D-Druckschlauch
Besatzung	3 Personen
Baujahr	1986

Wechselladerfahrzeuge

Einen Schlauchwagen müsste man haben und einen großen Einsatzleitwagen und ein Atemschutzgerätefahrzeug und einen Gerätewagen-Gefahrgut und einen Lastwagen für den Transport der Sandsäcke, des Schaummittels und des Rüstholzes und vieler anderer Geräte, die an der Einsatzstelle benötigt werden. Für jede Einsatzaufgabe könnte man ein Fahrzeug vorhalten. Das bedeutet hohe Kosten für Beschaffung und Unterhalt und benötigt große Stellflächen. Die Lösung für den wirtschaftlichen Nachschub zwischen Gerätehaus und Einsatzstelle kam aus dem Transportgewerbe: die Wechselladertechnik. Ein Trägerfahrzeug sattelt den zum Alarmstichwort passenden Wechselaufbau auf. Hierbei gibt es zwei Systeme: Beim Absetzkipper ruht der Aufbau zwischen den beiden seitlichen Schwenkarmen. Der Behälter bleibt beim Wechselvorgang stets horizontal. Durchgesetzt bei deutschen Feuerwehren hat sich das Abrollsystem. Der hydraulisch schwenkbare Haken zieht den Aufbau auf das Wechselladerfahrzeug WLF.

Werkfeuerwehr Leuna

◀ Den Absetzvorgang eines Hakengerätes demonstriert ein 1995 gebauter MAN 26.322 mit einer von Meiller aufgebauten Wechseleinrichtung. Abgesetzt wird der AB-Pumpen, den die Firma Schmitz unter anderem mit vier Lenzpumpen bestückte.

Berufsfeuerwehr München

▲ An den beiden Magirus-Deutz 232 D 16 FAK von 1972 und 1973 ist die Bauweise des Absetzkippers erkennbar. Die Behälter müssen schmaler als das Fahrzeug sein, damit sie zwischen die seitlichen Schwenkarme passen.

Berufsfeuerwehr Hannover

▲ Als Mitte der siebziger Jahre die Wechsellade-technik aufkam, konkurrier-ten verschiedene Systeme mit dem heute üblichen Hakenabrollgerät. Die Feu-erwehr Hannover beschaffte bei Feka das Seilgerät, mit dem der Atemschutzkoffer auf das Chassis gezogen wurde. Trägerfahrzeug war ein 1976 gelieferter Merce-des-Benz LAF 1113.

Berufsfeuerwehr Dresden

▶ Einzigartig ist das 1996 in Dienst gestellte Wechsel-laderfahrzeug der Dresdner Feuerwehr auf Mercedes-Benz 3738. Die Vorlaufachse ist lenkbar und die Nach-laufachse ist nicht nur lenk-bar, sondern auch angetrie-ben. Die Wechseleinrichtung kommt von der Firma Hüf-fermann. Hinter dem Fahrer-haus ist ein Kran von Fassi montiert, der eine maximale Hubkraft von 20 Tonnen aufweist. Aufgesattelt ist ein Bergegerät mit Abschlepp-brille und mehreren Winden

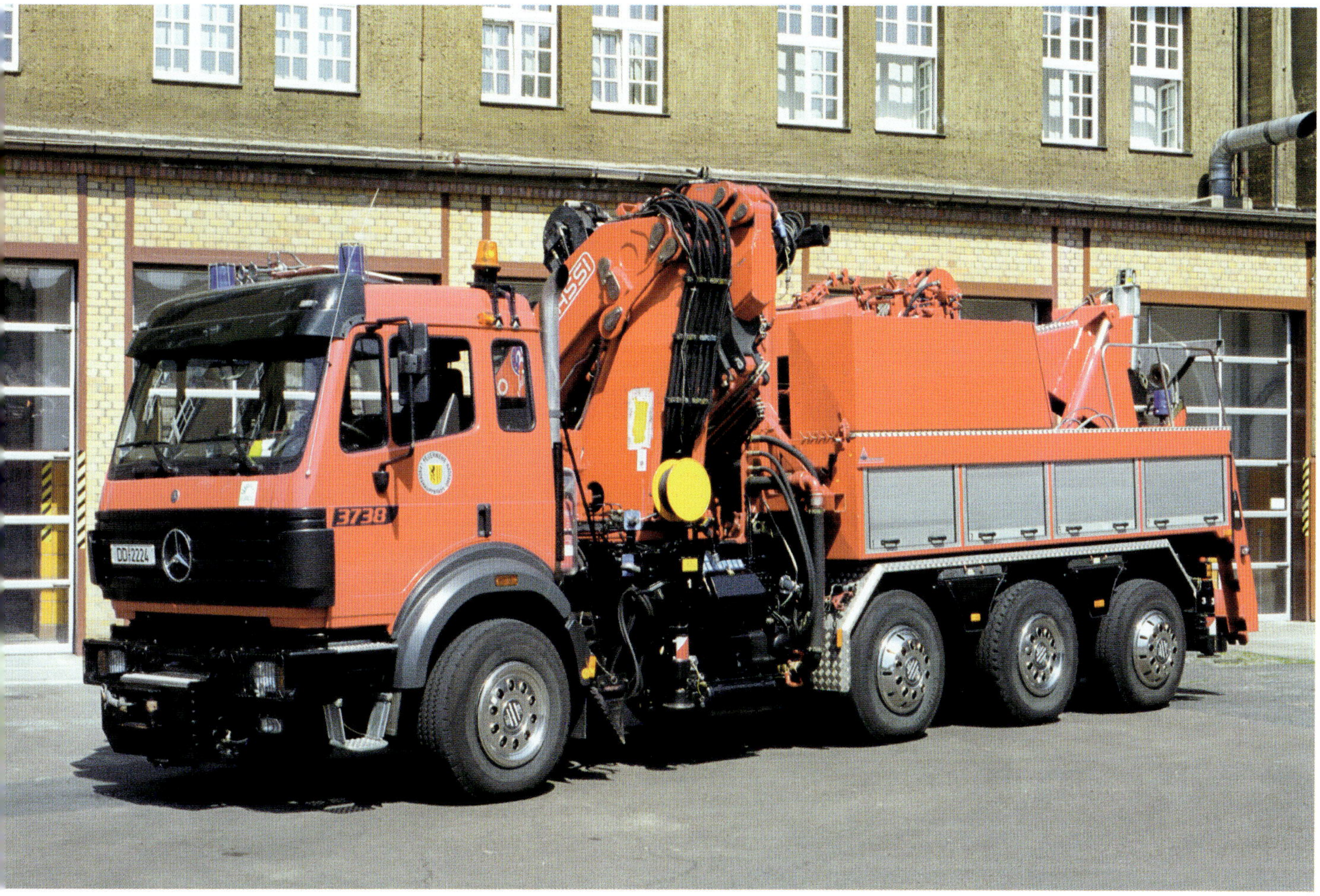
3738
DD-2224

Fahrzeug schwenkt aus !

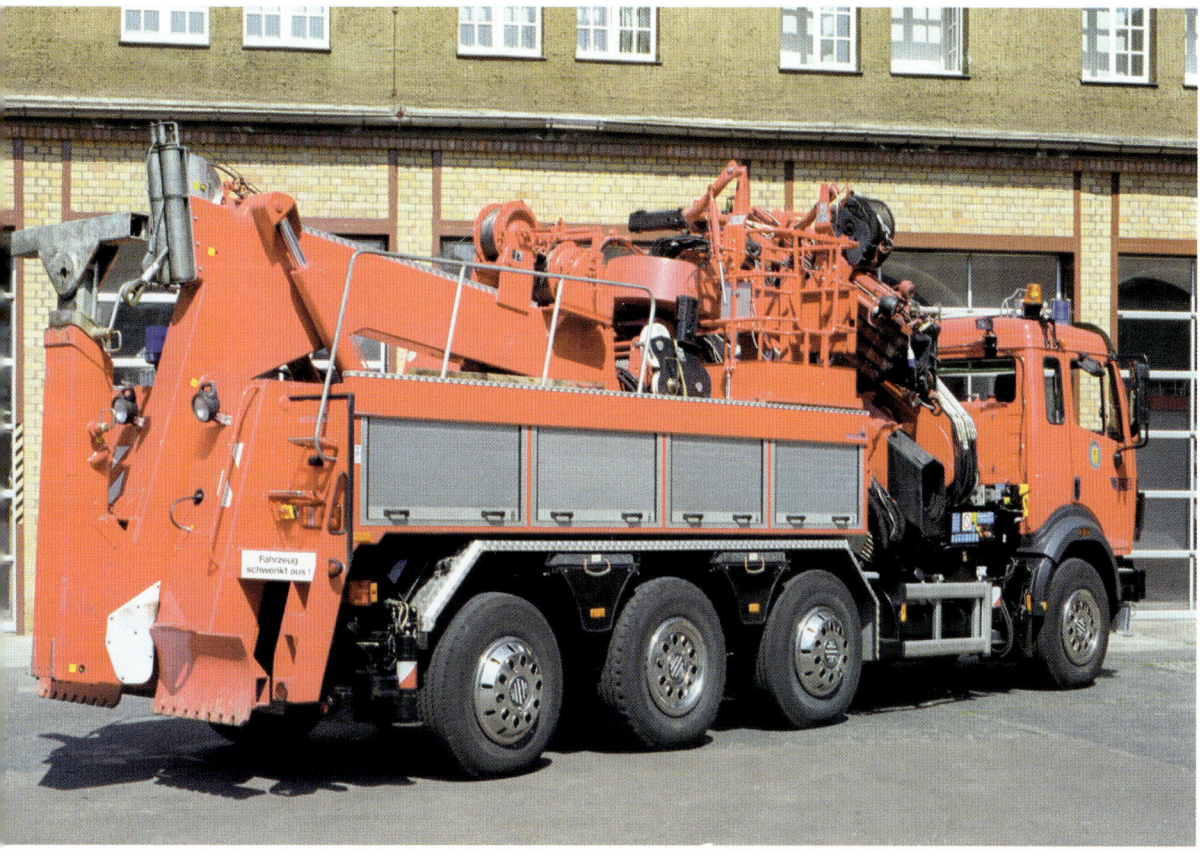

Feuerwehrtechnische Zentrale Peine

▲ Dieser Magirus-Deutz 232 D 11 FA von 1981 transportiert eine fahrbare Tankstelle. Die an der Front angebrachte Gefahrguttafel informiert über Diesel als Ladung. Bei lang andauernden Einsätzen müssen die im Pumpenbetrieb eingebundenen Tragkraftspritzen und Löschfahrzeuge sowie die Rüstwagen, deren Generatoren Strom produzieren, nachgetankt werden.

Freiwillige Feuerwehr Pforzheim

▼ Bei der Abteilung Dillweißenstein ist ein Wechselladerfahr-
zeug WLF auf einem vierachsigen Scania stationiert.
Baujahr des WLF mit einem Hakensystem von Atlas ist 1986.
Der Abrollbehälter fasst 4000 Liter Wasser und 9000 Liter
Schaummittel.

Freiwillige Feuerwehr Paderborn

▲ Trägerfahrzeug für einen von der Firma Heines hergestellten Abrollbehälter Atemschutz ist ein MAN 18.264 LC mit Meiller-Wechseleinrichtung. Sie wurden zusammen 1998 in Dienst gestellt.

Werkfeuerwehr allessachemie, Frankfurt

▶ 360 PS leistet der Reihensechszylinder, der in dem MAN 26.364 eingebaut ist. Zur Verbesserung der Wendigkeit auf dem Werksgelände wählte die Werkfeuerwehr für ihr 2000 beschafftes Wechselladerfahrzeug eine lenkbare Nachlaufachse. Aufgesattelt ist der Abrollbehälter Pumpe. Diese fördert 490 Kubikmeter je Stunde.

Werkfeuerwehr MTU MAN, München

▶ Zu den ersten Feuerwehrfahrzeugen aus der aktuellen Lastwagenbaureihe MAN TGA zählt das 2003 gelieferte Wechselladerfahrzeug. Der von Ziegler ausgestattete MAN TGA 26.310 erhielt von Palfinger die Wechseleinrichtung und den Ladekran. Aufgesattelt ist der Abrollbehälter Lüfter. Ein 126 PS starker Motor treibt den Großlüfter an. Mit einem Luftdurchsatz von ca. 210 000 Kubikmetern je Stunde lässt sich eine verrauchte Fabrikhalle schnell lüften.

WLF

Zwei andere Systeme für Wechselaufbauten zeigt diese Doppelseite: Zum einen das Wechselbrückenfahrzeug, zum anderen den Hubwagen.

Berufsfeuerwehr München

▲ Vorteil des Niederflurhubwagens ist, dass der Behälter bis auf Bodenniveau abgesenkt werden kann. Der Mercedes-Benz Unimog 1200 T fährt daher mit Vorderradantrieb. In München läuft das Fahrzeug unter der Bezeichnung „Tierunfallwagen" und steht damit in langer Tradition. Denn bereits vor dem Ersten Weltkrieg gab es einen solchen für den Transport verletzter oder verunglückter Großtiere oder deren Kadaver.

Freiwillige Feuerwehr Schwabach

▶ Aus dem Güterverkehr sind die Wechselbrücken bekannt. Da die Behälter auf Stützen stehen, ist die Geräteentnahme erschwert. Daher hat sich das System im Feuerwehrdienst nicht etablieren können. Seit 1984 setzt die Schwabacher Feuerwehr einen luftgefederten MAN 13.168 FL von 1980 ein.

▶ Im Hof der Feuerwache stehen weitere Wechselbrücken, um diese bei Bedarf sofort aufzunehmen. Links mit Material für Ölwehreinsätze, rechts für die technische Hilfeleistung.

Freiwillige Feuerwehr
Schwabach
FEUERWEHR
M·A·N
DIESEL
82/1
SC-257

1
2
WB TECHN. HILFE

Einsatzleitwagen

Kdow
ELW / MZF
ELW 2
ELW 3

An der Einsatzstelle laufen alle Informationen beim Einsatzleiter zusammen. Die Besatzung des Einsatzleitwagens ELW unterstützt ihn bei seiner Führungsaufgabe. Im Fahrzeug sind Funkgeräte eingebaut und sie bieten – je nach Größe – Platz für Besprechungen. Unterschieden wird in

- Kommandowagen Kdow: Mit einem Personenwagen kommen der Zugführer und der Einsatzleiter an die Einsatzstelle.
- Einsatzleitwagen ELW 1: Kleintransporter mit zwei Funkarbeitsplätzen. In Bayern gibt es eine Richtlinie für Mehrzweckfahrzeuge MZF. Sie sieht vor, dass die erste Sitzbank im Mannschaftsraum gegen die Fahrtrichtung montiert wird, damit auf einem Klapptisch zwischen den Bänken eine Arbeitsfläche entsteht.
- Einsatzleitwagen ELW 2: Sie enthalten einen Führungsraum und einen Fernmelderaum mit umfangreicher Kommunikationsausstattung wie Funk, Telefon und Fax. Diese Fahrzeuge werden in der Regel von Landkreisen und kreisfreien Städten angeschafft.
- Einsatzleitwagen ELW 3: Um bei Großeinsätzen und Katastrophen viel Platz für den Führungsraum und die Kommunikationseinrichtungen zu haben, baute man oft Omnibusse um.

Berufsfeuerwehr Karlsruhe

◀ In ungewöhnlicher schwarz-roter Lackierung lief dieser Mercedes-Benz 190 Ende der fünfziger Jahre als Kommandowagen Kdow. Die so genannte „Auerleuchte" auf dem Dach ist der Vorläufer des Blaulichtes.

Berufsfeuerwehr Berlin

▲ Personenwagen aller Marken finden sich als Kommandowagen Kdow bei deutschen Feuerwehren. Zahlenmäßig am häufigsten vertreten sind die BMW der 5er-Baureihe, Mercedes-Benz E-Klasse oder VW Passat. Drei Generationen von BMW der 5er-Baureihe zeigt das 1989 aufgenommene Foto.

Kdow
ELW / MZF
ELW 2
ELW 3

Freiwillige Feuerwehr Reichertshofen

▲ Die Kombiausführung bietet Platz für Einsatzunterlagen, ein Multiwarngerät, Pressluftatmer und einen Hochdrucklöscher. Baujahr dieses Audi A4 1,6 Avant war 1998.

Freiwillige Feuerwehr Staats-Börgitz

▶ Aus dem russischen VAZ Automobilwerk Togliatti wurden zu DDR-Zeiten nur wenige Lada Niva importiert. Bei der Polizei lief bis 1995 der 1985 gebaute Lada Niva 1600. Zum Einsatzgebiet der Wehr gehören ausgedehnte Waldgebiete der Colbitz-Letzlinger Heide.

Landkreis Oberhavel

▶ Geländewagen erfreuen sich großer Beliebtheit Kommandowagen Kdow. Sibieten mehr Platz als ein Personenwagen und die Möglichkeit, Einsatzstellen absei befestigter Straßen zu errei chen. Dieser Mitsubishi Pajero GLX wurde 1995 zugelassen.

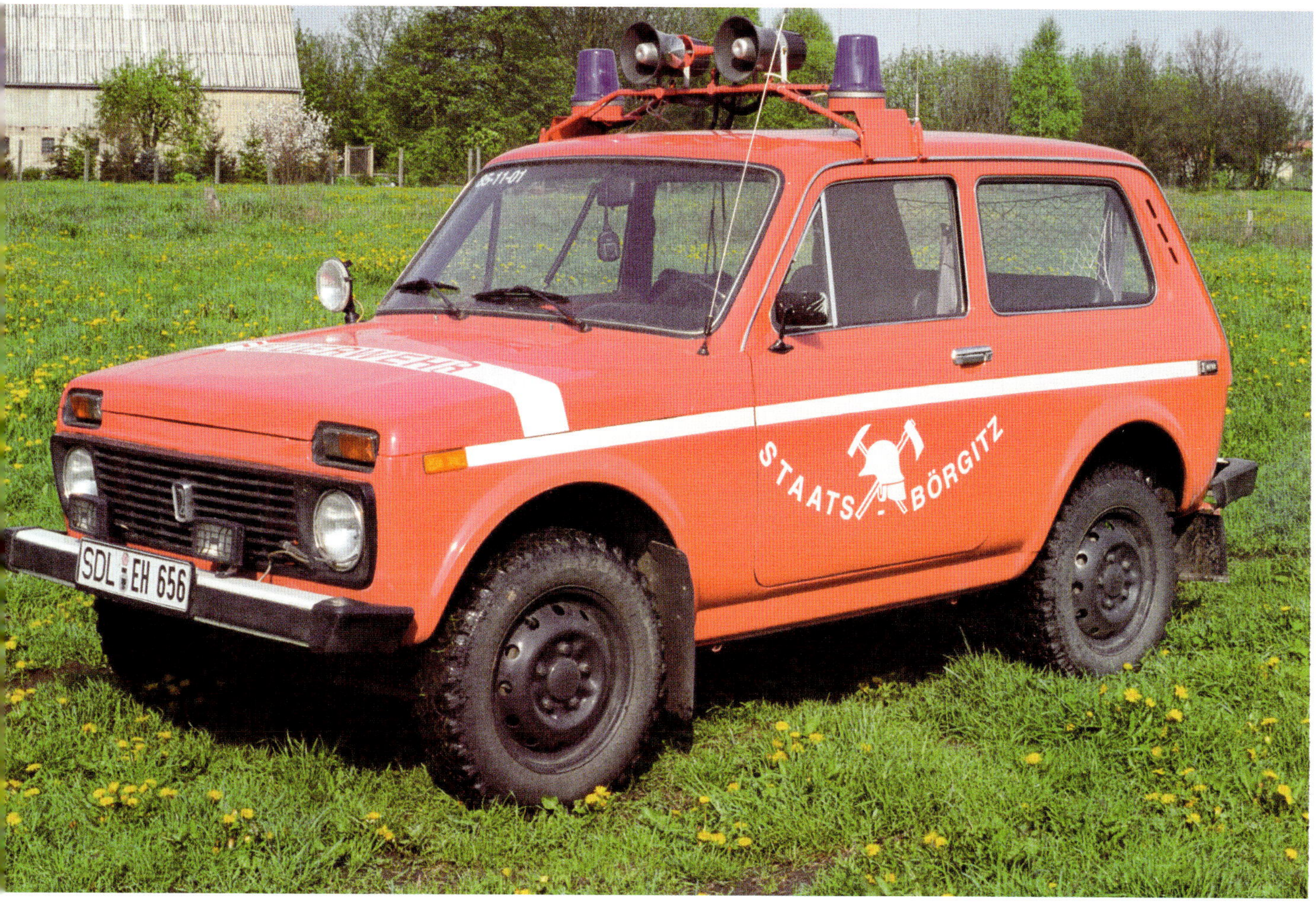
STAATS
BÖRGITZ
SDL EH 656

ELW 1

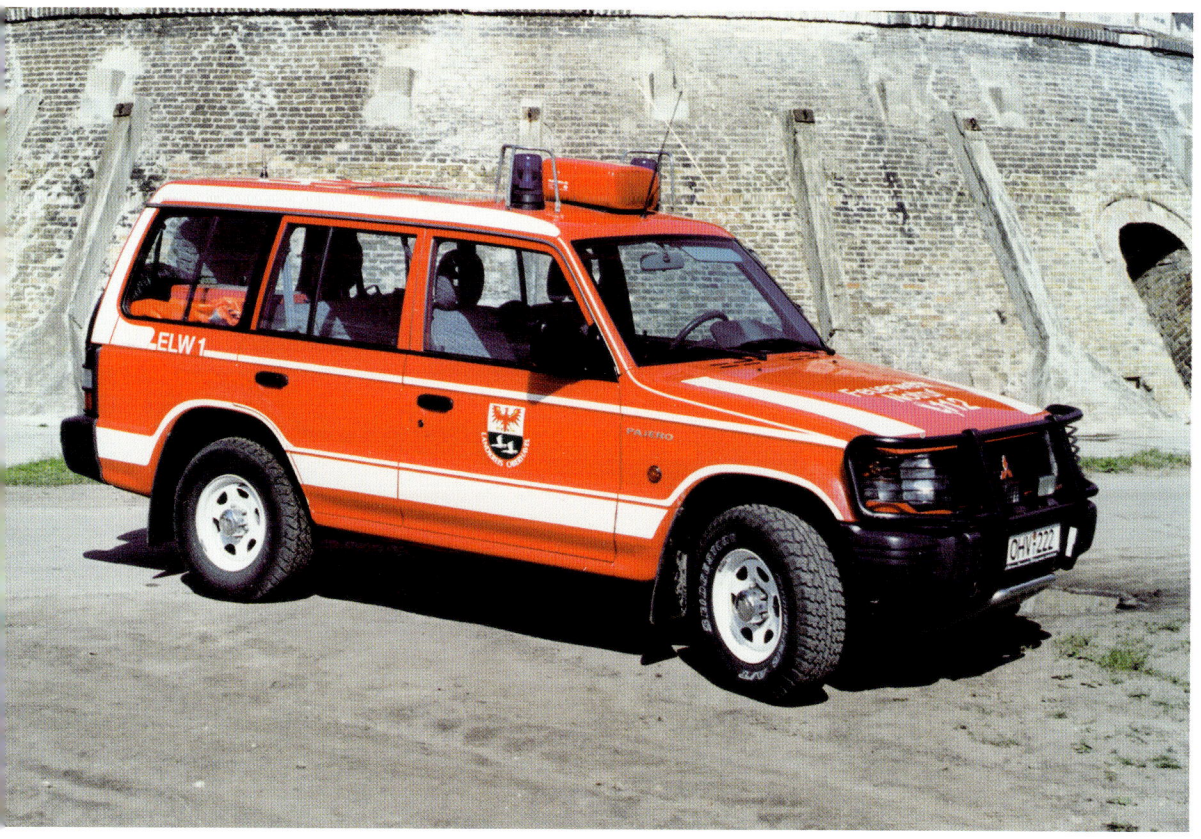

**Kdow
ELW / MZF**
ELW 2
ELW 3

Werkfeuerwehr Pfleiderer, Neumarkt/Oberpfalz

▶ Von 1993 bis 1996 verkaufte VW die vierte Generation des seit 1973 produzierten VW Passat. Dem Leiter der Werkfeuerwehr Pfleiderer steht ein 1995 gebauter VW Passat mit Dieselmotor zur Verfügung.

Freiwillige Feuerwehr Wathlingen

▼ Anfang der siebziger Jahre war das Angebot an Kombifahrzeugen noch nicht so groß wie heute. Ein Opel Rekord 1900 Caravan des Baujahres 1971 lief bis 1993 als Kommandowagen Kdow bei der Feuerwehr in Wathlingen.

Freiwillige Feuerwehr Dachau

▶ Platz für Mannschaft, Einsatzleitung und einige Geräte bietet der Mercedes-Benz 309 D Kleinbus in langer Ausführung mit Hochdach. Den Ausbau des seit 1992 in Dachau eingesetzten Mehrzweckfahrzeuges MZF nahm die Firma Geidobler vor.

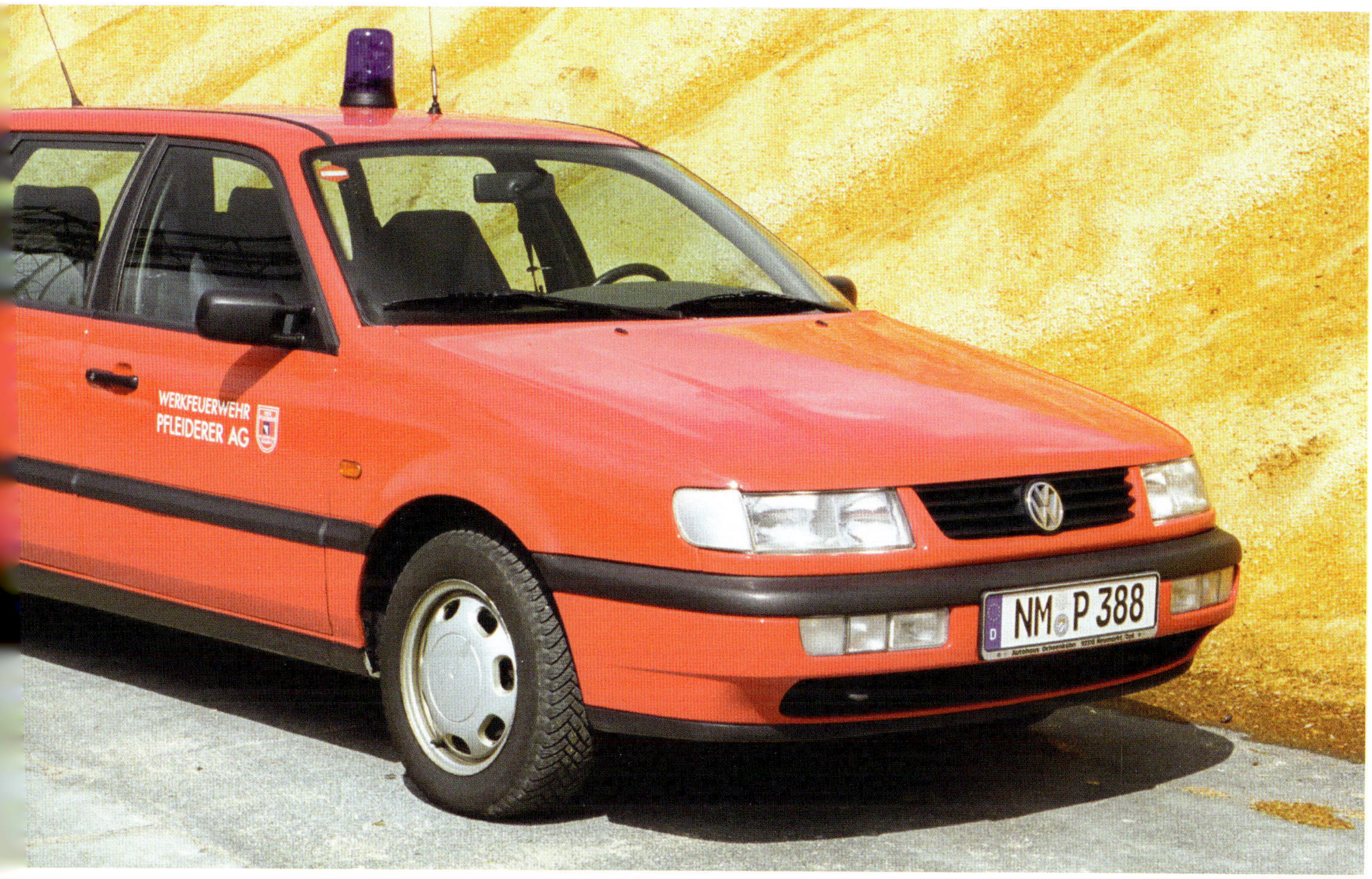

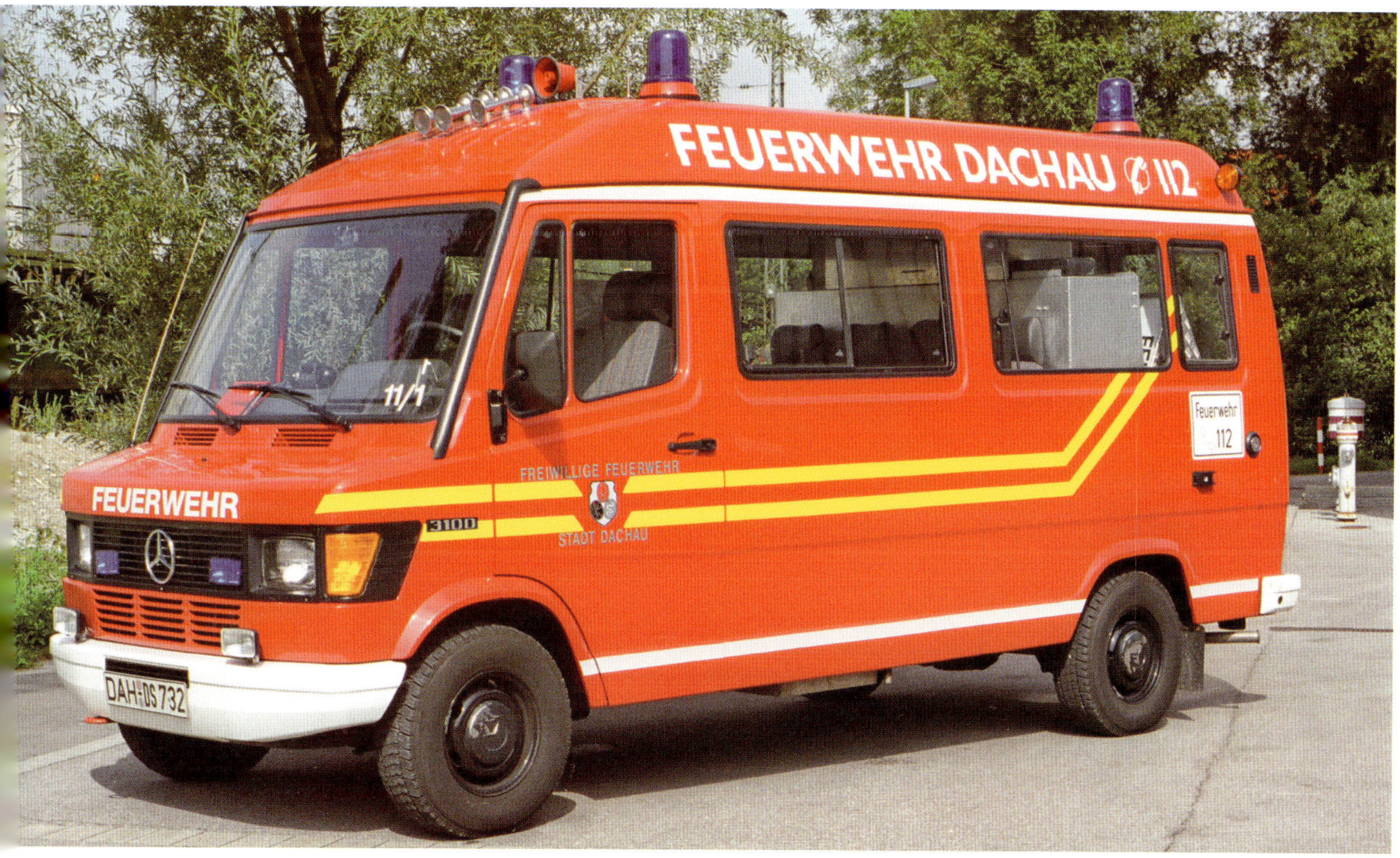

Kdow
ELW/MZF
ELW 2
ELW 3

Feuerwehr Hamm

◀ Auf Basis eines Ford Transit 130 entstand dieser Einsatzleitwagen ELW. Ein ausfahrbarer Mast für die Funkantenne ist am Heck montiert.

Freiwillige Feuerwehr Volkach

◀ Von 1967 bis 1979 baute VW die zweite Generation des VW Transporters. Die 1973 erfolgte Modellpflege ist an den hochgesetzten Blinkern zu erkennen. Das in Volkach eingesetzte Mehrzweckfahrzeug MZF wurde 1977 zugelassen.

Freiwillige Feuerwehr Büsum

▲ Im Nordsee-Heilbad Büsum läuft seit 2000 ein Ford Transit 330 als Einsatzleitwagen ELW. Er weist acht Sitzplätze auf. Mitgeführt werden Messgeräte, Absperrmaterial, Feuerlöscher und Einsatzunterlagen.

Kdow
ELW / MZF
ELW 2
ELW 3

Freiwillige Feuerwehr Badersfeld

▶ Einen wenige Monate alten Opel Vivaro 1,9 TDI 2800 kaufte die in der Gemeinde Oberschleißheim ansässige Feuerwehr. Im Jahr 2002 baute sie ihn in Eigenarbeit zu einem Mehrzweckfahrzeug MZF aus.

Freiwillige Feuerwehr Oy-Mittelberg

▼ Höchste Anforderungen im Gelände erfüllt der in Österreich gebaute Steyr-Daimler-Puch Pinzgauer 710 K. Nur eine kleine Anzahl dieser Fahrzeuge stellten deutsche Feuerwehren am Alpenrand in Dienst. Der Ausbau des 1982 zugelassenen Mehrzweckfahrzeuges MZF erfolgte bei Metz.

Landkreis Ostprignitz

▶ Ein drei Jahre altes Wohnmobil erwarb der Landkreis 1997 und veränderte die Inneneinrichtung zu einem Einsatzleitwagen ELW. Unter der Hülle des Hymer-Wohnmobils steckt die bewährte Großserientechnik des Fiat Ducato 14 D. Stationiert ist der ELW bei der Freiwilligen Feuerwehr Wittstock/Dosse.

FFW
Badersfeld
Freiwillige Feuerwehr
Badersfeld

EINSATZLEITUNG
EINSATZLEITUNG
FEUERWEHR
112
1-12
HYMER
OPR 2224

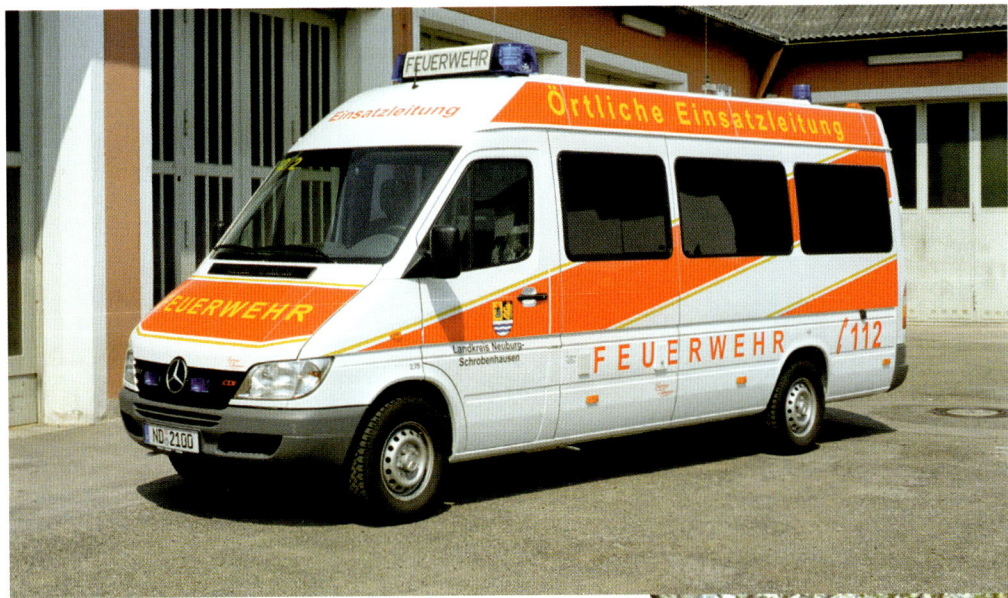

Kdow
ELW / MZF
ELW 2
ELW 3

Landkreis Neuburg-Schrobenhausen

▲ Die in Bayern aufgestellten „Unterstützungsgruppen örtliche Einsatzleitung" UG ÖEL verfügen über ein dem Einsatzleitwagen ELW 2 ähnliches Fahrzeug. Der 2003 von der Firma Furtner + Ammer ausgebaute Mercedes-Benz Sprinter 313 cdi gliedert sich in einen Kommunikationsraum vorne und einen Besprechungsraum im Heck. Die Ausstattung umfasst einen Stromerzeuger, je zwei eingebaute Funkgeräte für 2- und 4-Meter-Band, zwei tragbare Funkgeräte 2-Meter-Band, PC mit Informationssoftware, Kombigerät als Drucker/Kopierer/Fax/Scanner, Autotelefon und eine Wetterstation am ausfahrbaren Antennenmast.

Berufsfeuerwehr Halle

▼ Das Land Sachsen-Anhalt beschaffte Mitte der neunziger
  Jahre drei Einsatzleitwagen ELW 2, die bei den Feuerwehren Dessau und Halle sowie an der Feuerwehrschule in Heyrothsberge stationiert sind. Auf dem MAN-Chassis 8.113 LC
baute die Bitterfelder Firma AW-Spezialfahrzeugbau einen
Koffer mit Funk- und Besprechungsraum auf. Fernmeldetechnik
und Innenausbau installierte die ebenfalls in Bitterfeld ansässige
Firma BIT-COM.

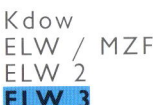

Kdow
ELW / MZF
ELW 2
ELW 3

Landkreis Aichach-Friedberg

▲ Von 1974 bis 1990 lief der Mercedes-Benz O 302 bei der Bereitschaftspolizei. Dann übernahm ihn der Landkreis Aichach-Friedberg und baute ihn zu einem Einsatzleitwagen ELW 3 um.

Berufsfeuerwehr Kassel

Berufsfeuerwehr Kassel	
Fahrzeugtyp	ELW 3
Hersteller	Magirus-Deutz
Fahrgestell	170 L 100
Motorleistung	176 PS
zulässiges Gesamtgewicht	12450 kg
Ausbauhersteller	Schölch
Baujahr	1977

Berufsfeuerwehr Kassel

▶ 1975 brannten die Wälder in der Lüneburger Heide. In der Auswertung stellten die zur Unterstützung geeilten hessischen Feuerwehren fest, dass für das Führen größerer Einheiten eine mobile Einsatzleitstelle benötigt wird. Auf Basis eines Reisebusses entstand 1977 ein Einsatzleitwagen ELW 3. Der Innenausbau gliedert sich in Fernmelderaum, Besprechungsraum für die Einsatzleitung und einen Versorgungsraum im Heck mit Wasch- und Kochgelegenheit.

Berufsfeuerwehr Köln

▶ Um Platz für die Einsatzleitung zu schaffen, entwickelte die Kölner Feuerwehr einen Einsatzleitwagen ELW auf Sattelschlepperbasis. Der Auflieger wird durch einen seitlichen Ausschub auf 4,5 Meter verbreitert. So entstehen ein Stabsraum von 25 m² Fläche mit 16 Plätzen und ein Funkraum mit sechs Arbeitsplätzen. Zugmaschine des 1999 in Dienst gestellten Gespanns ist ein Mercedes-Benz Actros 1831.

EINSATZLEITUNG
FEUERWEHR
MAGIRUS DEUTZ
KS-2140

EINSATZLEITUNG
FEUERWEHR
1831
K 27453

Kräfte und Mittel – lautet ein bei den ostdeutschen Feuerwehren üblicher Begriff. Beide gehören untrennbar zusammen. Denn ohne Geräte steht die Mannschaft hilflos am Unglücksort und ohne Einsatzkräfte lässt sich das modernste Gerät nicht einsetzen. Um zusätzliches Personal an die Einsatzstelle zu bringen, laufen bei vielen Feuerwehren Mannschaftstransportwagen MTW. Meistens handelt es sich um neunsitzige Kleinbusse. Größere Fahrzeuge sind selten, denn bei mehr Sitzplätzen muss der Fahrer in Besitz der Personenbeförderungsberechtigung und des Omnibusführerscheines sein. Eine feuerwehrtechnische Beladung ist bei MTW nicht vorgesehen.

Freiwillige Feuerwehr Neu-Isenburg

▶ Seit 1998 verfügt die Freiwillige Feuerwehr Neu-Isenburg über einen achtsitzigen Ford Transit. Besonders die Jugendfeuerwehr nutzt ihn für den Transport ihrer Mitglieder.

Freiwillige Feuerwehr Friesack

▶ Aufgeklebte Feuerwehr-Schriftzüge, Signalanlage und ein Blaulicht verwandelten 1996 den fünf Jahre alten, gebraucht übernommenen Mitsubishi-L 300-Kleinbus in einen MTW.

Freiwillige Feuerwehr Gottmadingen

▼ In den sechziger Jahren buhlten Ford mit dem FK 1250 und VW mit dem Bus um die Gunst der Käufer. Der Ford blieb als Kleinbus ein seltener Anblick bei den Feuerwehren. Hier ein 1963 gebautes Exemplar.

FEUERWEHR
FEUERWEHR
FEUERWEHR
112
FREIWILLIGE
FEUERWEHR
NEU-ISENBURG
OF 1919
MTF

FEUERWEHR
FEUERWEHR
L300
NAU 2141

Freiwillige Feuerwehr Kempten

▼ 1991 stellte die Kemptener Feuerwehr einen 12 Jahre zuvor gebauten Reisebus Setra Kässbohrer 212 H in Dienst. Hiermit fährt der Spielmannszug der Feuerwehr zu seinen Auftritten.

Freiwillige Feuerwehr Zeitz

▶ Anstelle eines Kleinbusses lief bis ins Jahr 2000 im Löschzug Aue-Aylsdorf ein 1983 gebauter Trabant Kombi für Besorgungsfahrten und Personaltransport. Mit Sondersignal fuhren die Einsatzkräfte zur Hauptfeuerwache, wenn ein dort stationiertes Fahrzeug zu besetzen war.

Berufsfeuerwehr Dresden

▲ Der russische Automobilhersteller Lada stellte 1992 den Samara 1300 S her, der zum Fuhrpark der Dresdner Feuerwehr gehört.

Lastwagen

Zu transportieren gibt es bei der Feuerwehr immer etwas: z. B. die nassen und dreckigen Schläuche zurück von der Einsatzstelle zum Gerätehaus. Oder Nachschub an Ölbinder, um eine längere Kraftstoffspur abzustreuen oder die leergeatmeten Atemluftflaschen zum Füllen zur Atemschutzwerkstatt in der Feuerwehrtechnischen Zentrale des Landkreises. Lastwagen gibt es bei den deutschen Feuerwehren in allen Größen. Manche werden neu beschafft, andere sind Gebrauchtfahrzeuge, die umlackiert und mit einer Signalanlage versehen in den Einsatz gehen. Gerne greifen die Wehren zu einem Doppelkabiner. Mit Mannschaft kann er eigenständig eingesetzt werden. So zum Beispiel zur Beseitigung von Ölspuren: Besen, Schaufel, Ölbinder und Verkehrsabsicherungsgerät liegen auf der Pritsche.

**Freiwillige Feuerwehr
Burgau**

◀ Als dieser Mercedes-
Benz 1989 fotografiert
wurde, hatte er schon 37
Dienstjahre hinter sich.
Zuerst bei der Staatlichen
Feuerwehrschule in Würz-
burg eingesetzt, kam er
1976 zur Burgauer Feuer-
wehr.

**Werkfeuerwehr
BSL Schkopau**

▲ 1997 löste ein neuer
Lastwagen auf MAN
8.163 mit Ladebordwand
einen um 1980 gebauten
IFA W 50 L ab.

LKW

Freiwillige Feuerwehr Unterschleißheim

▲ Nach einem Großbrand einer Speditionslagerhalle am 22. August 1988 musste eine große ölverschmierte Fläche abgestreut werden. Zum Einsatz kam der erst wenige Monate zuvor gebraucht erworbene Mercedes-Benz Unimog. Der Streuanhänger für Ölbinder und der Kehrbesen leisteten dabei gute Dienste. 1995 kam die Ablösung für das 1970 gebaute Fahrzeug.

Freiwillige Feuerwehr Homburg am Main

▶ „Bulli" tauften die Kameraden ihren 1996 gebauten VW T4. Sechs Einsatzkräfte finden in der Doppelkabine des Mehrzweckfahrzeuges Platz.

Feuerwehr Hanau

▶ Als Gerätewagen-Nachschub GW-N bezeichnen viele Feuerwehren ihre Lastwagen. Den 2001 in Dienst gestellten Iveco 180 E 24 ließ die Hanauer Feuerwehr als Fahrschulfahrzeug für die Maschinistenausbildung ausrüsten.

FEUERWEHR
112
FREIWILLIGE FEUERWEHR
HOMBURG
FEUERWEHR
MSP 2177

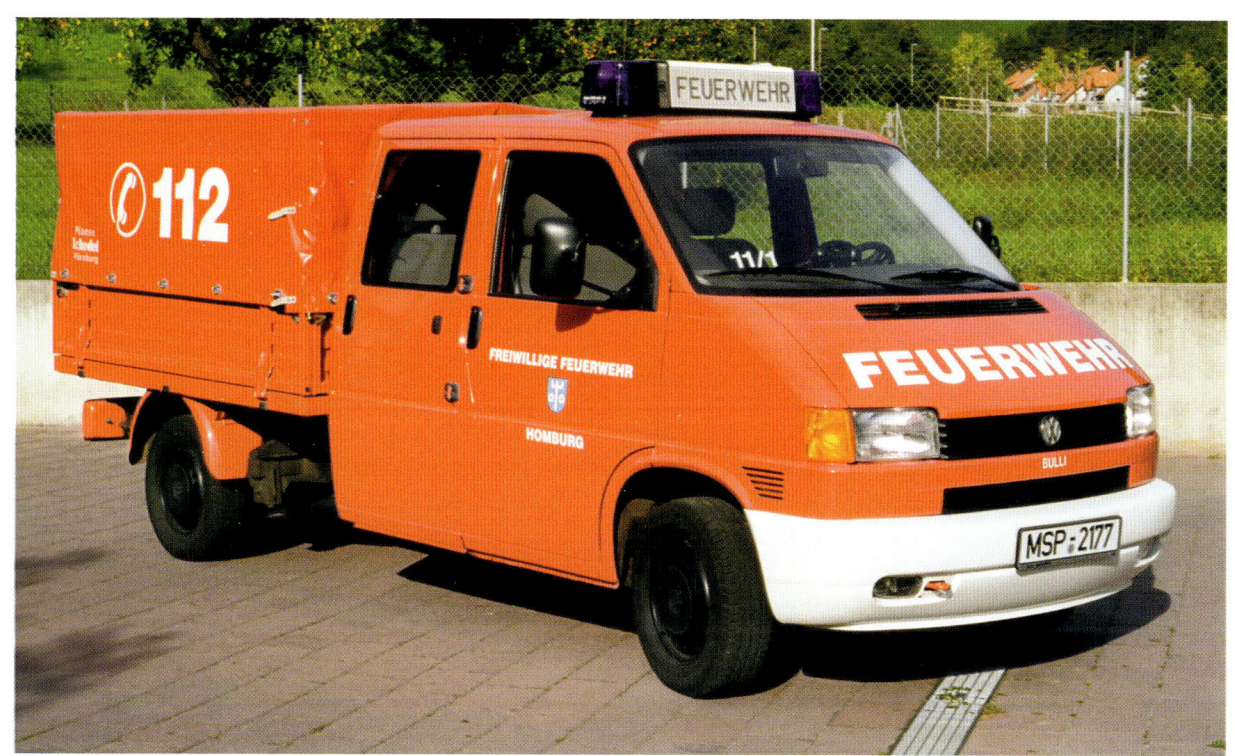

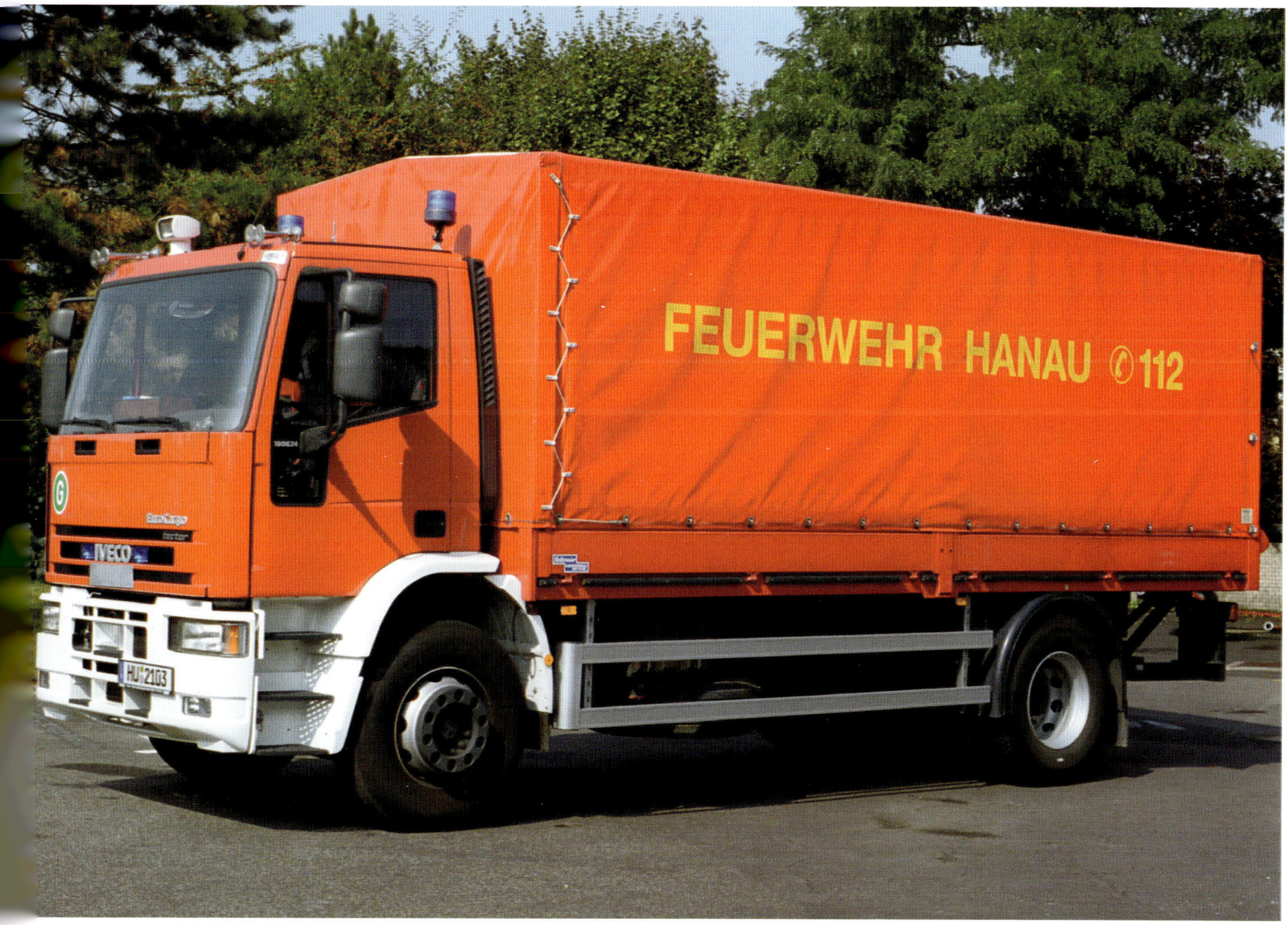
FEUERWEHR HANAU 112
IVECO
HU 2103

Rettungsdienstfahrzeuge

First
Responder
KTW
RTW
GRTW
NAW
NEF

Ungefähr 3,5 Millionen Feuerwehreinsätze zählte die Statistik des Deutschen Feuerwehrverbandes für das Jahr 2002. Ein zweiter Blick auf die Zahlen offenbarte Überraschendes: Nur 1,1 Millionen Einsätze entfielen auf die typischen Feuerwehraufgaben. Bei dem größeren Teil handelte es sich um Rettungsdiensteinsätze. Und diese konzentrierten sich vor allem auf die Länder Nordrhein-Westfalen, Hamburg und Berlin. Das liegt daran, dass die britische Besatzung nach dem Krieg in diesen Regionen den Krankentransport und den Rettungsdienst der Feuerwehr zuordnete.

Unterschieden werden:

• Krankentransportwagen KTW für den Transport erkrankter Personen.

• Rettungswagen RTW mit einer Ausrüstung zur Herstellung der Transportfähigkeit und dem Transport von Notfallpatienten.

• Notarztwagen NAW mit einer gegenüber dem RTW erweiterten Ausstattung. Wie der Name aussagt, gehört ein Notarzt zur Besatzung.

• Notarzteinsatzfahrzeug NEF zum Transport des Arztes zum Einsatzort. Dort trifft er mit einem RTW zusammen.

![First Responder BMW Feuerwehr M 1084]

Freiwillige Feuerwehr Feldkirchen

▶ „Eine Idee hat sich durchgesetzt" lautet das Fazit nach 10 Jahren First Responder im Landkreis München. Seit 1994 rücken immer mehr deutsche Feuerwehren aus, um bis zum Eintreffen des Rettungsdienstes erste Hilfe zu leisten. Wegen des dichten Netzes der Feuerwehren haben diese oft einen Zeitvorsprung vor dem Rettungswagen.
In Feldkirchen teilen sich BRK und Feuerwehr den First-Responder Dienst. Seit 2002 steht ihnen dafür ein BMW 520 i touring zur Verfügung.

Berufsfeuerwehr Hamburg

▲ Als „Unfallwagen" bezeichnete bis 1969 die Hamburger Feuerwehr die VW Transporter, die sie im Rettungsdienst einsetzte. Dieser VW ist vom Baujahr 1968.

First
Responder
KTW
RTW
GRTW
NAW
NEF

Berufsfeuerwehr Leverkusen

▼ Bis in die neunziger Jahre erfolgte der Krankentransport meist mit Krankentransportwagen KTW auf der Basis von Personenwagen mit einem verlängerten Rahmen. Diese beiden MB 250 D wurden bei den damaligen Marktführern Binz in Lorch (vorne) und Miesen in Bonn (hinten) aufgebaut.

Freiwillige Feuerwehr Wittstock /Dosse

▶ Zum Eigenschutz der Einsatzkräfte rückt in Wittstock ein Barkas B 1000 SMH-3 aus. Er wurde 1988 für die „Schnelle Medizinische Hilfe" der DDR gebaut. Diese Fahrzeuge sind durch ihren Aufbau und die medizinische Ausstattung mit einem Rettungswagen RTW vergleichbar.

Freiwillige Feuerwehr Gütersloh

▶ Mehr Platz als die umgebauten Personenwagen bieten die Kleintransporter als Krankentransportwagen KTW. Dieser 1997 gebaute Mercedes-Benz Vito 110 D erhielt bei der Firma WAS einen nochmals verlängerten und erhöhten Aufbau.

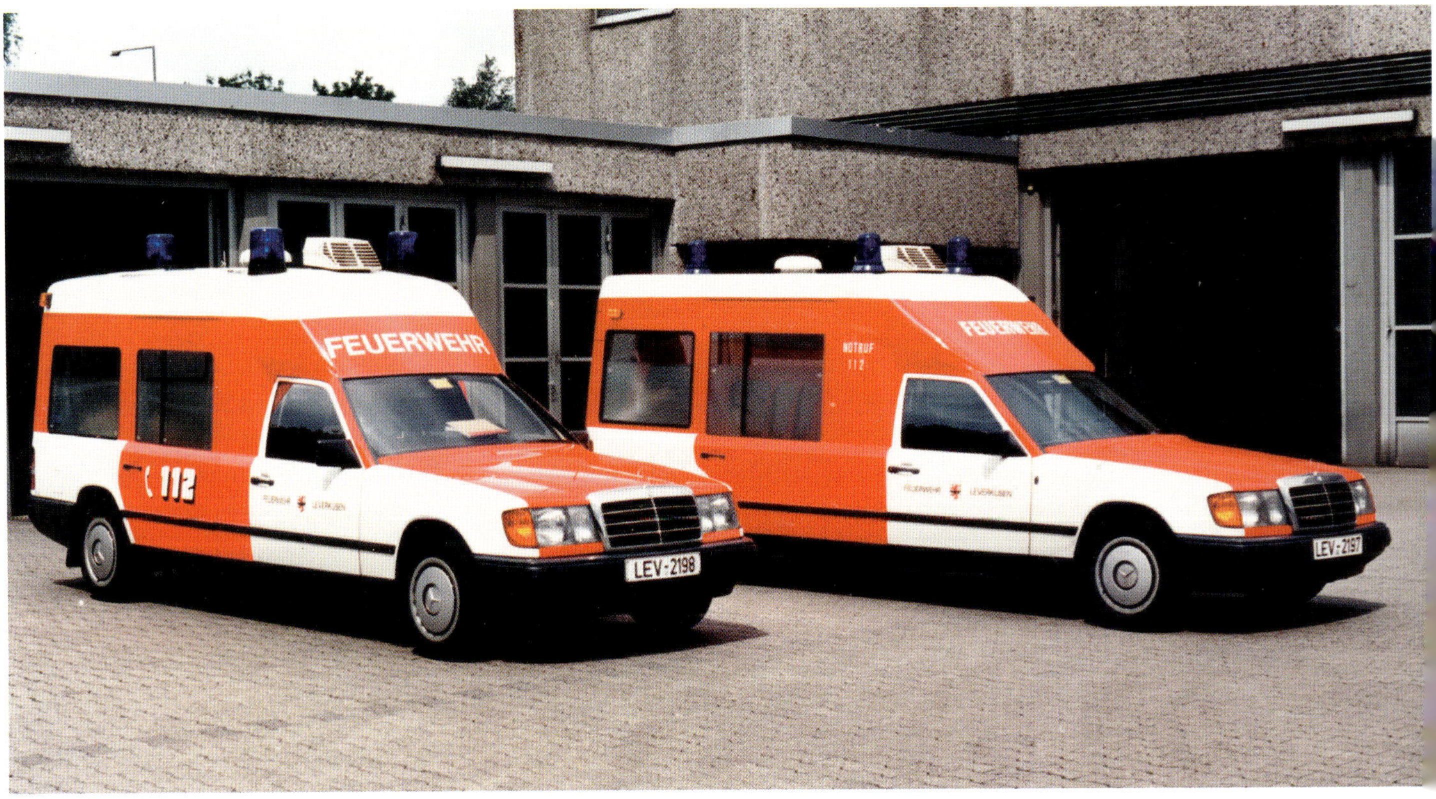

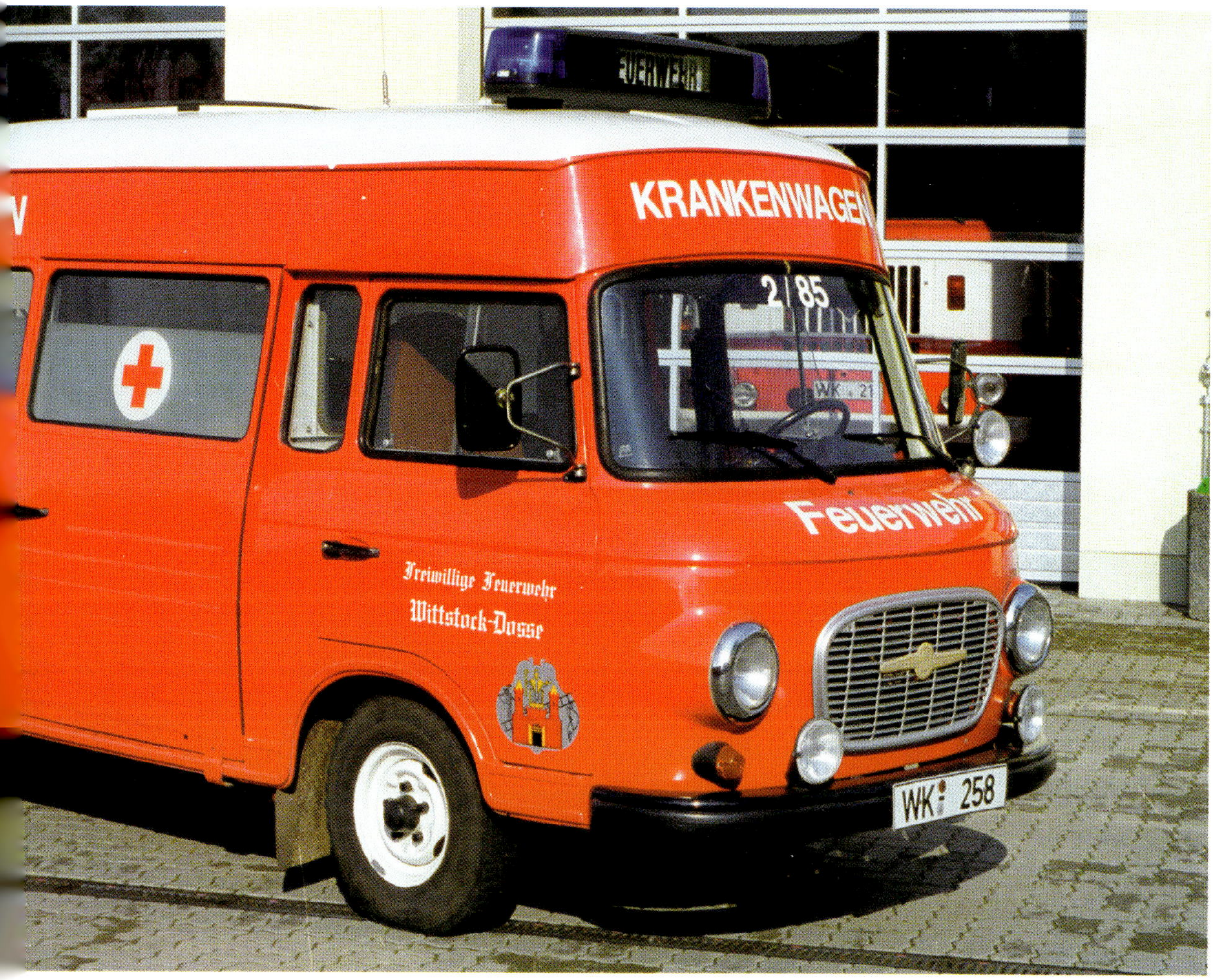
FEUERWEHR
KRANKENWAGEN
2/85
Feuerwehr
Freiwillige Feuerwehr
Wittstock-Dosse
WK 258

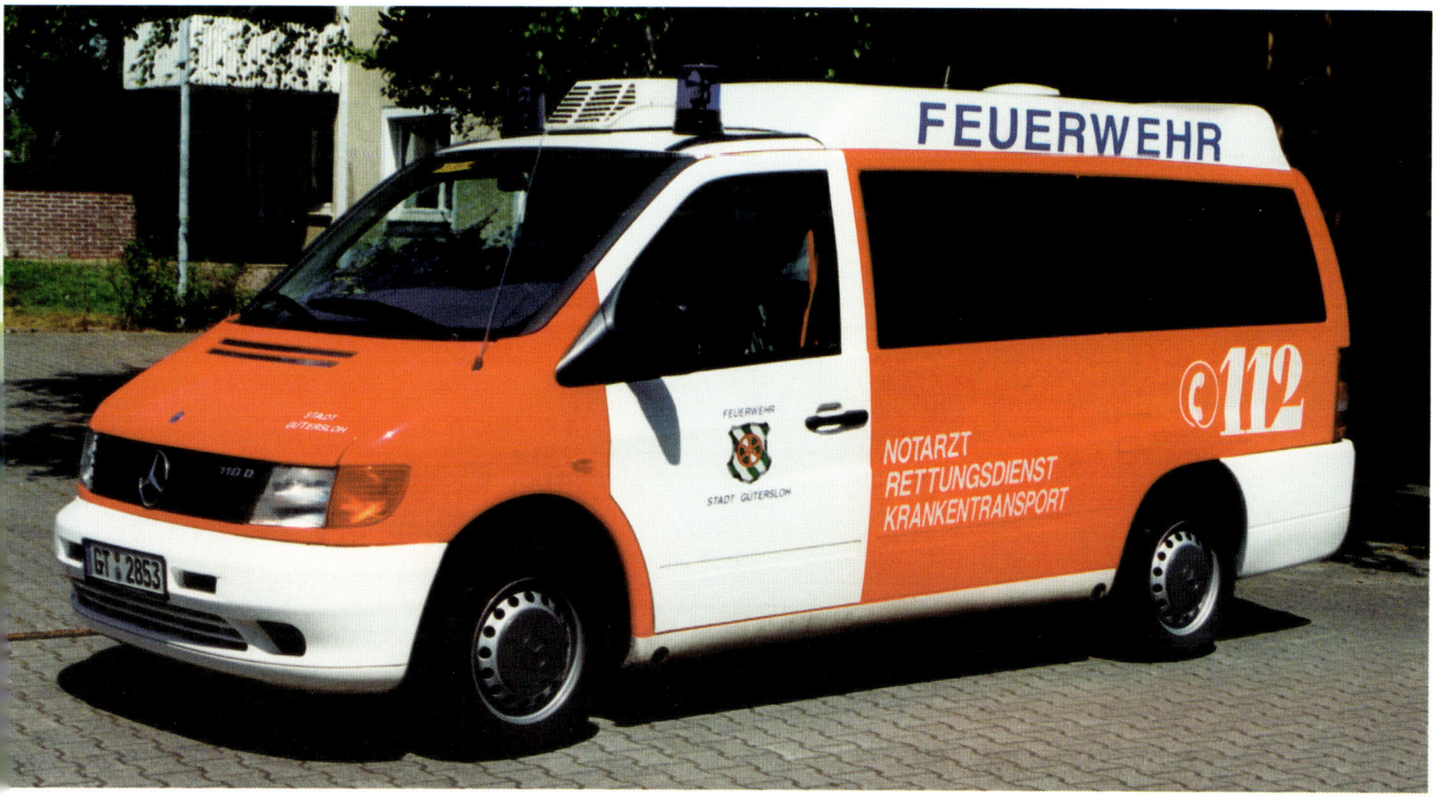
FEUERWEHR
112
FEUERWEHR
STADT GÜTERSLOH
NOTARZT
RETTUNGSDIENST
KRANKENTRANSPORT
110 D
GT 2853

First
Responder
KTW
RTW
GRTW
NAW
NEF

Berufsfeuerwehr Göttingen

▲ Ursprünglich für den Krankentransport baute die Firma Miesen 1961 diesen Opel Blitz 1,9 Tonner aus. Zum Aufnahmezeitpunkt im Sommer 1985 nutzte ihn die Göttinger Feuerwehr als Gerätewagen-Atemschutz.

Betriebsfeuerwehr Siemens, Unterschleißheim

▶ Um Stehhöhe zu gewinnen, montierte die Firma KFB 1988 ein Hochdach zusätzlich zur Inneneinrichtung auf den als Krankentransportwagen KTW eingesetzten VW Bus.

Freiwillige Feuerwehr Recklinghausen

▶ Das Standardfahrzeug für den Rettungswagen RTW in den siebziger und achtziger Jahren war die so genannte „Düsseldorfer" Transporterbaureihe von Mercedes-Benz. In der für Nordrhein-Westfalen lange Zeit typischen leuchtend roten Lackierung mit weißen Türen lief dieser 1984 gebaute Mercedes-Benz 508 D Kastenwagen mit Ausbau von Miesen.

72/1
Betriebsfeuerwehr
Siemens AG
Unterschleißheim
M-M 2663

FEUERWEHR
5080
RECKLINGHAUSEN
RTW 2
Feuer-Notfall
112
RE-6014

First
Responder
KTW
RTW
GRTW
NAW
NEF

Berliner Feuerwehr

▲ Die Nachfolge der „Düsseldorfer Baureihe" trat in den meisten Fällen der Mercedes-Benz Sprinter an. Für mehr Platz im Patientenraum gingen die Hersteller davon ab, den serienmäßigen Kastenwagen auszubauen. Stattdessen setzten sie einen Kofferaufbau auf das Chassis. Dieser Rettungswagen RTW auf Mercedes-Benz Sprinter 413 cdi stammt von den Neubrandenburger Fahrzeugwerken. Das Foto entstand auf einer Feuerwache in München, denn zu Versuchszwecken lief der RTW aus Berlin einige Zeit in der Bayerischen Landeshauptstadt.

Berufsfeuerwehr Braunschweig

▼ 1997 stellte die Braunschweiger Feuerwehr ihren ersten
Rettungswagen RTW mit Kofferaufbau in Dienst. Auf einem
Mercedes-Benz Sprinter 312 D montiert, sei dieser RTW der
Letzte gewesen, den die Firma WAS Wiethmarscher
Ambulance- und Sonderfahrzeugbau gefertigt hätte.

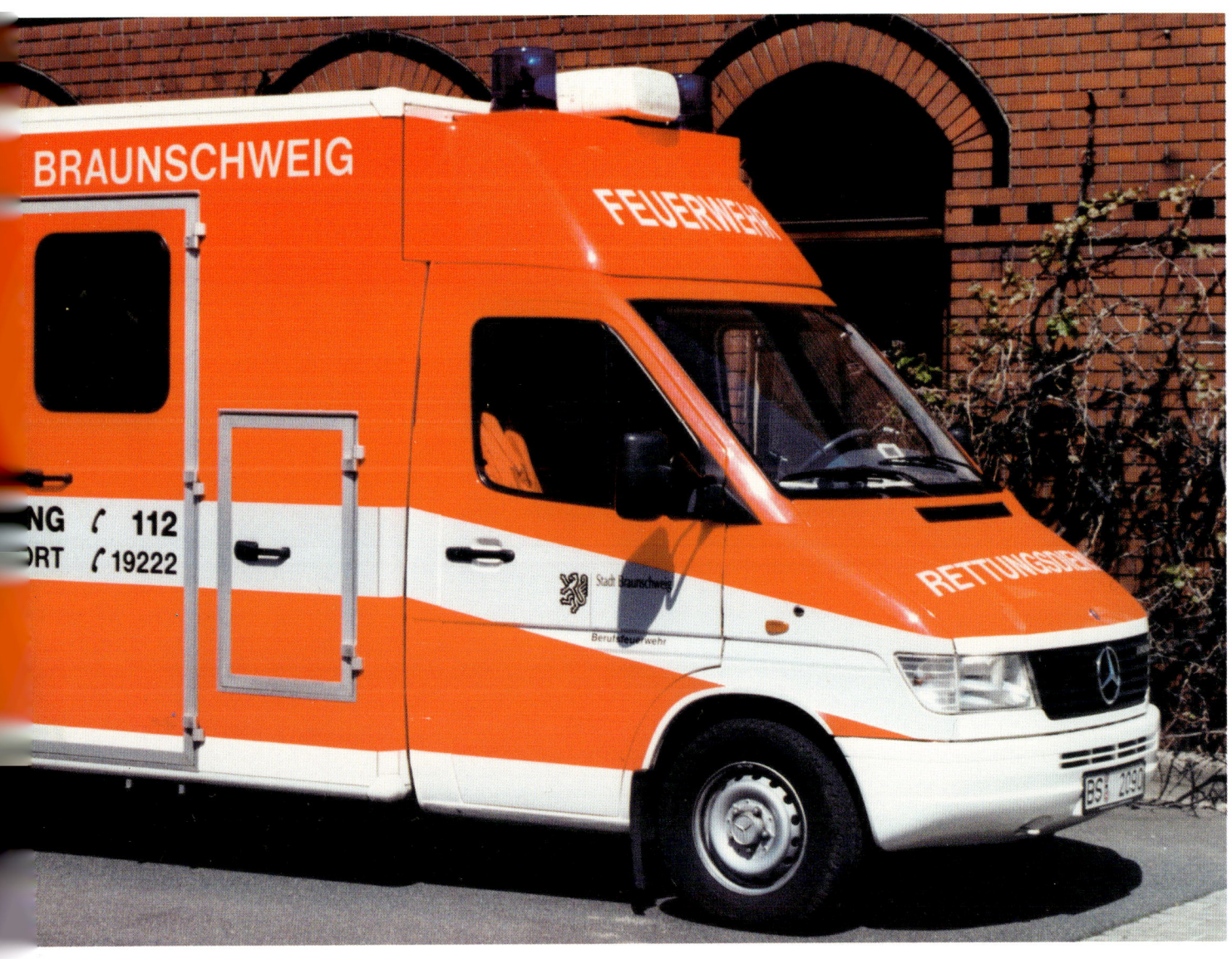

First
Responder
KTW
RTW
GRTW
NAW
NEF

Berufsfeuerwehr München

▲ Wohin mit Evakuierten während der Löscharbeiten? Wo können bei Massenerkrankungen die Patienten vor Ort untersucht werden? Womit kann eine größere Anzahl Verletzter transportiert werden? Einige deutsche Berufsfeuerwehren haben dafür in ihren Fuhrparks einen Großrettungswagen GRTW.
Die beiden 1981 in München in Dienst gestellten und 2003 ersetzten GRTW sind Mercedes-Benz Linienbusse O 307 mit Ausbau der Firma Miesen. Sie bieten Platz für 12 liegende und 9 sitzende Patienten oder können auf 33 Sitzplätzen Evakuierte aufnehmen.

Berufsfeuerwehr Hamburg

▶ Mit einer auffälligen Lackierung versah die Hamburger Feuerwehr ihren neuen, 2003 gebauten Großrettungswagen GRTW. Basis ist der Niederflur-linienbus Mercedes-Benz Citaro O 530 N.

Berufsfeuerwehr Dresden

▶ Um die jüngsten Patienten kümmert sich der Baby-Notarztwagen. In einem Inkubator werden die Frühgeborenen oder erkrankten Neugeborenen transportiert. Seit 1990 läuft hierfür bei der Dresdner Feuerwehr ein MB 100 D mit Ausbau der Firma Boddenberg.

First
Responder
KTW
RTW
GRTW
NAW
NEF

Berufsfeuerwehr Stuttgart

▶ Die anspruchsvolle Topografie in Stuttgart bewog die Stadt, als Notarzteinsatzfahrzeuge NEF den Mercedes-Benz Geländewagen zu beschaffen. 1987 baute Binz diesen Mercedes-Benz 230 GE aus.

Berufsfeuerwehr Iserlohn

▼ Spenden sammelte der Lions-Club Iserlohn-Letmathe für ein Notarzteinsatzfahrzeug NEF. Darüber informiert die Aufschrift auf der Fahrertür. Den Ausbau des Audi A6 avant nahm die Firma Binz vor.

Berufsfeuerwehr Salzgitter

▶ Seltener sind VW-Transporter der Baureihe LT als Notarztwagen NAW zu finden. Die Salzgitteraner Feuerwehr stellt 1988 einen VW LT 31 mit Ausbau der Firma HospiMobil in Dienst.

6/82-1
112
FEUERWEHR

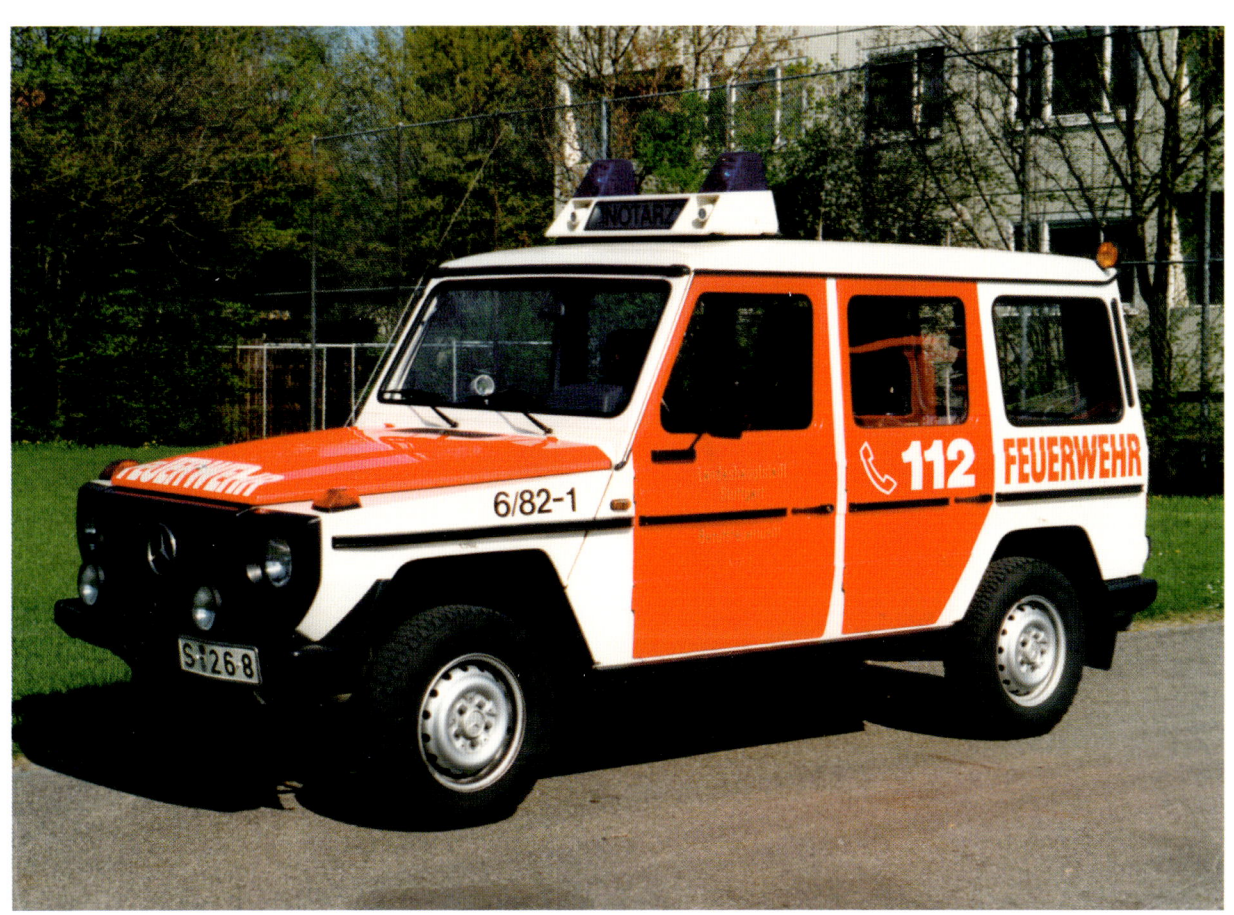

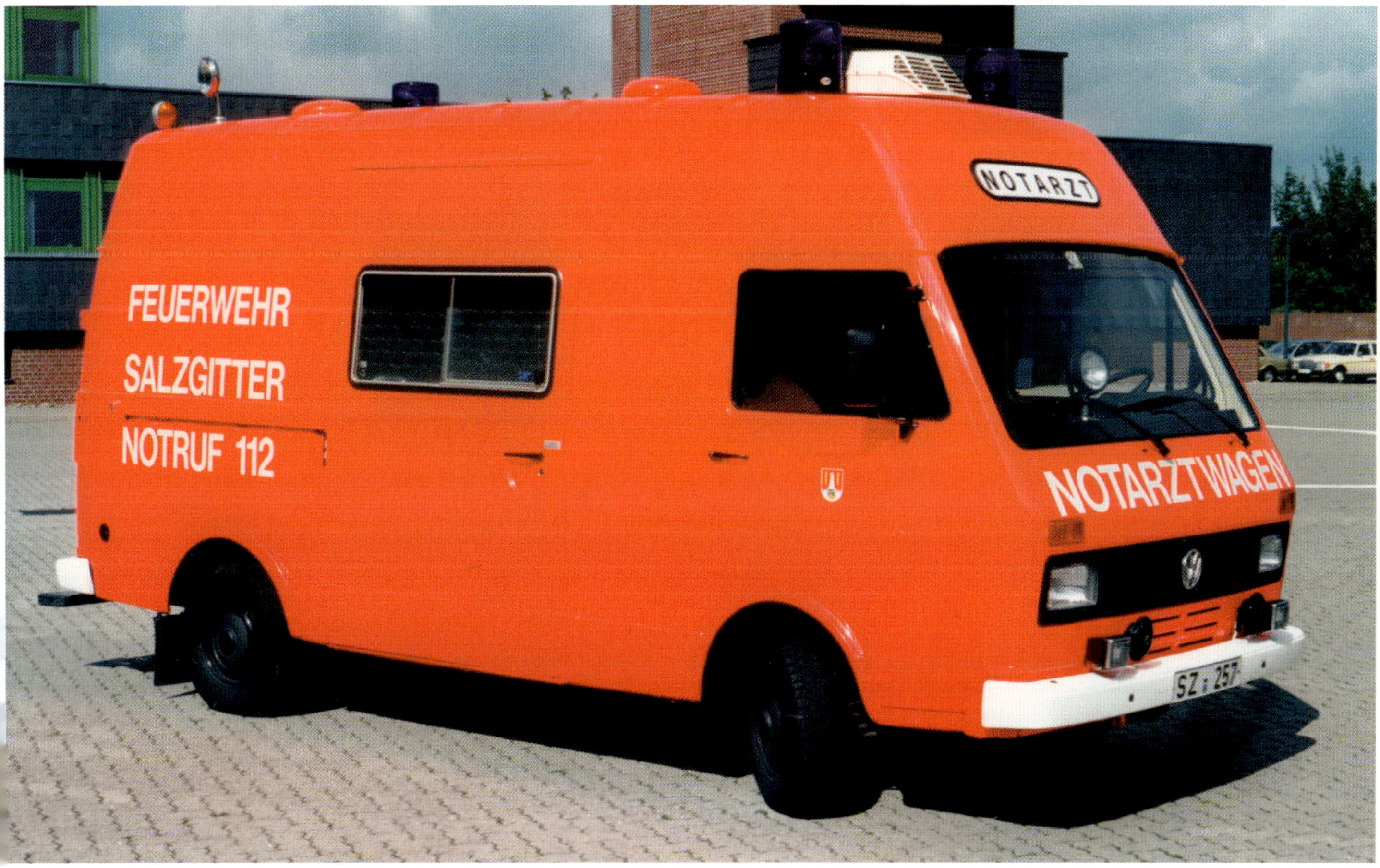
NOTARZT
FEUERWEHR
SALZGITTER
NOTRUF 112
NOTARZTWAGEN

Autor und Verlag danken allen Personen und Feuerwehren für die freundliche Unterstützung.

Die Informationen für dieses Buch stammen von:

den Bildautoren,
den Feuerwehren,
den Internet-Präsentationen der Feuerwehren,

den Fachzeitschriften
brandschutz,
Feuerwehr & Modell,
FFZ Feuerwehr Fachzeitschrift
UB Unabhängige
    Brandschutzzeitschrift,
112,

den Fachbüchern
Deutscher Feuerwehrverband: Feuerwehr-Jahrbuch 2003/04. Bonn 2004

Fischer, Klaus: Löschgruppenfahrzeuge LF 8. Berlin 2003

Gihl, Manfred: Handbuch der Feuerwehr-Fahrzeugtechnik. Stuttgart 1982

Gihl, Manfred: Geschichte des deutschen Feuerwehrfahrzeugbaus. Bände 1 und 2. Stuttgart 1998 und 2000

Hartmann, Michael und Schmidt, Mathias: Feuerwehr Frankfurt. Bände 1 und 2. Nürnberg 1994 und 1995

Hasemann, Dieter: Drehleiterfahrzeuge deutscher Feuerwehren im 20. Jahrhundert. Brilon 2000

Jäger, Frank-Hartmut: IFA-Hauber aus Zwickau und Werdau. Berlin 1999

Jäger, Frank-Hartmut: IFA-Frontlenker aus Ludwigsfelde. Berlin 2001

Jäger, Frank-Hartmut: IFA-Phänomen und Robur aus Zittau. Berlin 2001

Jäger, Frank-Hartmut: Importfahrgestelle. Berlin 2002

Jäger, Frank-Hartmut: Kleinlaster und PKW der DDR-Feuerwehren. Berlin 2004

Jarausch, Dieter und Haase, Joachim: Die Stuttgarter Feuerwehr. Stuttgart 1991

Johanßen, Axel: Fahrzeuge der Feuerwehr. Buchreihe seit 1997. Nürnberg, Nümbrecht

Johanßen, Axel: Deutsche Feuerwehrfahrzeuge aller Zeiten. Brilon 1993

Paulitz, Udo: Das große Buch der Feuerwehrfahrzeuge. Augsburg 1999

Profeld, Hans-Joachim und Fröhlich, Reinhard: Feuerwehrfahrzeuge im Wandel der

Zeit und die Einsatzpraxis.
Marburg, 1985

Profeld, Hans-Joachim: Die Feuer-
wehr München und ihre
Fahrzeuge. Bände 1 und 2.
St. Ottilien 1997 und
Landshut 1998

Redaktionsteam: Jahrbuch Feuerwehrfahrzeuge. Buchreihe
seit 1998. Brilon

Regenberg, Bernd: Die deutschen
Lastwagen der Wirtschafts-
wunderzeit. Band 1.
Brilon 1985

Röcke, Matthias: Lastwagen und
Omnibusse von MAN.
Königswinter 2001

Rotter Wolfgang und Thorns,
Jochen. Feuerwehrfahrzeu-
ge auf Flughäfen in
Deutschland. Brilon 2002

Schierz, Hans-Jörg: Berliner
Feuerwehrfahrzeuge.
Brilon 1998

Steinbock, Michael: Rosenbauer
Sonderlöschfahrzeuge in
Deutschland. Brilon 1999

Winkler, Otto: Fahrzeuge der
Feuerwehr – Einsatzvarian-
ten. Berlin 1981

Freiwillige Feuerwehr Dachau

◀ Zuverlässig und unver-
wüstlich – seit 1959
läuft die Magirus-Drehleiter
DL 25 auf dem Magirus-
Deutz-Rundhauber-Fahr-
gestell Mercur 125 im Einsatzdienst.

Bildnachweis:

Antiquariat Mehrdorf: 10, 11, 12,
13 o., 14, 15

Batz, Thomas - Karlsruhe: 65 u.,
87, 111 u., 137, 142/143,
145 u., 169 o., 174/175,
182 o., 191 o., 203 o.,
222/223, 237 u., 239 u.,
268 o., 273 o., 276/277,
295 u., 363 u., 376, 378
o., 380 o., 388 u., 390 o.,
398, 416, 417

DaimlerChrysler Classic Archiv -
Stuttgart: 26, 141 u.,
163 u., 280 u., 284/285

Freiwillige Feuerwehr Ottobrunn:
265

Freiwillige Feuerwehr Sudweyhe:
30

Iveco Historisches Archiv, Ulm:
16, 17, 56, 57, 91, 324,
356

Jäger, Frank-Hartmut - Ahrensfel-
de: 32, 50, 63 u., 254,
282, 329

Dr. Kappus, Stefan - Hamburg:
113, 323, 407, 415 o.

Kiefer, Jürgen - Buseck: 30/31,
109, 146, 147 u., 183,
188, 195 o., 214/215, 227
o., 233 u., 236/237, 240
o./241 o., 305, 307, 311
u., 320/321, 342, 354/
355, 358 u., 361, 362 o.,
373 o., 378/379

Kirstein, Bernd - Mainz: 39, 59 o.,
93 o., 107 o., 117 u., 171
o., 199, 287 u., 306 u.,
339 u., 340, 343, 369 o.

Dr. Klingelhöller, Andreas -
Wrohm: 81, 85, 96 o.,
106 o., 115 u., 147 o.,
148, 149, 165 o., 177 u.,
218/219, 225, 279,
286/287, 294, 300/301,
301 u., 316 o., 325 u.,
338/339, 347 u., 352 u.,
391, 397 u.

Lachmuth, Dirk - Holzwickede: 41 u.

Lindner, Andreas - Neubiberg:
162

Malczyk, Axel - Berlin: 44 u., 76,
90/91, 93 u., 97,
102/103, 119 o., 139 u.,
154 u., 169 u., 175 o., 197
o., 208 o., 226, 227 u.,
289 o., 352 o., 366,
384/385, 397 o., 408 u.,
411 u.

MAN Nutzfahrzeuge Historisches
Archiv - München: 18/19,
21, 25 u., 120 o., 157 u.,
264

Papenfuss, Ingo - Berlin: 154/155,
299 o.

Rotter, Wolfgang - Ulm: 37,
106/107, 133 u.,
158/159, 216, 253, 259
u., 261 o., 291 o., 351 u.,
420

Sammlung Batz - Karlsruhe: 322,
384

Sammlung Papenfuss - Berlin:
32 u., 296

Sammlung Rotter - Ulm: 314 o.

Schneider, Peter - Siegen: 77 o.,
77 u.

Waldmann, Thorsten - Braun-
schweig: 88 u., 99 u., 163
o., 165 u., 168, 170/171,
179, 246, 387, 412/413

Wellner, Wilfried - Braunlage: 96
u., 101 o., 173 o., 173 u.,
207 o., 207 u., 289 u.,
327 u., 409 u.

Wessels, Martin - Ostfildern:
143 o., 144

Alle anderen Aufnahmen vom
Autor Klaus Fischer oder
aus seinem Archiv.